제4판

건강가정론

박주현 · 배은숙 · 임상록

창지사

제4판 머리말

현대 가족규모의 축소와 세대구성의 단순화는 우리에게 어떠한 문제를 안겨줄 것인가? 부부와 자녀로 구성되는 보편적인 가정형태가 급속하게 변모되고 있다. '4인 가족' 가구가 갈수록 줄어드는 대신, 1~2명으로 구성된 가구가 크게 늘고 있다. 이는 저출산과 급속한 고령화가 그 원인으로 분석되고 있다. 우리의 전통적 개념의 가족 형태는 고용과 소득 불안정, 양육부담 등에 따른 만혼화와 혼인기피 현상도 그 원인으로 한몫하고 있다. 가족 구조 변화 및 해체 여파로 가정생활과 가족 관계의 만족도도 갈수록 떨어지고 있다.

최근 20년간 1~2인 가구는 전체의 22.8%에서 48.2%로 두 배 이상 늘었으며, 부모와 다자녀로 구성된 4~5인 가구는 58.2%에서 30.6%로 지속적인 감소세를 보인다. 이러한 가구 규모의 감소는 핵가족화로 대표되는 가족세대의 단순화로 이어진다. 조부모와 함께 사는 3대(代) 이상 가구는 전체의 21.5%에서 6.2%로 3분의 1 수준으로 떨어졌다. 하지만 1대 가구는 10.7%에서 17.5%로, 1인 가구는 9.0%에서 23.9%로 급증했다. 가족유형이 1인 가구 및 1~2대 중심의 핵가족화로 고착되어가고 있는 현상이다.

이런 추세라면 1인 가구는 10년 후 2027년에는 31.3%까지 늘어 3가구 중 1가구꼴이 될 것으로 예측된다. 10~20년 후 '가족지도'는 급격한 변화를 맞게 되며, 미니가정의 등장은 가족가치의 약화, 개인주의 등 가치관의 변화와 무관하지 않다. 경제적인 어려움에 더해 심리적인 불안감과 고독감이 깊다. 노인빈곤과 자살, 출산율 저하, 고령화로 말미암은 지역의 경쟁력 약화도 피할 수 없어 경제적·심리적 불안감을 없앨 수 있는 대응책이 필요하다.

2017년 7월

공저자를 대표하여 박주현

초판 머리말

건강가정(가족)이 무엇이라고 생각하는가? 우리는 이런 질문을 수없이 받아 왔으며, 다른 사람에게 이렇게 질문을 하기도 하였을 것이다. 모든 국민이 추구하는 건강가정을 이해하려면 건강, 가정과 가족의 개념을 명확히 이해하여야 한다. 가족이나 가정에 관하여 누구나 직접 혹은 간접적인 경험으로 상식적인 지식을 갖고 있다. 그러나 이러한 상식적인 지식은 개인의 직관이나 사회의 지배적인 가치에 상당 부분 의존하고 있다. 따라서 이러한 지식으로는 가족현상을 객관적으로 설명하고 예측하는 데 무리가 따를 것이다.

사회가 변화하는 것과 비교해서 가족이나 가정의 변화 정도는 어느 정도일까? 아무래도 급격한 사회 변화보다는 가족이나 가정의 변화 정도가 훨씬 덜할 것이다. 어쩌면 그래서 가족 내부에서 많은 문제가 발생하는 게 아닐까? 우리 가정은 과연 가족과 가족구성원이 편히 쉴 수 있는 안식처인가? 인류의 가장 보편적인 기본 형태라고 하는 가족, 대체 가족이란 무엇인가? 가족은 개인의 발달과 성장에 필수적인 환경이고 체계이며 가장 기본적인 사회집단인가?

우리가 살면서 가장 상처받을 때는 언제일까? 우리는 언제, 누구 때문에 가장 행복해하는가? 우리는 살아가면서 누구한테 가장 큰 위로를 받는가? 우리의 삶이 송두리째 흔들리는 느낌은 언제 가장 절실하게 느껴지는가? 우리는 이러한 형태의 질문을 받았을 때 어떻게 대답하는가? 아마도 우리는 가장 가까이 있는 가족 혹은 그 가족과 관련된 여러 가지 행태로부터 가장 큰 상처를 받고 절망하거나 크게 기뻐하고 위로를 경험한다고 대답할 것이다.

산업화에 따른 현대 가족의 변화는 세계 어느 나라에서나 일어나는 보편적인 현상인데, 우리나라는 빠르게 진행된 압축 성장과 특수한 사회정치적 변화로 말미암아 더 복잡한 양태(樣態)로 전개되었다. 특히 우리나라 사람의 가정생활과 가족관계를 규범적·심리적으로 떠받쳐 주던 가족이념은, 여러 요소가 결합하면서 극도로 복잡한 양상을 띠고 있다. 또한, 가족구성원의 세대와 나이, 성별 차이 등에 따라 다양한 가족규범에 대한 노출과 수용의 정도가 달라서 우리나라 가족의 변화를 특정한 가족이념으로 규정짓기 어렵다.

건강가정기본법은 가정의 건강성 증진을 통하여 건강한 사회를 구현하는 것이 궁극적으로 개인의 행복과도 불가분의 관계를 맺는다는 '개인-가정-사회'의 상호작용적인 관점을 가진다. 이 법은 건강한 가정생활의 영위와 가족의 유지·발전을 위한 국민의 권리·의무와 국가와 지방자치단체 등의 책임을 명백히 밝히고, 가정문제의 적절한 해결방안을 세우며 가족구성원의 복지증진에 이바지할 수 있는 지원정책을 강화하는 데 목적이 있다. 결국, 이 목적은 건강가정을 구현하는 데 있다(동법 제1조).

우리는 이 책을 읽어가면서 지금까지의 질문에 대한 대답을 찾아갈 것이다. 이 책을 간략히 소개하면, 총 제4부 13장으로 구성되어 있다. 제1부에서는 어떤 가정이 건강한 가정(가족)인가에 대해, 제2부에서는 건강가정책과 관련법에 대해, 제3부에서는 건강가정의 전달체계와 실천에 대해, 마지막으로 제4부에서는 지금 우리의 현실과 내일에 대해 서술하고 있다. 좀 더 구체적으로 말하면, 제1부에서는 건강가족의 이론적 배경과 건강가정의 등장배경에 대해, 제2부에서는 건강가정기본법과 관련법에 대해 설명하였다. 제3부에서는 건강가정의 전달체계인 건강가정지원센터와 관련 지원센터 및 건강가정지원센터의 프로그램과 현장실습에 대해, 마지막 제4부에서는 건강가정을 위한 과제와 제언을 하였다. 그리고 부록으로 건강가정기본법과 관련법을 첨부하여 본문과 비교하여 살펴볼 수 있도록 하였다.

이 책을 쓸 수 있도록 모든 것을 주신 하나님의 축복과 은혜에 무한한 감사를 드린다. 하나님은 지금까지 건강도 주셨고 충분한 시간도 주셨다. 결국, 건강가정도 하나님이 주시는 것이다. 하나님께 깊이 감사드린다! 그리고 학교 복음화를 위해 온 정열을 쏟으시는 백석학원 설립자 장종현 박사님의 뜻이 땅 끝까지 펼쳐질 수 있도록 하나님께 기도드린다. 끝으로 원고를 의뢰한 도서출판 창지사 김기섭 대표이사와 어진용 영업부장, 출판을 위해 수고하신 관계자 모두에게 고마움을 전한다.

2011년 8월 박주현

차 례

PART 02 건강가정의 정책과 관련법

PART 03 건강가정의 전달체계와 실천

PART 01 건강가정의 이해

Healthy Family

CHAPTER 01

어떤 가정이 건강가정인가?

학·습·목·표

- 건강가정의 등장 배경을 이해한다.
- 가족과 가정의 개념을 이해한다.
- 건강가정의 개념을 정의할 수 있다
- 건강가정 척도를 활용할 수 있다.

우리 모두는 건강한 가정을 추구할 것이다. 우리가 추구하는 건강가정을 이해하려면 어떻게 해야 할까? 먼저 건강가정이란 말이 왜 등장하게 되었는지 살펴보아야 할 것이다. 그리고 건강, 가족과 가정 등의 개념을 명확히 파악해야 한다. 가족이나 가정에 관하여 누구나 직접 혹은 간접적인 경험에 의한 상식적인 지식을 갖고 있다. 그러나 이러한 상식적인 지식은 개인의 직관이나 사회의 지배적인 가치에 상당 부분 의존하기 때문에 가족현상을 객관적으로 설명하고 예측하지는 못한다. 사회가 변화하는 것과 비교해서 가족이나 가정의 변화 정도는 어느 정도일까? 아무래도 급격한 사회 변화보다는 가족이나 가정의 변화 정도가 훨씬 덜할 것이다. 이렇다 보니 가족 내부에서 많은 문제가 발생하는 게 아닐까? 우리 가정은 과연 가족과 가족구성원이 편히 쉴 수 있는 안식처인가? 이 장에서는 이러한 물음에 대한 답을 찾아보고자 건강가정의 등장 배경, 가족과 가정의 개념, 그리고 건강가정의 개념 등에 대해 구체적으로 살펴본다.

01 건강가정의 등장 배경

1) 가정의 중요성에 대한 인식의 변화

유엔(UN: United Nations, 국제연합)은 1975년을 '세계 여성의 해', 1979년을 '세계 아동의 해', 1985년을 '세계 장애인의 해', 1994년을 '세계 가정의 해', 그리고 1999년을 '세계 노인의 해' 등으로 지정하였다. 이는 가정에 대한 관심을 적극적으로 반영한 것으로 가정의 중요성을 꾸준히 인식하게 하는 데 크게 이바지했다. 또한, 변화하는 현대사회 속에서도 궁극적으로 삶의 질을 향상하기 위한 '건강한 가정', '행복한 가정'이 인류 공통의 가치임을 전 세계에 표방한 것이라 하겠다(박주현·임상록, 2009).

우리나라 사람은 1960년대 이전까지는 일상생활에 있어 가정이나 가족에 대한 비중이 매우 커서 가정의 안정과 평화가 모든 일의 근본이라는 생각이 지배적이었다. 그러나 1960년대를 지나면서 빠르게 진전된 산업화의 물결은 가정과 일터를 분리하고, 가족구성원의 공동체적 성격을 약화시켰다. 이로 말미암아 개인에 대한 가정의 역할이나 중요성은 많이 감소하였으며, 더 나아가 가족이 개인의 자율성을 침해하고, 가족 이기주의는 사회통합에 걸림돌이 된다는 지적이 있었다. 즉, 경제발전과 산업생산에 집중했던 사회적 가치는 오로지 생산성을 중시하는 직장과 일 중심의 생활로 나타났다. 이로 말미암아 가정이나 가족은 생산성에 부정적인 영향을 미치는 거추장스런 존재로 인식되기도 하였다.

이런 경향 때문에 우리나라에서 진전된 산업화를 서양에서 진전된 산업화와 비교해 보면 차이가 있다는 것을 알 수 있다. 즉, 서양의 산업화는 가족에게 개인을 분리하는 개인주의와 함께 진행됐지만, 우리나라의 산업화는 개인분화가 가족분화로 연결되지 않고 오히려 가족을 담보로 하여 진행하였다. 즉, 우리나라의 급속한 산업화 과정으로 말미암아 비합리적이며 불확실하게 변화해 가는 세상에서, 살아남으려고 사람들이 매달린 것은 오히려 가족이었다(장경섭, 2000).

가족이 왜 개인에게, 그리고 사회적으로 중요한 역할을 하는가에 대해 서선희(2003)는 이를 우리나라의 '가족중심주의'와 연결하여 설명한다. 가족은 생명을 주는 집단이며 인간다움을 만들어 내는 도덕적 집단으로, 가족중심주의에서 인간은 자율적이고 독립적인 존재만이 아니라 관계 안에서 태어나고 성숙해 간다는 새로운 조명과 인식을 제공해 준다. 즉, 가족중심주의는 오늘날 가족이 왜 인간의 생활에 중요한지, 어떻게 필요한지를 보여준다. 여기서 말하는 가족중심주의는 자기 가족의 이익만을 꾀하고, 사회 일반의 이익은 염두에 두지 않는 태도를 보이는 '가족이기주의'와는 전혀 다른 개념이다. 또 인간은 가정의 정서적, 관계적 기능을 통하여 안정감과 아울러 전인적인 인간성을 발달시킬 수 있을 뿐만 아니라, 인간의 공동체성, 사회성은 가정생활을 통한 규칙·협동·양보·질서를 통해 훈련될 수 있다. 즉, 인간의 본질적 특성인 개인성과 집단성에 대한 욕구는 일차적 환경인 가정생활을 통해 이루어질 수 있다(유영주, 2001).

그러나 가족이나 가정에 대한 중요성을 새롭게 인식할 때, 그 가족이나 가정은 지난날의 기부장제적 질서가 지배하던 그런 개념에서 벗어나는 것이다. 2005년 3월, 그동안 여성계가 꾸준하게 요구해 왔던 호주제 폐지를 중심으로 한 민법 개정안이 국회를 통과하였고, 2008년 1월 1일부터 '가족관계등록제'가 시행되고 있다. 개정된 민법으로 말미암아 헌법 제36조 제1항의 "혼인과 가족생활은 개인의 존엄과 양성의 평등을 기초로 성립되고 유지되어야 하며, 국가는 이를 보장한다."라는 내용을 실현할 수 있게 된 것이다. 호주제 폐지로 그동안 양성평등과 민주주의, 개인의 존엄에 입각한 사회 흐름의 변화에 뒤처져서 부계 혈통 중심의 가계 구도를 주장했던 가부장제적 가족제도는 변화하게 되었다. 즉, 가정이 양성평등과 부부평등을 바탕으로 모든 가족구성원의 인권과 복리를 담아낼 수 있는 가족관계의 기본이 민주적이고 양성의 평등한 관계를 바탕으로 한다는 점을 생각할 때, 이를 위한 법적 체계가 정비된 것이다.

이처럼 가족이나 가정의 중요성에 대한 사회적 관심이 새롭게 인식되기 시작하면서 건강한 가정에 대한 관심도 점점 높아지게 되었다. 가정이 건강성을 잃을 때, 그 가정에 속한 구성원이나 그 가정이 속한 사회가 치러야 할 비용은 대단히 많다. 이는 가족구성원과 가정, 그리고 사회가 상호작용하는 하나의 체계를 이루고 있어서, 어느 한 요소의 변화는 다른 요소에 영향을 미쳐 각 요소에 변화가 일어나기 때문이다(박주현·임상록, 2009).

2) 건강한 가정에 대한 갈망과 필요성

(1) 사회와 가정환경 변화에 대한 대처

가족현상이나 가정현상도 급격하게 변화하는 사회현상 속에 포함되어 급변하는 사실에 대해 우리는 동의하고 있다. 우리나라 가족의 지형을 바꾸는 가장 중요한 구조적 변화는 저출산과 고령화의 인구학적 추세이다. 우리나라의 합계출산율(통계청 자료)은 1998년에는 1.45명이었으나, 2009년 1.15명, 2010년 1.22명으로 세계에서 가장 낮은 수준이다. 이는 세계 평균인 2.54명, 선진국 평균인 1.60명(서울경제, 2008. 11. 13)에 크게 미치지 못하는 수준이다. 이러한 출산율의 저하는 여성이 인위적으로 출산을 통제할 수 있게 되고, 경제활동 참여와 자아실현 욕구가 증가하며, 혼인과 가족에 대한 가치관이 변화되면서 생긴 현상이다. 저출산 현상은 무엇보다도 여성의 사회적 역할 변화와 깊은 관련이 있다. 저출산의 직접적 원인은 여성의 교육기간이 길어지고 혼인연령이 높아지면서 가임기간의 단축, 불임의 증가, 출산에 대한 부담 가중, 가정과 일에 대한 양립의 어려움, 그리고 자녀교육 및 교육비 부담 등의 복합적인 요인이다.

우리나라 남성의 기대수명(통계청 자료)은 1999년 71.7세에서 2009년 77.0세로, 같은 기간에 여성은 79.2세에서 83.8세로 늘어났다. 고령화는 소득향상에 따른 의식주생활의 개선, 보건의료의 개선, 의학 발달에 의한 평균수명의 연장과 맞물려 '저출산·고령화'의 인구구조로 빠르게 진행되고 있다. 우리나라의 65세 이상 인구는 1960년 2.9%에 불과하였으나, 2007년에는 총인구의 9.9%인 481만 명을 차지하여 고령화 사회에 진입하였다. 아울러 2026년에는 노인 인구가 20%를 초과하는 초고령사회에 진입할 것으로 전망하고 있다. 한편, 65세 이상 노인의 이혼이 전체 이혼에서 차지하는 비율은 1996년에 남성 1.0%, 여성 0.2%에서 2006년에는 남성 2.5%, 여성 1.0%로 크게 늘었는데, 특히 소득 보장이 법제화되면서 여성노인의 이혼제기가 늘고 있다.

성인기에 들어선 젊은이에게는 성인으로서의 발달과업으로 혼인하는 것을 당연한 것으로 인식하고 있었다. 그런데 어느 순간부터 우리 사회에서 혼인하지 않는 사람들이 급격히 늘고 있다. 우리나라의 조혼인율(통계청 자료)은 1998년 8.4건에서 2010년 6.5건으로, 같은 기간에 혼인건수는 38만 8,960건에서 32만 6,104건으로 급격히 감소하였다. 여성의 평균 초혼연령은 1997년 25.7세에서 2010년 28.9세로, 같은 기간에 남성은 28.6세에서 31.8세로 지속적으로 상승하고 있다. 이와 같은 초혼연령의 상승으로 30~34세 여성 중 미혼여성의 비율이 대폭 증가하였는데, 이는 평균 교육연수의 증가와 더불어 미혼여성의 취업률이 증가하면서 혼인을 늦추는 현상인 것으로 이해된다.

우리나라의 조이혼율(통계청 자료)은 1997년 2.0건이었으나, 1990년대 외환위기 이후 급증하여 2003년 3.5건까지 올라갔다가 2010년 2.3건으로 다소 감소하였다. 같은 기간에 이혼건수는 9만 1,159건에서 16만 7,096건으로 증가하였다가 11만 6,858건으로 제법 감소하였다. 이혼의 증가는 경제발전 또는 경제위기, 여성의 경제력 증가, 가치관의 변화, 그리고 혼인과 가족에 대한 성별 간의 인식 차이 등의 요인에 기인하는 것으로 알려졌다. 20년 이상 함께 사는 부부의 이혼율이 증가하는 것은 혼인 지속기간이 길어질수록 결혼만족도가 떨어지고 혼외관계 등의 위험 요소가 증가하기 때문이다. 이혼의 증가는 필연적으로 이혼 후 혼자 살게 되는 독신가구, 홀로 자녀를 양육하게 된 한부모가족, 이혼 후에 재혼하게 됨으로써 형성되는 재혼가족 등 다양한 가족형태의 증가에 영향을 미치게 된다. 한편, 변화순 등(2006)의 연구를 따르면, 이혼여성의 47.4%가 자신의 전반적 생활수준을 최하층으로, 37.2%는 하류층이라고 생각하는 것으로 나타났다. 또 이혼 여성의 30.3%가 전셋집에서, 17.9%는 월세에서, 17.2%는 자택에서 생활하는 것으로 나타났다. 이러한 결과는 우리나라에서 이 여성의 경제적 지위가 매우 낮은 수준임을 보여주는 것이다.

이 밖에도 자녀교육에 대한 과도한 투자, 평생직장 개념의 붕괴, 이데올로기(ideology)의 영향 등은 사회현상과 가족을 둘러싼 환경이 변화하여 가족의 형태가 다양해지고 있다. 이와 같은 가족문제가 사회적 문제로 드러나면서 국가와 사회가 가족변화의 현상을 어떻게 이해하고, 대처할 것인가의 방안을 마련하는 과정에서 건강한 가정에 대한 요구가 나타난 것이다(박주현·임상록, 2009).

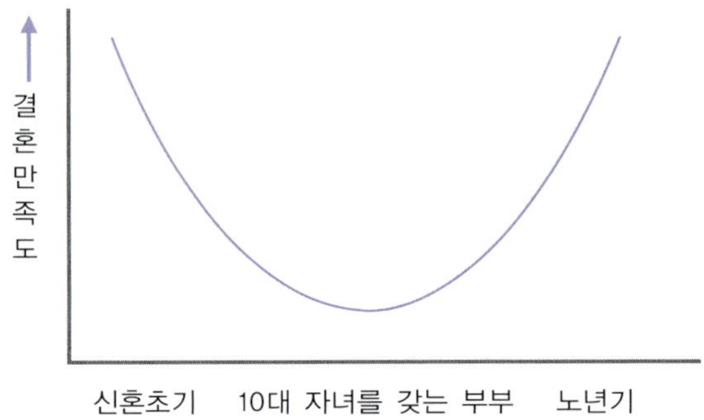

출처: 박주현(2010), 인간행동과 사회환경, p. 358.

[그림 1-1] 결혼만족도와 가족생활주기의 관계

(2) 다양한 가정문제의 발생과 치료 및 예방

그동안 가정은 인간에게 중요한 생활의 장으로 일차적인 관심의 대상이었으나, 사회적으로는 국가나 다른 사람이 개입할 수 없는 개인적이고 사적인 영역으로 취급됐다. 그러나 최근 증가하는 다양한 가정(가족)문제는 사회적인 문제로 드러나 사회의 유지·발전을 논할 때 간과할 수 없는 변수가 되었다. 특히 가정은 생활의 단위일 뿐만 아니라, 노동력을 재생산하는 장소이다. 노동력의 재생산은 개인이 하루의 피로를 풀고 다음 날 다시 노동할 수 있도록 하는 일상적인 노동력의 재생산과 함께, 가정에서 자녀를 출산하고 양육하여 사회적 노동력으로 재생하는 세대 간의 재생산을 포함하며, 노동력 재생산은 사회의 유지·발전의 기본이다.

가족현상의 변화를 받아들이는 방법이나 속도는 성이나 세대에 따라 큰 차이를 나타낸다. 젊은 여성이 성 평등한 가정생활이나 가족제도에 대한 기대치는 남성이나 나이 든 세대가 기대하는 것과는 많은 차이를 나타낸다. 이런 차이는 가족 내 갈등으로 연결되어 문제를 발생시킬 수 있다. 지금까지 가족구성원을 돌보는 기능은 가정이 담당했고, 가정 내에서도 주로 여성이 도맡아 왔다. 그러나 여성의 경제활동이 증가하면서 더는 여성이나 개별 가정의 문제로만 인식할 수 없게 되었다. 또한, 맞벌이가정이 자녀를 양육하면서 겪는 어려움, 노인이나 장애인을 부양해야 하는 가정이 겪는 문제도 더는 개별 가정의 문제로만 여길 수 없는 수준이다. 더구나 현대사회에서 발생하는 많은 가정문제는 그 문제를 겪는 개별 가정이나 가족구성원뿐 아니라 사회 전반에 걸쳐 심각한 영향을 미친다. 왜냐하면, 가족구성원이 가정 행복의 원천인 동시에 사회를 안정적으로 유지하도록 하는 기반이기 때문이다.

가정에서 발생하는 문제는 한번 발생하면 그 해결과 치료에 재정적인 비용도 많이 들고, 시간도 오래 걸리며 완벽한 치료도 어렵다. 그러므로 가정문제에 대한 접근은 문제가 발생하기 전에 지원함으로써 문제의 발생을 예방하고, 되돌릴 수 있는 상태에서 가정문제를 해결 또는 치료하는 것이 중요하다. 가정문제에 접근하는 예방적 측면은 가정의 기능을 강화하고 잠재력을 개발하여 가정 스스로 문제에 대처할 수 있게 하는 것으로 이는 개별 가정의 건강성을 증진함으로써 달성할 수 있다. 개별 가정이 건강성을 회복하면, 가정문제가 예방되고, 따라서 사회적 비용도 줄일 수가 있다. 지금까지 우리는, 누구나 태어나서 배우지 않아도 자연스럽게 잘할 수 있는 것이 가정생활이라고 생각해 왔다. 그러나 가정생활에 대한 별다른 준비 없이 혼인한 많은 부부가 가족갈등으로 어려움을 호소하고, 부모 됨의 의미와 책임에 대한 별다른 준비 없이 자녀를 낳아 어려움을 겪기도 한다.

그러므로 이러한 문제나 갈등을 사전에 예방하고 이에 대처하는 방법을 습득하는 것은 문제해결을 위해 대단히 중요하다. 따라서 교육을 통해 건강한 가정생활에 대한 지식을 습득하는 것이 건강한 가정을 유지하는 방법이다(박주현·임상록, 2009).

(3) 국가와 가정: 공동 노력의 필요성

건강한 가정을 향한 가정의 건강성을 회복하려면 개별 가정의 노력만으로는 어려우며 국가와 사회의 지원이 필수적이다. 왜냐하면, 가정문제는 사회구조적인 문제에 기인한 것이 대부분으로, 더는 개별 가정의 힘만으로는 해결할 수 없다. 예를 들면, 가계부채를 견디다 못해 동반자살한 가족, 부양할 수 없는 노인이나 장애인과 함께 살아야 하는 가족, 자녀의 과도한 사교육비를 벌려고 유흥업소에 나가는 여성, 맡길 곳 없는 자녀를 가둬두고 일하러 나간 사이 사고로 아이를 잃은 가정, 청소년의 인터넷 중독, 그리고 근친 성폭력과 성매매 등의 문제는 이제는 개별 가정만의 문제가 아니다.

그러므로 이런 문제를 해결하려면 국가나 사회의 적극적인 지원과 제도적인 뒷받침이 필요하다. 가정이 가족구성원의 욕구를 최대한 충족시킬 수 있는 역량을 갖도록 도와야 한다. 국가가 공적 지원을 마련하여 기본적으로 가정이 생활의 질적 향상을 자립적으로 추구할 수 있도록 해야 한다. 그러나 국가나 사회는 가정을 능동적인 주체로 인정하는 것을 바탕으로 지원해야 한다. 즉, 국가가 가정에 대해 일방적인 개입 차원의 지원 서비스를 제공하는 것이 아니라 가정의 자율성과 자립성을 증진하기 위한 지원이 이루어져야 한다.

이처럼 국가의 일방적인 지원이 아닌 가정과의 상호작용적인 지원의 필요성은 현대 가정의 능동적인 성격을 반영한 것이다. 국가나 사회와 상호작용하는 가정이란 사회가 도와주기를 기다리고, 도와주기 전까지는 스스로 일어설 수 없는 가정이 아니라, 자립하는 가정으로 더 높은 수준의 일상생활을 위해 사회의 지원을 주체적으로 요구하는 가정을 의미한다. 가정이 건강하기 위해서는 가정이 갖는 실제적이고 잠재적인 자원을 충분히 활용할 수 있는 동기를 제공하고, 가정의 자원화를 위한 가정기능의 강화 및 사회적 지원체계가 있어야 한다(박주현·임상록, 2009). 국가에서도 가족환경의 급속한 변화에 능동적이고 적극적으로 대처하기 위해 가족 관련 업무를 담당하는 주무 부처를 여러 차례 바꾸고 있다. 즉, 2005년 6월 보건복지부에서 여성가족부로, 2008년 2월에는 여성가족부에서 보건복지가족부로, 다시 2010년 3월 보건복지가족부(현 보건복지부)에서 여성가족부로 이관하였다.

02 가족과 가정의 개념

1) 가족의 정의

여러분은 인류의 가장 보편적인 기본 형태가 무엇이라고 생각하는가? 아마도 여러분은 가족(family)이라고 대답할 것이다. 그렇다면 가족이란 무엇인가? 가족은 개인의 발달과 성장에 필수적인 환경이고 체계이며 가장 기본적인 사회집단이다. 또 다른 질문을 해보자. 우리가 살면서 가장 상처받을 때는 언제일까? 우리는 언제, 누구 때문에 가장 행복해하는가? 우리는 살아가면서 누구로부터 가장 큰 위로를 받는가? 우리의 삶이 송두리째 흔들리는 느낌은 언제 가장 절실하게 느껴지는가? 우리가 이와 같은 여러 가지 형태의 질문을 받았을 때 어떻게 대답하는가? 아마도 우리는 가장 가까이 있는 가족, 그리고 그 가족과 관련된 여러 가지 행태로부터 가장 큰 상처를 받고 절망하거나 가장 크게 기뻐하고 위로를 경험한다고 대답할 것이다.

그러나 이와 같은 대답에도, 가족의 범위 혹은 정의를 내리기는 대단히 어렵다. 우리나라 민법(법률 제9650호, 2009. 5. 8, 일부개정) 제779조에서는 가족의 범위를 '배우자, 직계혈족 및 형제자매'와 '직계혈족의 배우자, 배우자의 직계혈족 및 배우자의 형제자매(생계를 같이 하는 경우에 한함)'로 규정하고 있다. 여기서 말한 가족의 범위는 오늘날의 여러 가지 형태로 공존하고 있는 가족의 다양성을 포괄하지 못하고 있다. 현대에 이르러 한부모가족, 독신부모가족, 동거가족, 미혼모가족, 노인단독가족, 동성애가족, 무자녀가족, 공동체가족,

그리고 다문화가족 등 다양한 가족이 출현하고 있으므로 전통적인 혹은 보편적인 가족의 정의만으로 가족을 설명하기는 어렵다.

따라서 이러한 가족의 다양성에 따라 많은 학자가 가족의 정의를 내렸으나 여전히 그 정의가 적절하지는 않은 것 같다(표 1-1 참조). 가족의 의미는 사회적, 경제적, 정치적, 문화적, 그리고 개인적 상황에 따라 다르게 나타난다. 가족에 대한 보편적인 정의는 오히려 다음과 같은 몇 가지 중대한 문제점을 내포할 수 있다. 첫째로 가족에 대한 보편적인 정의는 특정한 가족에 대한 사회적 가치를 부여함으로써 다른 형태의 가족에 대해서는 관심을 두지 않거나 문제시하는 가치관을 지니게 된다. 둘째로 가족에 대한 보편적인 정의는 모든 가족이 동일하다는 잘못된 믿음을 유지시킨다. 셋째로 가족에 대한 보편적인 정의를 내림으로써 이 범위에서 벗어난 가족은 국가나 지역사회의 정책이나 혜택에서 제외시키는 잘못을 범하게 된다. 그래서 스테이시(Stacey, 1990)는 "가족에 대한 정의는 내릴 수 없다."라는 주장을 하였다(박주현·임상록, 2009).

〈표 1-1〉 학자별 가족의 정의

학자(연도)	가족의 정의
하트만(Hartman)과 라이드(Laird, 1983)	둘 이상의 사람이 친숙한 한 가족이라고 여기고, 밀접한 감정적 유대와 가정이라는 생활공간, 그리고 생물학적·사회적·심리학적 요구의 충족에 필요한 역할과 과제를 공유할 때 가족이다.
슈왈츠(Schwartz)와 스콧(Scott, 1994)	혈연, 결혼, 입양, 동거 등에 의하여 이루어진 관계로 다른 사회집단과 비교할 때 상대적으로 지속적인 관계를 유지하며, 구성원 간에 경제적 또는 정서적 지원을 제공하는 집단이다.
앤더슨(Anderson)과 사바텔리 (Sabatelli, 1999)	구성원이 역사를 공유하고 정서적 유대감을 경험하며, 구성원 개인과 집단 전체의 욕구를 충족시키기 위한 전략을 개발하는 상호의존적 집단체계이다.
비드웰(Bidwell)과 메이(Mey, 2000)	혈연, 결혼, 입양 등에 의하여 이루어진 관계로 구성원이 서로 몰입되어 있고 고유한 정체성을 지니며, 경제적 단위를 형성하고 성인 구성원은 어린 구성원에 대한 책임을 가진다.

학자(연도)	가족의 정의
송정애와 정해은(2007)	가족생활을 유지하기 위한 특정한 역할과 지위를 가지고 가족구성원 간의 상호 성장·발달을 지지하는 집단이다.
김익균(2008)	부부와 직계혈족 및 형제자매 및 기타 형태로 구성된 구성원이 신체적 및 심리적, 사회문화적, 경제적 관계를 유지하면서 생활하는 사회의 기본적인 단위이다.
유계숙과 장혜경 외(2008)	둘 이상의 구성원이 혼인이나 혈연, 입양, 동거 등에 의하여 성(性) 또는 세대관계를 구성하고, 정서와 자원을 지속적으로 공유하며, 상호의존적으로 발달하는 집단체계이다.
정혜정과 공미혜 외(2009)	가족은 매우 느슨한 형태로 우리가 일상에서 마주치는 일련의 대인관계 정도이다. 그러나 가족으로 규정된 일련의 대인관계는 몇 가지 조건을 충족시켜야 한다. 첫째는 관계의 지속성이 있어야 하며, 둘째는 경제적 지원과 공유성을 지니고 있어야 하며, 셋째는 정서적 친밀감을 가지고 있어야 한다.

출처: 박주현·임상록(2009). 건강가정정책론, p. 17.

한편, 가족의 의미는 사람마다 다를 뿐만 아니라 상황의 변화에 따라 달라진다. 어떤 사람에게는 가족이 혈연관계로 묶어진 인간관계가 되겠지만, 다른 사람에게는 친하게 지내는 사람까지를 가족에 포함하기도 한다. 또한, 결혼 여부, 동거구성원, 배우자나 부모와의 접촉 정도, 그리고 정서적 유대감 등에 의해서도 사람마다 가족의 정의를 다르게 말한다. 즉, 계모나 계부와 사는 아동은 정서적 유대감에 따라 계모나 계부를 가족으로 생각하기도 하고 그렇지 않기도 한다. 이처럼 가족에 대한 규정은 각자가 처한 상황이나 상황의 변화에 따라 달라질 수밖에 없다. 이러한 점에서의 가족의 의미는 각자의 일상생활에서 이야기하는 과정에서 그 범위가 정해진다(박주현·임상록, 2009).

2) 가족과 가정의 개념적 차이와 관계

가정의 정의는 사람에 따라 다를 수 있으나, 부부·자식·부모 등 가족이 공동생활을 하고 있는 장소(조직체)라고 보는 것이 보통이며, 영어의 홈(home)이나 독일어의 하임(heim)이 이에 해당한다. 이처럼 가정을 가족과 구별하는 잣대로 공간적 의미를 강조하고 있지만, 이런 단순한 공간적 개념뿐만 아니라 가족구성원의 심리적 공간도 포함한다고 볼 수 있다. 이러한 측면에서 본다면 일정한 가정이 없을 때 정상적인 가족을 구성할 수 없는 것이다. 예를 들어, 주말부부, 기러기가족 등과 같이 공간적으로 함께 생활하지 않는 가족은 가족의 기능이 제대로 이루어지지 않을 수 있다. 그렇다고 이러한 가족을 비정상적인 가족이라고 말할 수도 없다.

건강가정기본법(법률 제9932호, 2010. 1. 18, 타법개정) 제3조에서는 '가족'과 '가정'에 대한 용어의 정의를 다음과 같이 규정하고 있다.

> "'가족'이라 함은 혼인·혈연·입양으로 이루어진 사회의 기본단위를 말한다."
> "'가정'이라 함은 가족구성원이 생계 또는 주거를 함께 하는 생활공동체로서 구성원의 일상적인 부양·양육·보호·교육 등이 이루어지는 생활단위를 말한다."

그러나 가족과 가정의 정의를 이렇게 하더라도 아직도 가족과 가정의 개념적 차이가 뚜렷해졌다고는 말하기 어렵다. 왜냐하면, 위에서 언급하였던 주말부부 등과 같이 공간적으로 함께 생활하지 않는 가족을 가정이 아니라고 말할 수가 없기 때문이다. 따라서 가족과 가정에 대한 개념적 차이는 매우 애매하므로, 이 책에서는 가족과 가정을 구분하지 않고 사용한다.

03 건강가정의 개념

1) 건강가정의 의미

그동안의 가족연구가 가정이 가진 문제에 주로 초점을 맞추었던 것에 반해, 건강을 가족과 연결시킨 '건강가족' 혹은 '건강가족적인 관점(family strength perspective)'에 대한 연구는 건강하고 행복하며, 생산적이고 성공적인 개인을 위해 건강한 가족이 얼마나 중요한가에 관심을 가지면서 미국에서 처음 시작되었다(Olson, 2004). 1970년대 이전까지 미국에서는 '가족이 왜 실패하는가?'를 규명하는 가족의 부정적이고 병리적인 측면에 초점을 맞춘 연구를 하였다. 그러다가 1970년대에 이르러 이혼율이 높아지고 가족해체 현상이 심각해지면서 '가족이 어떻게 성공하는가?'에 대한 답을 찾는 과정을 중시하는 건강가족적인 관점으로 연구의 초점을 바꾸었다.

이때 연구자들은 '건강가정(healthy families)' 또는 '구성원이 함께 행복한 삶을 영위하는 건강한 가족'을 지칭하는 다양한 표현을 사용하였다. 이러한 다양한 표현은 '강한 가족(strong family)', '균형이 잡힌 가족(balanced family)', '기능적인 가족(optimally functioning family)', 그리고 '탄력적인 가족(resilient family)' 등으로 소개되었다(옥선화, 2004). 우리나라에서도 '건전가정' 혹은 '건강가족' 등의 용어로 사용됐으며, 용어에 따라 강조하는 의미에 차이가 있을 수 있기 때문에 용어에 따른 개념 정의를 엄격하게 할 것을 주장하였다(유영주, 1999). 그러나 이러한 용어가 나타내고자 하는 기본적인 의미는 가정이 안정되고, 기능을 잘하는 가정, 그리고 서로 관계에 만족하는 가족을 의미하는 것이다. 그러므로 여기서는 이러한 다양한 용어를 '건강가정'으로 통일하여 사용한다(박주현·임상록, 2009).

건강이란 용어는 신체의 상태를 나타낼 때 적합하고 익숙한 개념이다. 건강의 사전적 의미는 정신적으로나 육체적으로 아무런 탈이 없고 튼튼한 또는 그런 상태를 의미하나, 세계보건기구의 건강에 대한 정의는 좀 더 포괄적이다. 즉, 건강이란 단순히 질병이 없거나 허약하지 않은 상태만이 아니라 신체적·정신적 및 사회적 안녕(well being)의 완전한 상태를 말한다(유영주, 2004a). 이런 의미에서 개인의 건강은 건강한 가정, 건강한 사회의 지표로서 중요할 뿐만 아니라 개인의 삶의 질 향상과 사회에 대한 가정의 역할수행을 위해서도 필수적이다(조희금 외, 2005).

그동안 건강가족에 대한 연구를 통해 가족을 연구하는 하나의 관점으로 건강가족적인 관점을 새롭게 제시해 온 올슨과 드프레인(Olson & DeFrain, 2003)은 "모든 가정은 잠재적인 성장 구조나 형태를 말하는 것이 아니라 그 기능을 말하는 것이다. 우리는 종종 건강한 가정을 이야기할 때 내적인 가족의 기능이 아니라 외적인 가족 구조에 초점을 맞추는 실수를 한다. 그러나 세상에는 건강한 한부모가족, 건강한 계부모가족, 건강한 핵가족, 건강한 확대가족, 건강한 동성애가족, 그리고 건강한 양부모가족이 있다. 세상에는 가족 구조와 관계없이 무수히 많은 건강한 가족이 있고, 마찬가지로 세상 모든 유형의 가족 구조에는 건강하지 않은 많은 가족이 있다. 즉, 사람이 살고 있는 가족의 유형만으로는 그 가족의 건강성에 대해 함부로 말하지 못한다."라고 '가정의 건강성'의 의미를 주장한다.

특히 올슨은 2004년에 발표한 연구에서 건강한 가족의 기본으로 건강한 결혼을 강조한다. 건강한 결혼, 건강한 가족을 설명하는 주요 변수는 응집성, 융통성, 의사소통 등 내적인 특징과 확대된 가족체계, 신념체계, 그리고 사회적 지원체계 등 외적인 특징을 포함한다고 설명한다. 올슨은 2000년 2만 1,501쌍의 결혼한 부부를 조사하여 행복한 결혼과 불행한 결혼의 가장 중요한 특징을 제시하였는데, 미국에서 행복한 결혼은 더 높은 수준의 의사소통, 유연성, 결속력, 그리고 갈등해결능력 등을 갖는 것이다. 이 연구에서 발견된 중요한 다섯 가지 강점은 ① 의사소통, ② 시간을 함께 보내기, ③ 지지, ④ 영성, 그리고 ⑤ 신체적·정신적 건강 등이다. 이러한 다섯 가지 강점의 의미에 대해 설명하면 다음과 같다(박주현·임상록, 2009).

① 의사소통: 서로 터놓고 이야기하고, 감정을 함께 나누며, 자주 이야기하고, 계속하여 관계를 맺는 것을 말한다.
② 시간을 함께 보내기: 가족으로서 무엇인가를 함께 하며, 저녁식사를 함께 하고, 생일과 명절 등을 함께 축하하는 것을 말한다.
③ 지지: 서로 의지할 수 있고, 가족을 우선적으로 지키는 것을 말한다.
④ 영성: 영적인 신념은 가족구성원을 하나로 묶도록 도와주고, 스트레스를 이기도록 도와준다.
⑤ 신체적·정신적 건강: 건강한 가족의 가장 중요한 강점이다.

유영주(1995)는 건강한 가정의 의미를 개인의 건강함에 비유하여 "개인이 건강하다 함은 외부의 환경변화에 적응력이 강한 것을 의미하는 것과 같이, 가정이 건강하다 함은 외부의 자극이나 변화에 긍정적으로 대처해 나가는 것이다."라고 설명한다. 또한, 건강한 가정이란 "서로 협동하고 인내하며 타협해서 공동체로서의 유대감을 다져가는 가정, 가족구성원의 인격을 서로 존중하고 가족구성원의 상호작용이 잘 이루어지는 체계(공동체)로서의 균형을 잘 유지하고 있는 가정이다."라고 정의한다. 건강한 가정은 건강한 개인을 만들어 내는 근원적 집단으로서 필요하며, 모든 인간의 정체성 확립이 인간이 준거집단인 가정의 영향에 의해 결정되므로 인간에게 건강한 가정이 필요함을 설명한다. 특히 건강한 가정은 태어나는 것이 아니라 만들어지는 것으로, 건강한 가정이 가족의 형성만으로 자연스럽게 이루어지는 것이 아니라 가족구성원의 의식적인 노력 과정을 통해 이루어진다고 한다. 건강한 가정을 육성하기 위한 방안으로 개인과 가정적 차원의 노력이 우선적으로 필요하며, 이와 함께 사회적 차원으로 가족지원 사업, 기업의 가정친화적인 경영문화를 확립하는 것이 필요하고, 국가적으로는 이를 뒷받침할 수 있는 제도적·행정적 체계를 갖춘 통합적인 가족정책 수립이 필요함을 지적한다.

또 유영주(2004b)는 건강가족의 정의를 개인적 차원, 관계적 차원, 체계적 차원으로 크게 나누고, ① 개인적 차원에서 가족구성원의 건강한 성장발달을 도모하고, ② 관계적 차원에서 가족 간의 의사소통, 역할관계, 의사결정 등의 상호작용이 균형을 유지하며, ③ 체계적 차원에서 가족체계를 잘 유지하여 사회, 국가와의 긴밀한 유대관계를 유지하는 가족이라고 하였다. 그리고 그는 실태조사를 통해 우리나라 건강가족의 구성 요소로, ① 가족구성원에 대한 존중, ② 가족구성원 간의 유대의식, ③ 감사와 애정, 정서적 안식처, ④ 긍정적 의사소통, ⑤ 가치관과 목표 공유, ⑥ 역할 충실, ⑦ 문제해결 능력, ⑧ 경제적 안정과 협력, ⑨ 신체적 건강, ⑩ 사회와의 유대 등의 열 가지를 들었다. 그가 연구한 건강가족을 구성하는 이러한 요소는 앞서 살펴본 서양의 경우와는 차이가 있다. 서양 사람은 건강가족의 요소를 주로 가족체계 내적인 요인인 가족 간의 응집성, 적응성, 의사소통 등에 큰 비중을 두었지만, 우리나라 사람은 서양의 요소를 포함하여 가족구성원 간의 유대의식, 가족구성원의 역할충실, 가족구성원의 신체적 건강, 경제적 안정과 협력 등의 중요성을 강조하였다.

앞서 '건강가족' 과 '건강가정'의 의미에 대해 살펴보고, 지금부터는 또 다른 용어인 '건전가정'에 대해 살펴보면, 지영숙과 이영호(1996)는 가족은 애정으로 맺어진 인간관계의 결합이지만, 가정생활은 인간관계의 협력체계와 물질체계의 통합관계에서 이루어지므로 '건전'하다는 의미는 건강을 포함하여 각 체계 간의 조화와 균형을 유지하는 단계적 개념으로서 더욱 큰 의미가 있다고 하였다. 따라서 '건전가정'이란 "지역사회 단위에서 가정의 유지 및 발전을 위해서 가정의 기능을 잘 수행하고 그 기능들의 수행을 위한 바른 태도, 실천하는 용기, 의식적인 노력을 하는 정도가 높은 가정"이라고 정의한다. 또 유영주(2002)는 '건강가족(혹은 기능적 가족)'과 '건전가정'의 개념적 차이에 대해 다음과 같이 주장한다. 건강가족(혹은 기능적 가족)이란 "임상가나 치료자가 가족문제나 가족 병리를 진단하기 위한 개념으로 정서적·관계적 상호작용에 초점을 두는 개념"이고, 건전가정이란 "보다 포괄적이고 넓은 의미의 개념으로 가족생활의 심리적·사회적 측면과 아울러 경제적·가정관리적 측면까지를 포함하는 개념"이라고 정의한다.

지금까지 건강가족(기능적 가족), 건전가정, 건강가정 등의 개념에 대해 살펴보았다. 이와 함께 조희금 등(2002)의 연구 및 건강가정기본법 제3장의 건강가정사업에 명시된 내용 등을 바탕으로 건강가정의 개념을 정의하면 다음과 같다(박주현·임상록, 2009).

첫째, 안전적인 의식주를 해결할 수 있는 경제적인 안정이 가정의 기본적 바탕이 된다.

둘째, 가족구성원 간에는 양성평등을 기본으로 열린 대화, 의사소통이 잘 되며, 건강한 유대가 조성되어 문제해결 수행능력이 뛰어나고, 휴식과 여가를 공유한다. 또한, 가치체계의 공유로 가족가치관이 명확하고, 어떠한 문제가 생겼을 때 긍정적인 방향으로 해결하고자 한다.

셋째, 가정 내적으로는 가족역할을 공유하여 가족구성원의 목표달성을 돕고, 합리적인 자원관리가 이루어진다. 또한, 건강한 가정문화를 유지·발전시키며, 새로운 가정문화를 창조한다.

넷째, 사회적으로는 가정과 일을 슬기롭게 조화시켜 건강한 시민의식을 발휘한다.

따라서 건강가정이란 건강가정의 구성 요소가 충족된 상태, 즉 가족구성원의 욕구가 충족된 상태라 하겠다. 그러나 건강한 가정에의 접근은 '건강' 대 '비(非)건강'의 단순한 이분법적 논리가 아닌, 통합적이고 복합적인 차원에서 다가서야 한다.

2) 법률에서 규정하는 건강가정

건강한 가정과 관련된 표현은 '가정폭력범죄의 처벌 등에 관한 특례법', '노인복지법', '사회보장기본법', 그리고 '여성발전기본법' 등에서 규정하고 있다. 이는 건강한 가정의 중요성이 이미 오래전부터 국가가 추구해 온 개념이라는 것임을 알 수 있다. 그러나 이러한 법에서는 건강한 가정을 구현하고, 유지·발전되도록 국가와 국민이 노력한다는 정도의 추상적인 이념 정도에 불과하다. 왜냐하면, 이러한 법에서는 어떠한 가정을 건강한 가정이라고 하는지, 그리고 구체적으로 어떻게 하는 것이 건강한 가정을 구현하는 것인지에 대한 명쾌한 내용은 언급되어 있지 않기 때문이다. 그러다가 2004년에 제정되고 2005년 1월 1일에 시행된 「건강가정기본법」에서는 건강가정의 의미뿐만 아니라 건강한 가정을 위한 정책, 건강가정사업 등이 구체적으로 규정되어 있다. 건강가정기본법에 대해서는 제3장에서 상세하게 다루기로 하고, 여기서는 건강한 가정과 관련된 내용을 〈표 1-2〉에서 살펴본다(박주현·임상록, 2009).

〈표 1-2〉 건강(건전)한 가정이 표현된 법과 내용

표현된 법	표현된 조문과 내용
가정폭력범죄의 처벌 등에 관한 특례법 (법률 제10789호, 2011. 6. 7, 타법 개정)	**제1조(목적)** 이 법은 가정폭력범죄의 형사처벌절차에 관한 특례를 정하고 가정폭력범죄를 범한 자에 대하여 환경의 조정과 성행의 교정을 위한 보호처분을 행함으로써 가정폭력범죄로 파괴된 가정의 평화와 안정을 회복하고 건강한 가정을 가꾸며 피해자와 가족구성원의 인권을 보호함을 목적으로 한다.
노인복지법 (법률 제10785호, 2011. 6. 7, 타법 개정)	**제3조(가족제도의 유지·발전)** 국가와 국민은 경로효친의 미풍양속에 따른 건전한 가족제도가 유지·발전되도록 노력하여야 한다.
사회보장기본법 (법률 제9932호, 2010. 1. 8, 타법 개정)	**제6조(국가 등과 가정)** ① 국가와 지방자치단체는 가정이 건전하게 유지되고 그 기능이 향상되도록 노력하여야 한다.
여성발전기본법 (법률 제10303호, 2010. 5. 17, 타법 개정)	**제2조(기본 이념)** 이 법은 개인의 존엄을 기초로 한 남녀평등의 촉진, 모성의 보호, 성차별적 의식의 해소 및 여성의 능력 개발을 통하여 건강한 가정을 이루고 국가와 사회의 발전에 남녀가 공동으로 참여하며 책임을 분담할 수 있도록 함을 그 기본이념으로 한다.
건강가정기본법 (법률 제9932호, 2010. 1. 18, 타법 개정)	**제1조(목적)** 이 법은 건강한 가정생활의 영위와 가족의 유지 및 발전을 위한 국민의 권리·의무와 국가 및 지방자치단체 등의 책임을 명백히 하고, 가정문제의 적절한 해결방안을 강구하며 가족구성원의 복지증진에 이바지할 수 있는 지원정책을 강화함으로써 건강가정 구현에 기여하는 것을 목적으로 한다.

출처: 박주현·임상록(2009), 건강가정정책론, p. 25.

이처럼 건강한 가정의 구현을 각 법의 이념이나 목적으로 제시하는 이유는 건강한 가정은 그 가정에 속해 있는 개인의 행복에 이바지할 뿐 아니라 건강한 사회, 건강한 국가의 기본이 되기 때문이다. 건강가정기본법은 가정의 건강성 증진을 통하여 건강한 사회를 구현하는 것이 궁극적으로 개인의 행복과도 불가분의 관계를 맺는다는 개인-가정-사회의 상호작용적인 관점을 가진다. 종종 개인은 가정이라는 공동체 안에서 자신의 권리와 자유를 제한받을 수 있다. 그러나 가정 공동체의 해체가 아닌 존립이 궁극적으로는 자신의 행복으로 환원되기 때문에, 우리는 가정의 유지가 개인의 자유를 무시하는 것이 아닌 개인의 선택과 행복으로 귀결된다는 것을 안다. 즉, 개인의 행복은 개인의 자유와 함께 건강한 가정의 유지에 포함된 개념으로 받아들여야 한다. 나아가 가정문제 증가에 따른 가족갈등, 가족해체는 사회의 비용을 증가시키고, 그 비용 부담 역시 가정의 몫이다. 이런 의미에서 사회적 자본의 중요성에 대한 인식은 건강한 가정이 어떻게 사회적 자본으로 이바지하여 건강한 사회의 기초가 되는지 보여주는 것이다(조희금 외, 2005).

3) 건강가정 척도

건강한 가정이란 연속적이고 복합적인 개념이기 때문에 개별 가정의 건강성이 어느 정도인가를 측정해 볼 수 있다. 가정의 건강성을 정의하는 개념이나 가정의 건강성을 구성하는 요소를 어떻게 보는가에 따라 척도 구성에 차이가 있으므로 이를 측정하는 척도는 연구자에 따라 다양하다.

외국의 경우 가족의 적응 건강성 및 복지를 측정하는 척도는 가족의 실패보다는 성공, 가족의 잠재력 개발과 성장에 주목하여 가족의 신체적, 정신적 건강과 웰빙(well-being)의 개념을 포함한다. 또한 건강한 가정은 그 가정이 기능을 잘 수행할 때 이루어지므로 가족의 기능을 평가하는 척도가 된다. 이들 척도는 주로 가족의 관계적인 측면을 강조하여 그 정도를 측정하고 있다.

우리나라에서도 건강가정에 대한 관심이 증가한 이후 가정의 건강성을 측정하기 위한 척도가 개발되었다. 여기에서는 다음과 같은 두 가지를 살펴본다(조희금 외, 2005).

(1) 가족의 건강성 척도

가장 많이 사용되고 있는 건강가정 척도는 어은주와 유영주(1995)가 개발한 '가족의 건강성 척도'이다. 이들은 기존의 외국 척도를 기초로 각 척도에서 공통으로 측정하는 개념들을 통합하여 건강가정을 '가족 간의 의사소통', '가족 간의 몰입', 그리고 '가족구성원의 적응' 등의 세 하위 영역으로 나누었다. 또한, 개방형 질문을 통해 얻은 자료로 '가족가치관'을 하위 영역으로 추가하였다. 그 후 하위 영역에 대한 이해를 돕기 위해 각각의 하위 영역 명칭을 '가족구성원 간의 의사소통', '가족구성원 간의 유대', '가족구성원 간의 문제해결 수행능력', 그리고 '가족구성원 간의 가치체계 공유' 등으로 재명명하였다. 이 척도는 34문항으로 구성되며, 각 문항은 5점 리커트(Likert) 척도이다.

(2) 한국 가정의 건전도 척도

앞에 소개한 가족의 건강성 척도가 가족의 정서적·관계적 상호작용에 초점을 두고 있는 데 비해, 지영숙과 이영호(1998)가 개발한 '한국 가정의 건전도 척도'는 보다 포괄적이고 광의의 개념으로 구성되어 있다. 즉 가족생활의 심리적·사회적 측면뿐만 아니라 경제적·가정관리적 측면까지를 포함하는 개념을 측정하고자 한다. 한국 가정의 건전도 척도는 '가정분위기 영역', '부모-자녀관계 영역', '부모관계 영역', '경제생활 영역', '공공질서 영역', 그리고 '친척·형제자매관계 영역' 등 여섯 가지 하위 영역으로 나누어져 있다.

한국 가정의 건전도 척도는 가족관계에만 초점을 둔 척도라기보다는 경제생활 영역이나 공공질서 영역 등을 포괄하고 있으나, 부부관계 영역, 부모-자녀관계 영역 등을 측정하고 있어서 한부모가정이나 무자녀가정 등 다양한 형태의 가족 건강성을 측정하는 데는 한계가 있다. 이 척도는 52문항으로 구성되어 있으며, 각 문항은 5점 리커트 척도이다.

학/습/과/제

① 지금 왜 건강가정이 절실한지에 대해 정리해 보시오.

② 건강가정과 유사 용어의 개념을 정리해 보시오.

③ 가정의 의미와 중요성에 대해 정리해 보시오.

④ 건강가정의 개념을 정의해 보시오.

⑤ 건강가정 척도로 가정의 건강성을 측정해 보시오.

Healthy Family

CHAPTER 02

현대 가족의 이해

학·습·목·표

- 현대사회와 가족의 특징을 이해한다.
- 사회적 환경에 따른 가족 기능의 변화를 설명할 수 있다.
- 사회적 환경에 따른 가족 가치관의 변화를 설명할 수 있다.
- 사회적 환경에 따른 가족 구조의 변화를 설명할 수 있다.
- 사회적 환경에 따른 가족 형태의 변화를 설명할 수 있다.

과거보다 경제적으로 풍요로운 현대사회는 개인주의적이고 다원적인 가치를 추구하여 가족을 더욱 복잡하고 다양한 형태로 변화시켰다. 사회를 개인과 개인이 맺는 관계에 긍정적·부정적 영향을 미치는 모든 요인의 총칭으로서 사회적 환경의 의미로 간주할 때, 가족은 이러한 사회적 환경의 영향을 받으면서 변화한다고 할 수 있다.

산업화에 따른 현대 가족의 변화는 세계 어느 나라에서나 일어나는 보편적인 현상이다. 하지만, 우리나라는 빠르게 진행된 압축 성장과 특수한 사회정치적 변화로 말미암아 더 복잡한 양태(樣態)로 전개되었다. 특히 우리나라 사람들의 가정생활과 가족관계를 규범적·심리적으로 떠받쳐 주던 가족이념은 여러 요소가 결합하면서 극도로 복잡한 양상을 띠고 있다. 또한, 가족구성원의 세대와 나이, 성별 차이 등에 따라 다양한 가족규범에 대한 노출과 수용의 정도가 달라서 우리나라 가족의 변화를 특정한 가족이념으로 규정짓기 어렵다(이선형·임춘희, 2009).

01 가족의 특징

1) 시간적 특징

대부분의 다른 사회집단과 비교할 때 가족은 상당히 장기간 동안 존재한다. 물론 가족관계가 지속적으로 이루어지지 않는 때도 있다. 이혼이나 사망 등의 다양한 가족해체를 통하여 관계가 단절되는 일도 있다. 그러나 우리는 보통 일생을 통하여 일정한 형태로 자신의 가족이 존속되는 것으로 간주한다. 시간상으로 가족형태가 변하더라도 지속적으로 가족이라는 매개체를 통하여 가족의 형태는 일정하게 존속하게 된다.

2) 구조적 특징

가족구성원 간은 생물학적이고 사회적인 다양한 구조적·구성적인 특징을 지니고 있다. 그리고 생물학적으로 출산행위는 근본적인 가족의 결속을 유지하게 하고, 이러한 행위는 우리가 출생을 통하여 우리에게 직·간접적으로 관계되는 최소한의 어느 정도 유전적 특성이나 특징적인 기질을 공유하고 있다. 또한, 인간을 창출해 내는 이러한 과정에는 사회적 측면이 있는데, 어떤 사회도 출산의 생물학적 행위나 아동양육을 우연한 일로 내버려두지는 않는다. 가족의 특성도 일정한 사회화 과정을 통해서 얻어진다.

3) 규범적 특징

가족구성원도 일정한 권리와 의무를 가지게 되는데, 이것은 법적인 측면도 있고 비공식적인 측면도 있다. 널리 행해지지는 않더라도 법에 따라 합법화되는 입양을 제외하고는 법적인 내용과 관련된 가족에 관한 주요 법적 대책은 결혼에 의한 것이다. 즉, 결혼 그 자체가 법에 의한 권리와 의무를 포함하고, 법적으로 가족관계를 구성하게 되는 것이다.

02 우리나라 가족의 변화

1) 가족 기능의 변화

(1) 재생산 기능의 약화

출산은 부모의 초혼연령, 첫 자녀 출생연령과 밀접한 관계가 있다. 〈표 2-1〉에서와 같이 여성의 초혼연령은 2005년 27.7세에서 2014년 29.8세로, 남성은 같은 기간 30.9세에서 32.4세로 나타났다. 초혼연령의 상승은 초산·둘째·셋째 출산연령의 증가에 이바지하여 만산(晩産)화로 이어진다. 이는 가임기간을 축소하는 동시에 후천성 불임증, 육체적, 자녀양육 등의 물리적 부담 증가로 합계출산율 저하로 나타난다.

〈표 2-1〉 혼인건수와 초혼연령

(단위: 천 건, 세)

연도		1990	2000	2005	2009	2010	2011	2012	2013	2014
혼인건수		399.3	332.1	314.3	309.8	326.1	329.1	327.0	322.8	305.5
초혼연령	남성	27.9	29.3	30.9	31.6	31.8	31.9	32.1	32.2	32.4
	여성	24.9	26.5	27.7	28.7	28.9	29.1	29.4	29.6	29.8

출처: 통계청 홈페이지(www.nso.go.kr), 인구동태건수 및 동태율 추이; 국가통계포털(KOSIS).

실제 이삼식 등(2005)의 연구보고서를 따르면, 초혼연령이 24세 이하인 여성은 평균 1.95명을, 25~29세인 여성은 평균 1.65명을, 30~34세인 여성은 평균 1.22명을, 35세 이상인 여성은 평균 0.71명을 출산한 것으로 나타났다(박주현·임상록, 2009). 〈표 2-2〉에서와 같이 2014년 출생아 수는 43만 5,000명으로 2010년의 47만 명과 비교할 때 3만 5,000명이 줄었다. 합계출산율은 2014년 1.21명으로 2010년의 1.23명과 비교할 때 0.02명 감소한 것으로 나타났다.

〈표 2-2〉 출생아 수, 조출생률 및 합계출산율

연도	1998	2000	2003	2005	2010	2011	2012	2013	2014
출생아 수(천 명)	635	635	491	435	470	471	485	436	435
증감(천 명)	-34	20	-2	-38	25	1	13	-48	-1
증감률(%)	-5.0	3.3	-0.3	-8.0	5.6	0.2	2.82	-9.9	-0.2
조출생률(명)	13.6	13.3	10.2	8.9	9.4	9.2	9.1	9.1	9.0
합계출산율(명)	1.45	1.47	1.18	1.08	1.23	1.24	1.30	1.19	1.21

주) 조출생률이란 특정 인구집단의 출산수준을 나타내는 기본적인 지표로서 1년간의 총 출생아 수를 그 해의 총인구로 나눈 수치를 1,000분비로 나타낸 것을 말한다(조출생률 = 특정 연도의 연앙인구분의 그 해의 총출생아 수 X 1,000).

출처: 보건복지가족부(2009. 2. 26), 보도자료; 통계청 홈페이지(www.nso.go.kr), 인구동태건수 및 동태율 추이; 국가통계포털(KOSIS).

최근 들어 저출산 현상은 가임여성 인구, 특히 주 출산층(20~39세)의 지속적인 감소, 세계적인 경제위기로 말미암은 소득과 고용 불안정, 젊은 층의 결혼·임신·출산의 연기, 그리고 여성의 취업 증가 등으로 말미암아 더욱 심화되고 있다. 이 중 여성의 취업 추이를 보면, 여성 경제활동 참가율은 경제협력개발기구(OECD) 국가 평균보다는 낮지만(2007년 대한민국 54.8%, 경제협력개발기구 평균 61.2%) 지속적으로 증가하는 추세이고, 여성이 주 출산기에 노동시장에서 이탈하는 M자 곡선 현상은 지속하고 있다.

보건사회연구원의 인구통계를 따르면, 앞으로 5년간 합계출산율은 1.2명 내외 수준을 유지할 것으로 보이며, 만약 경제 상황이 계속 어려워지면 합계출산율은 1.0명 이하로 떨어질 가능성도 있다. 이는 인구 감소를 불러오게 되어 노동생산성 악화, 인구의 고령화로 말미암은 사회복지비용의 지출 증가, 노인부양 부담 증가, 노인 의료비 증가, 사회복지 시스템의 불안정성, 잠재성장률 둔화 등의 문제를 일으키게 될 것으로 보인다(이진숙 외, 2010).

저출산으로 말미암은 생산 가능 인구(15~64세)의 양적 감소에 따른 노동력 부족과 더불어, 노동력의 고령화가 심화되면 노동생산성이 약화될 우려가 있다. 우리나라의 생산 가능 인구는 2016년 3,619만 명을 정점으로 감소하기 시작할 것으로 예측된다. 특히 노동력의 주축인 30~40대는 2006년을 정점으로 이미 감소가 시작되어 우려되고 있다. 이런 추세가 지속하면 노동력은 2015년에 63만 명, 2020년에는 152만 명이 부족할 것으로 전망된다. 또한, 생산 가능 인구의 평균연령은 앞으로 10년간 3세 이상 고령화될 전망이며, 노동생산성 증가율은 2000년대 1.8%에서 2040년대 1.1%로 감소할 전망이다. 이렇듯 생산 가능 인구의 감소에 따른 노동력 부족, 근로연령 상승 등은 잠재성장률의 둔화를 일으키게 될 것이다. 추계를 따르면, 잠재성장률은 2000년에 4.56%에서 2040년에는 0.74%로 감소될 전망이다.

이 밖에도 젊은 세대의 노인부양 부담의 증가로 말미암아 세대 간 부양 부담의 문제가 제기되고 있다. 현재 노년 부양비는 지속적으로 증가하고 있어 2005년에 생산 가능 인구 7.9명이 노인 1명을 부양해야 했다. 그런데 2020년에는 4.6명이, 2050년에는 1.4명이 노인 1명을 부양해야 할 것으로 예측된다. 이에 따라 연금재정 부담이 본격화될 것이며, 의료비 지출의 확대로 사회보장재정 부담이 가중될 것이다. 이렇게 되면 국내총생산(GDP) 대비 의료비 지출이 2005년 6.18%에서 2030년 9.09%로 상승할 전망이다. 따라서 저출산은 중요한 사회적 이슈(issue)로서 사회적 개입이 절실히 요구되고 있다(보건복지가족부, 2009. 2. 26.).

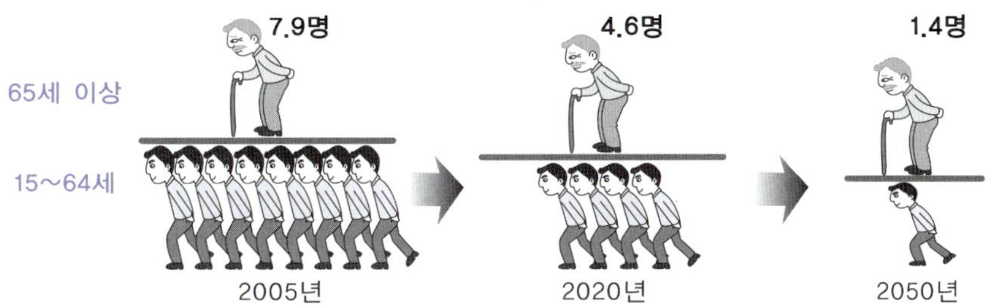

출처: 보건복지가족부(2009. 2. 26), 보도자료.

[그림 2-1] 노인 1명에 대한 부양자 수 전망

(2) 경제적 부양 기능의 약화

가족은 전통적으로 경제적 단위로서 가족구성원을 위한 경제적 부양 기능을 수행해 왔다. 그러나 외환위기로 말미암은 계층 간 양극화의 심화 현상과 미흡한 사회 안전망으로 말미암아 노부모의 생계 부양자 중 가족의 비중은 1998년 58.2%에서 2002년에는 53.3%로 하락하였다. 이는 가족의 부양 기능이 과거와 같지 않음을 나타내는 현상이다(보건복지부, 2006).

가족의 부양 기능 약화는 공적 소득보장체계가 취약한 현실에서 빈곤의 확산을 일으키는 원인의 하나가 되고 있다. 이와 관련해서 살펴보면, 우선 도시 근로자 가구를 기준으로 하여 소득 5분위 배율(소득 수준 하위 20%의 소득으로 상위 20%의 소득을 나눈 배율)은 외환위기 이전인 1991~1997년에 평균 4.46배에서 1998~2005년에는 평균 5.36배로 많이 증가하였다. 또한, 지니계수(Gini coefficient)도 1996년 0.291에서 2005년에 0.310까지 상승하여 계층 간 불평등이 심화됨을 알 수 있다. 소득 여건이 악화함에 따라 '중위 소득 수준의 50~150%의 계층'인 중산층의 비중은 감소하고 빈곤층의 비중이 증가하고 있다. 외환위기 직후 중산층 비율은 1997년 68.5%에서 2004년 63.9%로 감소하였는데, 같은 기간 중산층 감소분인 4.6%p 중에서 0.7%p만이 상류층으로 상향 이동하였고, 나머지 대다수인 3.9%p는 빈곤층으로 전락하여 빈곤이 가속화되었다(이진숙 외, 2010).

자료 2-1

지니계수(Gini coefficient)란?

일반적으로 분포의 불평등도를 나타내는 수치로 특히 소득분배의 불평등도를 나타내기 위해서 잘 사용된다. 가로축에 인구의 누적백분율을 취하고 세로축에 소득의 저액층부터 누적백분율을 취하면 로렌츠 곡선이 그려지는데, 대각선(45°)은 균등분배가 행해진 것을 나타내는 선(균등선)이 된다. 불평등도는 균등선과 로렌츠 곡선으로 둘러싸인 면적(λ)으로 나타난다. 그리고 균등선과 가로축, 세로축으로 둘러싸여진 삼각형의 면적을 S라 할 때 λ/S를 지니계수라고 부른다. 지니계수는 0과 1 사이의 값을 가지고 그 값이 1에 가까울수록 불평등도가 높아진다. 0.4를 넘으면 상당히 불평등한 소득분배의 상태에 있다고 할 수 있다. 지니계수는 이탈리아의 통계학자인 코라도 지니(Corrado Gini)가 개발했으며 1912년 논문 'Variabilità e mutabilità'에 소개되었다.

출처: http://enc.daum.net/dic100/contents.do?query1=10XX273027

(3) 양육과 교육 기능의 약화

오늘날 자녀 수의 감소, 아동에 대한 인식변화, 가족주의 가치관의 확산 등으로 말미암아 보편적으로 가족의 자녀양육과 교육에 대한 관심이 높다. 그러나 직업노동 중심의 생활체계, 사회의 분화와 전문화, 가족 시간의 부족 등으로 가족의 자녀양육과 교육 기능은 현저히 약화되고 있다. 자녀의 양육과 교육은 갈수록 사회로 이양되고 있는데, 이는 늘어나는 자녀교육비를 보면 확연해진다(여성가족부, 2006). 자녀의 양육과 교육 기능 약화는 이의 사회화로 말미암아 일어나는 비용 부담 문제뿐 아니라 부모-자녀 간의 정서적 교류의 부족 문제도 낳고 있다.

(4) 돌봄과 보호 기능의 약화

사회보장적 기능의 의미가 있는 돌봄과 보호 기능은 가족의 다른 기능보다 더욱 약화되었다고 할 수 있다. 통계청(2008) 조사를 따르면, 부모의 노후생계에 대해 가족과 국가, 사회가 공동으로 책임져야 한다는 견해가 43.6%로 가족이 책임져야 한다는 견해 40.7%를 앞질렀다.

과거 가족이 담당하던 아동보호나 노인부양의 기능을 공공부조나 사회보장제도가 담당하게 되면서, 가족이 돌보지 못하는 가족구성원을 위한 사회보장의 인적·물적 자원 확보가 이루어지고 있으며, 각종 법과 정책이 다양하게 시행되고 있다. 그 예로 2008년 7월부터 시행된 노인장기요양보험제도는 그동안 전적으로 가족의 몫이었던 치매·중풍 노인의 요양을 요양보호사나 간호사의 전문적인 서비스로 대체하는 제5의 사회보험으로, 일명 '효의 세대 간 품앗이'라고도 한다.

이는 국가와 사회가 과거 가족이 전적으로 맡아 왔던 노인부양의 부담을 덜어 줌으로써 가족과 노인 모두의 삶의 질을 높인다는 취지에서 바람직한 정책이지만, 가족부양 기능의 약화에 따라 공적 부양 기능이 강화되는 의미로도 볼 수 있다. 또한, 최근 이혼 증가와 불경기로 말미암은 경제사정의 악화로 부모가 자녀를 돌보지 못해 다른 가정에 맡기는 가정위탁보호 아동이 증가했다는 사실은 가족이 이혼과 같은 가족 해체에 당면하면 자녀를 부양하는 기능 또한 단절되고 취약해질 수 있음을 보여준다(이선형·임춘희, 2009).

(5) 휴식과 여가 기능의 약화

휴식과 여가 기능은 가족이 경쟁적이고 바쁜 사회생활에서 벗어나 휴식과 여가활동을 통해 재충전하고 가족으로서의 유대를 강화하며, 삶의 질을 높일 수 있는 중요한 기능이다. 그러나 현실적인 가족의 모습을 보면, 2006년 기준 우리나라 사람의 연평균 근로시간은 2,305시간으로 경제협력개발기구 회원국 평균의 1.3배나 되어 높은 수준을 유지하고 있다.

또한, 경제협력개발기구 회원국 가운데 여가소비는 끝에서 두 번째이고, 자살은 첫 번째이며, 출산율은 최저 수준이면서도 사교육비 지출은 가장 많은 것으로 나타났다(조선일보, 2008. 5. 19). 청소년의 주당 평균 학업 시간은 64.24시간으로 경제협력개발기구 회원국 평균인 42.35시간보다 월등히 많아서 청소년이 가족과 함께 보내는 시간이 절대적으로 부족한 실정이다. 그리고 경제협력개발기구 회원국의 국가별 근로관(勤勞觀)을 분석한 결과, 우리나라 사람은 '먹고 살기 위해서'라는 생계수단형이 많았다(서울신문, 2008. 6. 5).

이처럼 자녀는 과도한 학업으로, 부모는 과중한 직장생활로 가족과의 휴식과 한가한 시간이 부족한 현실을 고려한다면, 가족의 휴식과 여가 기능의 실제 수행 정도는 낮다고 할 수 있다. 그나마 최근 주 40시간 근무제, 즉 주 5일제 확대 이후 가족과 친지 방문이나 찜질방 이용 같은 가족 중심형 여가 활동이 다소 증가하였다. 또한, 가족이 있는 30~50대의 여가 활동 동반자가 가족이 대다수라는 점은 고무적인 일이라 하겠다(문화관광부, 2007). 이는 근무시간이 조정되면 가족의 휴식과 여가 기능이 회복·강화될 수 있음을 보여 주는 것이다.

2) 가족 가치관의 변화

(1) 성(性) 역할에 대한 가치관의 변화

오늘날 가족은 빠른 속도로 사회변화를 수용하고 있다. 사회의 개인 중심적이고 개방적인 가치관의 확산은 가족구조를 수직적 질서체계에서 수평적 질서체계로 변화시키고 있다. 그러나 이러한 변화에도 보편적인 가족 가치관에는 아직도 전통적인 성 분업의식이 고착되어 있다. 한 예로 우리나라 사회에서 아버지의 육아에 대한 인식이 성 평등적으로 개선되고 있다고는 해도 아직 턱없이 낮은 수준이다.

한국보건사회연구원(2007)의 보고서를 따르면, "어린 자녀는 집에서 어머니가 돌봐야 한다."라는 문항에 대한 동의가 64%로 나타났다. 이는 아직도 육아는 여성의 책임이라고 인식하는 사회 분위기를 보여주는 것이라 하겠다. 이러한 보수적 역할의식은 가족의 기능 수행에 있어 성 간의 마찰을 일으키고, 그로 말미암아 가사노동의 분담에서 불균형을 가져오고 있다. 보수적인 성 분업의식에도 여성의 역할은 다중화되고 있다. 이로 말미암아 부부간의 갈등이 증가하고 부양과 관련된 가족의 기능이 약화하는 결과를 낳고 있다.

(2) 개인중심적 가치관의 확산

현대사회에서 인구의 고학력화 현상이 지속되고 개인의 자기실현과 삶의 질을 중요하게 여기는 경향이 확대되면서 삶에 있어 일 중심의 가치관이 확산되고, 취업이 개인의 생애주기에서 중요한 단계로 정착되고 있다. 이러한 생활상의 변화는 가족 가치관에도 변화를 가져오고 있다.

출처: 2005년 방영된 드라마 '불량주부'의 한 장면

[그림 2-2] 성역할에 대한 고정관념의 파괴

보건복지가족부(2009. 2. 26)의 자료를 따르면, 미혼여성의 결혼에 대한 태도는 [그림 2-3]에서와 같이 긍정적 태도와 소극적 태도가 거의 반반으로 나타나고 있다. 이렇게 미혼여성이 결혼에 대해 부정적인 태도를 보이는 것은

행복한 삶과 가족에 대한 기대는 상승하였지만(여성가족부, 2006), 결혼이 개인생활을 희생시키고 가족생활에 대한 의무와 책임을 요구하는 것으로 인식되기 때문으로 해석된다.

또한, 자녀를 반드시 가질 필요가 없다는 생각을 지닌 여성의 비율도 증가하고 있다. 보건복지가족부(2009. 2. 26)의 자료를 따르면, 기혼여성의 자녀 필요성에 대한 긍정적 태도는 [그림 2-4]에서와 같이 1997년에는 90.3%였으나 2000년에는 89.6%, 2005년에는 65.2%로 급격하게 감소하고 있다. 이러한 현상은 최근 들어 더욱 가속화되고 있다.

3) 가족구조와 형태의 변화

(1) 소규모 가족과 세대구성의 단순화

우리나라 가족구조의 변화를 살펴보면, 그 규모가 점진적으로 축소되고 있다는 것을 알 수 있다. 가족 규모를 알 수 있는 가구원 수 지표는 1966년 5.5명에서 1990년 3.8명, 2000년 3.1명, 2005년 2.9명으로 나타나 가족의 소규모화가 점진적으로 이루어지고 있음을 알 수 있다. 이러한 가족의 소규모화는 산업화 과정에서 나타난 핵가족화와 가구구성의 단순화에 따른 것으로 이해할 수 있다(김현주 외, 2006).

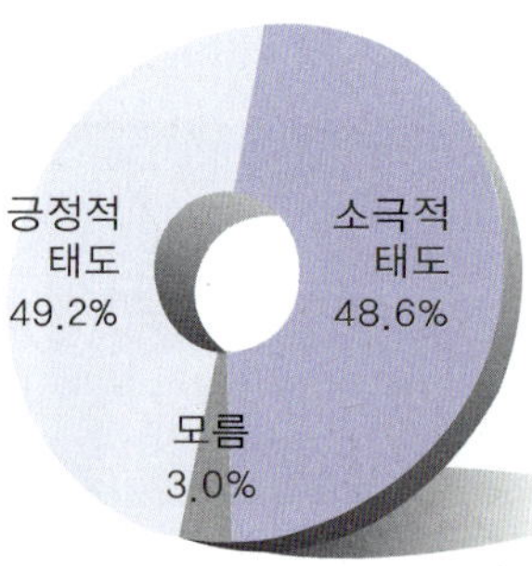

출처: 보건복지가족부(2009. 2. 26), 보도자료.

[그림 2-3] 미혼여성의 결혼에 대한 태도

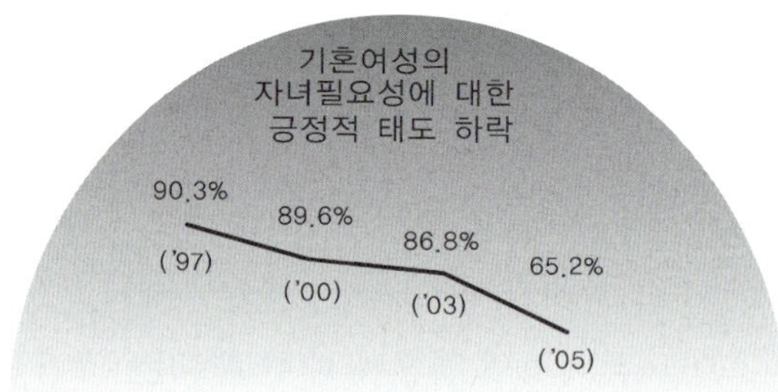

출처: 보건복지가족부(2009. 2. 26), 보도자료.

[그림 2-4] 기혼여성의 자녀필요성에 대한 태도

통계청(각 연도)을 따르면, 2005년 1세대 가구는 16.2%, 2세대 가구는 55.4%, 3세대 가구는 6.9%, 4세대 이상 가구는 0.1%로 나타나 부모와 자녀만으로 구성된 2세대 가구가 전체의 절반 이상을 차지하고 있다. 또한, 전체 가구 중에서 핵가족이 차지하는 비율은 1975년에는 64.6%이었으나 2000년에는 82.0%로 증가하였다. 특히 부부가족은 1975년 2.1%이었으나 2000년에는 14.8%로 많이 늘어났다(여성가족부, 2006).

핵가족은 대가족과 비교할 때 사적 네트워크(network)가 취약하다. 따라서 핵가족이 당면하는 큰 문제는 친족관계의 약화로 말미암은 정서적 지원망의 부족과 아동양육의 사회화가 미흡한 상황으로 말미암아 발생하는 양육 문제이다. 또한, 핵가족은 노인부양의 공백을 유인하는 중요한 원인이 되고 있다. 정경희 등(2005)을 따르면, 자녀와 동거하는 노인은 43.5%로 급속히 감소하였다. 반면, 노인 1인 가구(24.6%)나 노인 부부가구(26.6%)를 합친 노인 단독가구 비율은 증가하여 전체 1세대 가구의 과반수에 달했다. 특히 혼자 사는 80세 이상 노인은 1990년 6.7%이었으나 2000년 15.5%로 2배 이상 늘어났다.

〈표 2-3〉 세대수별 가구 분포

(단위: %, 총 가구: 100.0)

연도	1세대 가구	2세대 가구	3세대 가구	4세대 이상 가구	1인 가구	비혈연 가구
2005	16.2	55.4	6.9	0.1	20.0	1.4
2000	14.2	60.8	8.2	0.2	15.5	1.1
1995	12.7	63.3	9.8	0.2	12.7	1.4
1990	10.7	66.3	12.2	0.3	9.0	1.5
1985	9.6	67.0	14.4	0.4	6.9	1.7
1980	8.3	68.5	16.5	0.5	4.8	1.5

출처: 통계청(각 연도), 인구주택총조사; 국가통계포털(KOSIS).

한편, 가구구성을 보면 1세대 1인 가구유형은 1980년 4.8%, 2000년 15.5%, 2005년 20.0%로 많이 증가하였고, 2000년과 비교할 때 2005년의 증가 폭은 42.5%로 그 증가 속도가 매우 빨라지고 있다. 또한, 1인 가구의 지역별 분포를 보면 농촌의 70세 이상 고령인구 증가 폭이 크게 나타나고 있다. 이는 이들의 경제적 부양과 의료보장을 위한 사회의 관심이 요구된다고 하겠다.

통계청(www.nso.go.kr)에 의하면, 2010년 전체 가구 가운데 가장 많은 비중을 차지한 것은 4인 가구로 24.2%를 차지했다. 하지만 2015년 4인 가구의 비중은 20%로 떨어졌다. 반면 1인 가구는 22.1%에서 25.3%로 늘었다. 지금부터 10년 뒤인 2025년이 되면 4인 가구는 전체의 13.5%로 떨어질 전망이다. 1인 가구는 30%, 2인 가구는 31.5%까지 늘어날 전망이다. 4인 가족보다 1~2인의 소규모 가족이 보편적인 가구의 형태가 될 것이다.

〈표 2-4〉 가구 수 증가 현황

(단위: 가구)

연도	1980	1990	2000	2005	2010
가구 수	7,969,201	11,354,540	14,311,807	15,887,128	17,339,422
1인 가구	382,743	1,021,481	2,224,433	3,170,675	4,142,165

출처: 국가통계포털(KOSIS).

자료 2-2

핵가족도 핵분열하는 시대

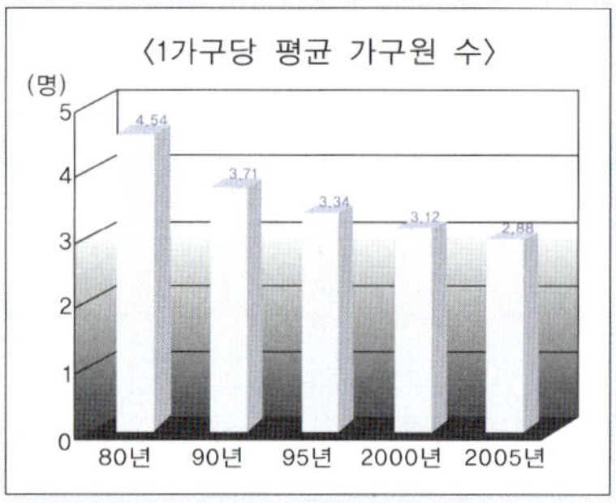

3인 가구 비중 '멈춤', 독거·2인 가구는 급증, 1가구당 가족 수 2.88명, 사상 첫 3명 하회

한 쌍의 부부와 결혼하지 않은 자녀만으로 구성된 '핵가족' 비중이 더는 늘지 않고 있다. 또 5가구 중 1가구는 혼자 사는 독거 가구인 것으로 나타났다. 부부만 살거나 편부, 편모에 자녀로 구성된 2인 가구 비중도 빠르게 확대되고 있다. 특히 우리나라 1가구당 평균 가족 수는 사상 처음으로 핵가족의 기본 가족 수 '3명' 밑으로 떨어졌다. 이제 핵가족 시대도 지나갔다는 평가다.

26일 통계청이 발표한 '2005년 인구주택총조사(가구·주택부문)'에 따르면 지난해 11월 기준 3인 가구는 332만 5,000가구로 전체 가구 수의 20.9%를 차지했다. 지난 2000년 비중 20.9%에서 하나도 늘지 않았다. 60년대 개발연대 이후 우리나라에 '핵가족화'가 불어닥치면서 자녀 1명만 둔 3인 가족 비중은 지속적으로 증가했다. 전체 가구에서 3인 가족이 차지하는 비중은 ▲1980년 14%에서 ▲1990년 19% ▲1995년

20.3% ▲2000년 20.9%로 확대돼 왔다. 그러나 지난해는 이러한 확대추세가 멈췄다. 4인 가구도 2000년 31.1%에서 지난해 27%로 줄었고 5인 이상 대가족 가구 비중도 13.4%에서 9.9%로 축소됐다.

이에 따라 평균 가구원 수는 처음으로 '3명' 선이 무너지고 말았다. 지난해 1가구당 평균 가구원 수는 2.88명을 기록해 2000년 대비 0.24명 줄었다. 평균 가구원 수는 ▲지난 1980년 4.54명에서 ▲1990년 3.71명 ▲1995년 3.34명 ▲2000년 3.12명으로 지속적으로 감소한 후 2005년에 3명 밑으로 떨어졌다.

출처: 이데일리(2006. 7. 26).

(2) 다양한 가족형태의 출현

미국 연방대법원이 동성결혼을 허용하는 판결을 내리고, 국내에서도 관련 소송이 제기되면서 '새로운 형태'의 가족에 대한 재인식 문제가 화두가 되고 있다. '소수자 인권' 차원의 동성혼 문제 이전에 사실혼이나 동거 등 현실적으로 존재하는 다양한 가족 형태를 법적으로 인정해야 한다는 주장이 끊임없이 제기돼 왔지만, 국회에서 관련 논의는 더딘 상태다.

2015년 7월 6일 한국에서는 최초로 '동성혼 허용' 관련 재판이 열렸다. 이 소송은 2013년 결혼식을 올린 김조광수 감독과 김승환이 서대문구청이 혼인신고서를 '불수리처분'한 데 대한 불복소송으로 진행됐다. 당시 서대문구청은 "민법상 당사자 간의 혼인 합의가 없다."는 이유로 혼인신고를 수리하지 않았다.

① 한부모가족

한부모가족은 별거, 이혼, 사망, 유기, 가출 등으로 말미암아 부모 중 한 사람과 자녀로 이루어진 가족을 말한다. 그리고 여기에는 일부이긴 하지만 미혼모나 미혼부 가족도 포함한다. 한부모가족은 이혼의 증가로 늘어나는 추세이고 관심이 높아지고 있다. 한부모가족 중에서 모자가족은 가족 내에서 경제적·정서적 안정에 이바지했던 부의 부재로 많은 문제가 일어난다. 특히 소득의 감소로 말미암아 생활수준이 급격히 낮아지며, 자녀교육에 어려움이 많다. 부자가족은 가사와 자녀양육에 이바지했던 모의 부재로 많은 문제가 일어난다. 특히 그동안 배우자가 관리해 왔던 가사를 부가 대신한다는 것이 상당히 어려우며, 자녀를 제대로 양육하기가 어렵다.

② 소년소녀가족

소년소녀가족은 부모의 사망, 이혼, 가출, 질병, 심신장애 등으로 말미암아 18세 미만의 미성년자가 가정생활을 이끌어 가는 가족을 말한다. 소년소녀가족은 부모가 없어서 수입이 부족하고, 생활이 안정되지 못하여 신체적으로 정상적인 성장과 발달을 기대하기 어렵다. 또한, 정서적으로 불안정할 수 있고, 정상적인 학교생활을 하지 못할 수도 있다. 그리고 그들은 경제적으로 자활할 수 있는 기반과 능력이 부족하기 때문에 빈곤에서 벗어나기 어려우며, 사회적으로 고립될 수 있다.

③ 재혼가족

재혼가족은 배우자 한쪽이나 양쪽 모두가 재혼 이상의 결혼으로 자녀가 있거나 없으면서, 하나의 가구를 유지하는 남편과 아내로 구성된 가정을 말한다. 유사한 용어인 계부모가족은 부모의 한쪽이 친부모이며, 그 친부모가 재혼하기 전에 전 배우자 사이에서 출생한 18세 미만의 자녀가 있는 재혼가족을 말한다. 이러한 가족 유형을 다른 말로 재결합가족, 혼합가족, 두 개의 핵가족 등으로 부르기도 한다. 이 유형은 오늘날 가장 복잡한 가족체계 중 하나이다.

④ 노인 단독가족

노인 단독가족은 65세 이상의 노인이 자녀나 친척과 동거하지 않고 독신 혹은 부부로서 독립된 가구형태로 생활하는 가족을 말한다. 노인 단독가족은 노년기에 발생할 수 있는 신체적·정서적·경제적 문제 등을 스스로 해결해야 하기 때문에, 자녀와 동거하는 노인가족과는 달리 같은 문제라도 다른 양상으로 경험하게 된다.

⑤ 동거가족

동거가족은 혼인신고 절차를 거치지 않은 가족으로 젊은 층에서 많이 볼 수 있다. 동거의 이유로는 경제적인 면에 있어서 협력과 성적 욕구에 대한 충족 등을 들 수 있다.

⑥ 무자녀가족

무자녀가족은 자녀 없이 부부끼리만 사는 가족형태를 말한다. 과거에는 불임이나 사고로 말미암아 무자녀가족이 많았지만, 여성의 교육과 취업의 증가와 함께 자녀를 낳지 않기로 선택한 부부가 증가하고 있다. 이들은 결혼하기 전 아이를 갖지 않겠다고 계획하거나 경제적인 문제로 아이를 갖지 않으려고 한다. 이는 자녀로 말미암아 구속받지 않으려는 개인주의적 성향이 생활에 반영된 것이다.

⑦ 독신가족

독신가족은 성인이 된 남녀가 결혼하지 않고 혼자 사는 가족을 말한다. 즉, 성인남녀가 결혼하지 않거나 노인이 되기 이전에 이혼이나 사별하고 나서 재혼을 하지 않고 혼자 사는 가족형태이다. 과거에는 성인남녀가 독신으로 사는 것을 사회적으로 바람직하지 못한 것으로 간주하였으나, 최근에는 독립적으로 생활하는 것을 어느 정도 수용하는 추세이다. 독신가족은 개인주의적 사고, 경제적 지위 상승, 결혼과 가족에 대한 가치관의 변화, 이혼의 증가, 교육기간의 연장, 자아실현 경향 등으로 말미암아 점차 증가하고 있다.

⑧ 기러기가족

우리나라에서 모와 자녀는 유학을 위해 외국에서 생활하고, 부는 한국에 남아 혼자 벌며 학비와 생활비를 조달하는 신종 이산가족을 일컫는 말로 기러기가족이 증가하고 있다. 기러기가족은 1990년대부터 시작된 조기유학 열풍이 만들어낸 또 하나의 부산물이자 대안이다. 기러기가족의 가장을 일컬어 '기러기 아빠'라고 한다.

⑨ 공동체가족

공동체가족은 결혼과 혈연에 기반을 둔 기존의 가족 틀에서 벗어나 개별가족이 더는 수행하지 못하는 공동체적 기능을 회복하고, 동시에 핵가족이 가질 수 있는 문제점을 극복하려는 개인과 가족의 복합체를 말한다. 공동체가족을 대안형태의 가족으로 보는 관점도 있으나, 최근에는 대안적 성격보다는 공동체 자체의 가족기능에 초점을 맞추어 하나의 선택적 가족으로 보는 경향이 있다.

⑩ 북한이탈주민가족

북한이탈주민가족은 북한을 탈출해 현재 남한에 거주하면서 정부로부터 법률적으로 지원을 받는 북한이탈주민 중 가족단위의 사람을 말한다. 이들 유형은 처음부터 가족단위로 한국에 입국한 형태, 가족 중 일부가 먼저 입국하고 나서 입국한 가족과 합류한 형태, 그리고 혼자 입국하여 한국에서 가족을 이룬 형태 등으로 구분할 수 있다. 북한이탈주민가족은 남한 사회의 특성으로, 적응하는 데 많은 어려움을 호소하고 있다.

⑪ 다문화가족

다문화가족은 국제결혼 등을 통해서 서로 다른 인종의 상대를 만나 결합한 가정을 의미한다. 그런데 다문화가족지원법이 제정·시행되기 이전까지 법률적으로는 국제결혼이라는 용어를 더 많이 사용하였다. 그러나 국제결혼의 개념은 단순히 결혼 당사자만을 의미하고, 국적이 다른 사람과의 결혼을 의미하기 때문에 그 결혼으로 말미암아 형성된 가족구성원을 모두 지칭하기에는 한계가 있다. 따라서 다문화가족이란 용어가 그 가족 내 가족구성원의 인종 간 차별성과 한 가정 내에서 두 개 이상의 서로 다른 문화가 만난다는 특징을 지니므로 더 적절한 표현이다(박주현·임상록, 2009).

⑫ 동성애가족

동성애가족은 아직 우리나라에서 보편화하지는 않았지만, 최근 동성애자의 인권에 대한 논의가 활발하게 진행되고 있다. 유럽이나 미국과 같이 동성애에 대한 논의가 먼저 진행된 나라에서도 아직은 동성애가족이 그리 많은 것은 아니다. 동성애가족 자녀의 성(性) 정체감 문제와 동성애 자체를 거부하는 사회에서 고립되고, 이는 곧 동성애가족 자녀의 고립으로 연결되는 문제를 안고 있다. 한편, 고롬벅 등(Golombok et al., 1983)의 연구를 따르면, 동성애가족이 이성으로 구성된 가족보다 자녀에 대한 애정이 더 강하며, 동성애가족 자녀는 다양성에 대한 포용력, 차별에 대한 지각 등에 있어서 더 많은 경험을 하는 장점이 있다(이효선·Detlef Garz, 2006).

03 우리나라의 가족문제

대부분 산업국가에서 보편적으로 발견된 가족문제가 우리나라에서도 근대화 과정 속에서 유사하게 재현되고 있다(이진숙·안은숙, 2006). 함인희(1993)의 가족문제 유형화를 시도한 대표적 연구, 이인수(2003)의 신문기사에 대한 내용분석 연구, 고미영(2003)의 가족복지실천 현장에서의 상담 사례에 대한 연구, 그리고 이여봉과 이미정(2003)의 가족문제와 가족정책에 대한 전문가의 의식을 조사한 연구를 기초로 하여 우리나라에서 1950년대부터 현재에 이르기까지 사회 쟁점화된 가족 문제를 살펴본다(이진숙 외, 2010).

가족문제의 주를 이루는 것은 가족가치의 혼란, 가족상 변화, 가족의식과 행동 간의 괴리, 가족위기 등 "가족이 무엇인가?"에 대한 의식변화를 엿볼 수 있다. 그 다음은 자녀양육, 자녀학대, 미혼모, 소년소녀가장 등 아동·청소년과 관련된 가족문제가 많다. 이어서 생활고와 생활안정 등과 관련된 빈곤문제와 부부간 갈등, 이혼, 배우자의 부정, 부부폭력 등의 부부를 중심으로 한 문제와 고령화, 노부모부양, 고부갈등, 노인소외 등 노인과 관련된 문제, 그리고 법제상의 갈등, 동성동본(同姓同本) 불혼(不婚), 호주제, 상속제, 양자제 등의 가족제도를 둘러싼 문제도 대두되어 왔다.

오늘날에는 이혼, 저출산과 노인부양 등이 가장 사회적으로 관심을 끄는 문제로 두드러지면서 가족의 복지 욕구가 산업 근로자의 노동과 가족 영역의 병행과 맞물려 변화되고 있음이 드러나고 있다(송다영, 2004; 김인숙, 2005). 함인희(1993)는 가족문제를 '가족과 사회의 변화 속도 간 지체 현상에서 파생되는 문제'로 보고, 사회는 변화했는데 가족은 아직 변화하지 못한 경우를 가족

지체 문제로 규정하였다. 마찬가지로 이인수(2003)는 우리나라의 가족문제가 가족 지체 문제의 성격이 강함을 밝혀내었다.

이들 연구의 결과가 시사하는 바는, 전 세계적으로 19세기 후반부터 본격적으로 진행된 근대화가 가족에게 변화와 문제를 동시에 가져왔지만, 그런 과정에서 서구는 안정적인 가족 담론(談論)의 틀 안에서 체계화된 대응 시스템을 구상하는 데 시간상으로 비교적 여유를 가질 수 있었던 반면, 우리나라는 근대화가 6·25전쟁 이후에 압축적 공업화로 표출되면서 사회 안전망이 미비한 채 급격히 진행된 가족의 변화가 사회해체에 대한 위기감으로까지 증폭되고 있다는 것이다. 이러한 위기의식은 이혼 증가, 저출산과 고령화의 심화라는 가족변화 지표로 가시화되면서 본격화되었다. 또한, 가족을 둘러싼 '3대 인구학적 지표의 반란' 현상(함인희, 2005)으로 표출되면서 구조적으로 가족에 대해 무관심했던 우리의 사회에 대한 반성의 차원에서 더욱 고조되고 있다.

앞서 살펴보았듯이 산업화와 도시화로 말미암아 사회가 변화함과 동시에 가족형태와 기능도 변화하고 있다. 그리고 가족형태가 전통가족 현태에서 점차 핵가족화 되어감으로써 가족과 관련된 다양한 변화가 사회구조에 수용되지 못하여 가족문제가 다양하게 발생하고 있다. 가족이 제 기능을 수행하지 못하면서 겪는 가족구성원의 고통은 개인의 문제에 머무르지 않고 가족 전체, 이웃, 지역공동체 등에 이르기까지 그 영향을 미친다.

이여봉과 이미정(2003)의 연구를 따르면, 가족 관련 전문가는 현존 가족 관련 문제 중에서 노령층 증가와 노인부양 문제를 "매우 심각하다."라고 인식(75%)하고 있으며, 이혼과 한부모가족의 증가, 맞벌이 증가로 말미암은 양육문제, 빈곤가족 문제, 재혼-혼합가족 문제, 가족 내 세대갈등, 저출산의 순으로 문제가 심각하다고 보고 있다. 이런 점에서 탈(脫)제도화, 다양화, 개인화로 말미암은 가족의 구조적, 기능적, 가치관의 변화가 가져온 문제는 다양한 가족복지 욕구를 발생시키고 있어 결국 정책적 대응에 대한 욕구로 귀결되고 있다. 또한, 정책적 대응 시 가족의 변화요인을 다각적으로 고려하는 접근방법이 필요해지고 있다.

자료 2-3

신체적 학대 가족 안에서 자존감 점검하기

	항 목	예	아니오
1	학대를 정상으로 느낌		
2	망상(妄想)과 부인(否認)		
3	비현실감		
4	일을 시작하거나 문제를 해결할 수 있는 능력 상실		
5	신뢰감 문제		
6	범죄 행동		
7	적대감과 내면화된 분노		
8	강렬한 질투심과 소유욕		
9	외로움, 소외감, 단절감		
10	해리(解離)되고 비인간화됨		
11	경직(硬直)		
12	섭식장애		
13	무감각하고 냉담함		
14	자신과 다른 사람의 대상화		
15	인성 발달이 고착(固着)됨		
16	매춘과 성적 분노		
17	지나친 경계심과 통제 상실의 두려움		
18	부모의 인정을 갈망함		
19	수치심		
20	실제 또는 상상의 질병		
21	상호의존증		
22	표출 행동		
23	경계선 상실		
24	희생자 역할		
25	부모에 대한 경앙된 분노		
26	가해자 위치		
27	경도의 만성적인 우울		
28	외현화하기		
29	악몽과 꿈의 억압		
30	강박·중독 행동		
31	극단적인 분열		

출처: J. Bradshaw(2006). 가족(오제은 역). 서울: 학지사. p. 258. (원저 출판 1996)

자료 2-4

정서적 학대 가족 안에서 자존감 점검하기

	항 목	예	아니오
1	버림받음에 대한 두려움		
2	부인(否認)과 망상(妄想)		
3	미분화된 감정		
4	외로움과 소외		
5	강박적 사고		
6	강박적·중독적 행동		
7	높은 수준의 불안		
8	친밀감 문제		
9	애정과 에너지의 상실		
10	수치심에 묶인 충동과 필요		
11	분노·죄책감의 순환		
12	수치심에 묶인 감정		
13	감정 표현을 말하지 않기 규칙		
14	지나친 통제		
15	거짓 자기		
16	공허감과 자기애 박탈		
17	조종(操縱)과 게임		
18	지나친 자기 방임과 지나친 순종		
19	공포와 괴롭힘		
20	만족을 모르는 내면아이		
21	공포와 괴롭힘		
22	결핍과 욕구		
23	신체학대와 성 학대		
24	정서적 대처 능력과 대화 기술		
25	정서적 경계선의 침범		
26	내면화된 분노, 슬픔, 공포, 즐거움, 수치심, 죄책감		
27	가해자·희생자 모호성		
28	내면의 자기일치의 상실		
29	다른 사람의 감정 돌보기		
30	'현재' 공포증		
31	나쁜 본을 통해 타락한 성품		
32	감정의 억제(극적인 분출이 있을 수도 없을 수도 있다)		

출처: J. Bradshaw(2006). 가족(오제은 역). 서울: 학지사. pp. 289-290. (원저 출판 1996)

자료 2-5

성폭력을 당한 사람들의 심리적·행동적 반응 특성

	항 목	예	아니오
1	나이에 어울리지 않는 행동, 나이에 맞지 않는 지식		
2	부인, 망상, 해리, 대치된 감정, 비인간화, 심리적 마비		
3	비현실감		
4	외로움, 소외감, 틀어박히기		
5	공포, 과도한 두려움, 공포증, 불안, 과도한 경계심		
6	강박 장애, 중독		
7	적의(敵意), 성적인 분노, 수동적·공격적 행동		
8	내면화된 수치심		
9	희생자로서 살아감		
10	비행, 범죄 행동, 매춘		
11	학대의 재연		
12	고용과 직장 문제		
13	말하지 않기 규칙-비밀을 지킴		
14	가해자 위치		
15	감정의 신체화(정신신체적 장애)		
16	분열된 인격(다중 인격)		
17	섭식장애		
18	정체성 혼란		
19	만성적인 우울		
20	공격적이고 유혹적인 행동		
21	성 정체감과 기능성 상실		
22	침범당한 성 경계선		
23	친밀감 문제		
24	자신과 다른 사람의 성적 대상화		
25	사랑과 성의 혼동		
26	섹스 파트너에게 지나치게 의존하고 매달림		
27	악몽과 수면장애		
28	세대 간 연합과 역할 혼란		
29	유년기 아이의 증상		

출처: J. Bradshaw(2006). 가족(오제은 역). 서울: 학지사. p. 228. (원저 출판 1996)

학 / 습 / 과 / 제

① 현대사회와 가족 변화의 관계를 요약하시오.

② 우리 사회에서 가족생활의 가장 큰 변화와 그로 말미암은 문제점을 요약하시오.

③ 다문화 사회와 다문화가족에 대한 견해를 제시하시오.

④ 성 역할 변화로 말미암은 문제점을 요약하시오.

⑤ 가족문제를 최소화할 수 있는 방안을 제시하시오.

Healthy Family

CHAPTER 03

건강가족의 구성요소

학·습·목·표

- 건강가족의 개념을 이해한다.
- 건강가족의 구성요소를 제시할 수 있다.
- 건강가족의 특징을 설명할 수 있다.
- 건강가족이 되기 위한 전략을 제시할 수 있다.

건강가족이기를 바라지 않는 가족구성원이 있을까? 가족의 심리적·사회적 건강은 신체적 건강과 불가분의 관계를 맺고, 가족생활의 질과 복지에 영향을 미치는 중요한 요인이다. 우리는 가족생활이 행복하기를 기대한다. 하지만, 가족생활이 항상 행복하지는 않다. 우리는 가족 안에서 때로 실망과 갈등을 경험하기도 한다. 그러나 자신을 지켜 주는 곳이 가족이기를 바라고 원한다.

건강가족은 가족구성원이 문제나 위기에 처했을 때 그에 대처할 수 있도록 도움을 주며, 우리의 다음 세대가 행복하고 성공적으로 자라나도록 밑거름이 되어 주는 역할을 한다. 인종과 민족, 국가를 막론하고 건강가족은 응집성과 적응성이 균형적이며, 긍정적으로 의사소통을 한다. 또한, 가족이 처한 난관을 극복할 수 있는 굳은 신념체계와 유대감을 유지하면서 상위체계와 연계된 공통점을 가지고 있다(정현숙·유계숙, 2001).

01 건강가족이 갖추어야 할 요소

1) 사랑과 애정

가족은 모든 사람이 최초로 경험하는 생활공동체로서, 가족구성원 간의 사랑과 신뢰로 이루어지는 관계 맺음은 가족구성원의 전인적 성장과 성숙을 가능하게 한다. 나아가 가족구성원이 건강한 사회의 구성원이 될 수 있도록 한다. 특히 사랑은 현대의 가족생활에 필수적인 요소다. 결혼의 목적이 개인의 행복과 자유 추구에 있게 되면서 결혼의 전제조건은 사랑이 되어야만 하고, 결혼생활의 유지도 사랑이 있을 때 가능하다. 부부간의 사랑, 부모-자녀 간의 사랑, 형제-자매 간의 사랑 등 가족구성원 모두가 사랑을 나누는 것이 건강가족의 뿌리이다(강기정 외, 2009).

프롬(Fromm, 1985)은 『사랑의 기술』에서 성숙한 사랑의 요소로 준다, 관심, 책임, 존경, 지식 등을 꼽으면서, 사랑이란 자신의 기쁨, 흥미, 이해, 지식, 유머, 슬픔 등 자신 안의 살아 있는 모든 것을 상대에게 줌으로써 상대의 감각과 생활을 풍요롭게 만들어 그 속에서 자신이 살아 있음을 느끼는 것이라고 하였다(이정우 외, 2001 재인용).

첫 번째 요소인 "준다."는 생명을 나누는 것으로, 중요한 점은 받기 위해 주는 것이 아니라 주는 그 자체가 기쁨이어야 함을 강조한다. 하지만, 최근에는 부부간에, 부모-자녀 간에도 먼저 주려고 하기보다는 먼저 받기를 원할 때가 잦다. 예를 들어, 자녀가 부모에게 받기만을 바라다보니 '평생 애프터서비스*', '마마보이(마마걸)'라는 용어가 유행하고, 경제적으로 넉넉하지 못한 노부모는 자녀에게 짐이 되어 결국은 노인학대로 이어진다.

두 번째 요소인 "관심"은 상대방이 성장하도록 배려하는 마음이다. 이는 사랑하는 사람의 생명과 성장에 대한 적극적인 관심을 뜻하며, 가족구성원이

---

* 애프터서비스(AS: after service) : 이 말은 일본에서 만들어낸 잘못된 영어 표현으로 사후관리 혹은 사후봉사라고 하는 것이 옳다.

서로의 성장에 관심을 기울이고 격려하여 가족구성원 모두 발전적인 방향으로 나아가도록 하는 힘이 바로 사랑이다. 가족생활을 통해 가족구성원이 성숙하고 발전을 경험하는 가족도 있지만, 가족생활이 가족구성원의 성장에 도리어 장애가 되어 가족구성원이 퇴보하는 경우도 많다. 그럴 때 가족구성원 간에 서로 관심이나 배려가 부족한 것은 아닌지 점검해 보고, 가족구성원 모두가 이런 부분을 보완하기 위해 적극적인 노력을 해야 한다.

세 번째 요소인 "책임"은 외부로부터 부과된 강제적인 의무가 아니라 자발적으로 우러나오는 책임감으로, 가계부양자의 역할과 부모 역할 등 가족구성원으로서 해야 하는 다양한 역할을 마지못해 하는 것이 아니라 감사하면서 기꺼이 수행하는 것을 말한다. 이런 자발적인 책임의식은 가족이 서로 더 많이 배려하고 존중하도록 한다.

네 번째 요소인 "존경"은 사랑하는 상대가 그 사람만의 독특한 방식으로 성장하며 발전하도록 상대를 존중하는 것을 말한다. 즉, 상대의 개성과 인격을 존중하는 것으로, 가족구성원을 '내가 원하는 대로'가 아니라 '그 사람의 있는 그대로' 받아들여야 하는 것을 의미한다.

나와 배우자의 차이를 인정하며, 자녀를 나와 동등한 인격체로 대하고 그들의 결정을 인정하는 부모가 되어야 하는데, 부부간에 자신과 배우자와의 차이를 문제로 여기고, 부모가 자녀의 적성과 재능을 무시한 채 자녀의 진로를 일방적으로 결정하는 등 가족 안에서 도리어 '존경'을 찾아보기가 더 어렵다. 가족이 아닌 다른 집단에서는 억지로라도 상대방에게 예의를 갖추고 존경을 표현하기 위해 노력하지만, 도리어 가족구성원끼리는 친하고 허물이 없기 때문에 더 어렵다. 하지만, 가까울수록 더욱더 상대를 존경해야 하며, 그렇지 않을 때 더 많은 상처를 받게 된다.

다섯 번째 요소인 "지식"은 상대를 존경하는 데 절대적으로 필요하다. 즉, 가족구성원을 있는 그대로 받아들이기 위해서는 그 사람을 제대로 알아야 하고, 누군가를 제대로 알기 위한 노력이 바로 지식이다. 또한, 사랑은 예술적 기술이기 때문에 사랑을 제대로 하기 위해서는 지식과 기술이 필요함을 의미한다. 즉, 사랑을 표현하는 기술을 배워서 사랑하는 마음을 가족에게 행동으로 보여주어야 한다.

2) 헌신

건강한 가족은 일이나 다른 어떤 것보다도 가족 상호작용에 우선순위를 두고, 가족활동에 시간과 에너지를 투자함으로써 서로에게 강하게 헌신하는 모습을 보인다. 그러나 헌신이라고 해서 가족을 위해 자신의 모든 것을 포기하라는 의미는 아니며, 가족을 인생에서 중요한 존재로 인식하고 가족과 함께하는 시간과 활동에 우선순위를 둔다는 것이다. 이때 헌신의 의미에 부부로서 성적으로 정조를 지킨다는 의미도 포함된다.

3) 민주적이고 양성평등한 가족관계

부부관계는 가장 행복하고 지속적인 관계일 수도 있지만, 가장 절망적이고 갈등적인 관계일 수도 있다. 부부관계는 가족의 중심축으로, 부부관계의 행복 여부가 가족 전체의 행복 여부에 영향을 미치고, 가족은 사회의 기본단위이기 때문에 가족의 행복과 건강성 여부가 곧 사회의 안녕·건강성과 직결될 수밖에 없다. 하지만, 우리의 가족은 사회가 변하였음에도 여전히 가부장(家父長)적 이데올로기(ideology)가 남아 있어 부부간에 불평등이 계속되고 있다.

어느 일방의 희생이 요구되는 부부관계는 서로 존중하는 마음을 사라지게 하고, 결국 관계가 오래가지도 못한다. 부부간의 불평등은 남편은 가해자, 아내는 피해자가 아니라 남편과 아내 모두를 피해자로 만든다. 이는 부부 모두를 불행하게 하며, 자녀에게도 부정적인 영향을 미치게 된다. 또한, 부부간의 불평등은 부부관계 중심이 아닌 자녀 중심의 가족관계로 지향하고, 자녀가 성장하여 독립하게 되면 부부를 연결해 주던 자녀가 사라짐으로써 부부는 남남으로 생활하거나 심지어는 황혼이혼을 경험하기도 한다. 부부는 아버지와 어머니이기 이전에 남편과 아내이므로 부부가 서로 존중하고 인격체로 대할 때 비로소 바람직한 부모-자녀관계도 형성된다.

따라서 건강하고 행복한 가족, 건강한 사회를 이루기 위해서는 다른 무엇보다도 부부간의 평등이 전제되어야 하며, 이를 위한 노력이 절대적으로 필요하다. 이는 가족구성원 개개인의 행복뿐 아니라 사회의 안정과 평등에도 이바지한다. 즉, 부부간의 평등은 자녀의 사회화에 결정적인 영향을 미쳐서 사회의 평등을 구현하는 첫 걸음이 되어 건강한 사회를 이룩하는 데 이바지한다.

그렇다면 평등한 부부관계란 무엇을 말하는 것일까? 평등한 부부관계는 동반자적 가족, 민주적 가족과 같은 의미로 남성은 부양자, 여성은 가사전담자라는 이분법적 성역할의 경계를 완화하고 동료처럼 서로 돕는 부부관계를 말한다. 평등한 부부는 부부 각자가 자신의 잠재능력을 발휘함으로써 진정한 의미의 자아실현이 가능하여 개인의 삶의 질이 향상될 수 있다. 또한, 환경에 효과적으로 대처하여 어떤 상황에서도 높은 적응력을 보인다. 그리고 자녀도 부모를 진정으로 접할 수 있어서 양성(兩性)을 발휘할 수 있게 된다.

이처럼 평등한 부부관계는 행복하고 건강한 가족을 이룩하고, 나아가 평등하고 건강한 사회를 이룩하는 첩경이 된다. 평등한 가족을 이룩하기 위해서는 가족 모두가 권리와 책임을 공유하며, 서로 개방적인 대화를 하고 상하관계가 아닌 1:1의 동료적 관계를 맺으며, 서로의 존재를 있는 그대로 인정하여 인격체로서 존중하고 여가와 취미생활을 공유하기 위해 노력해야 한다.

한편, 올슨과 올슨(Olson & Olson)을 따르면, 행복한 부부와 불행한 부부의 차이점으로 유연성과 친밀감을 들고 있는데, 유연성은 상황에 따라 부부가 권력과 책임을 교환하는 것, 즉 역할의 융통성을 말한다. 행복한 부부는 전통적인 성역할 고정관념에서 벗어나 상황에 따라 역할을 공유하거나 전환하면서 능동적으로 역할을 수행하는 반면, 불행한 부부는 전통적인 성역할 수행을 고집한다(21세기 가족문화연구소 역, 2003).

부부는 서로에게 도움을 주면서 함께 일하는 한 팀이다. 부부가 집안일을 함께 분담하고 균형을 유지하는 것은 건강하고 행복한 부부관계를 이루는 데 많은 도움이 된다. 평등한 가사분담은 부부관계에 긍정적인 영향을 미칠 뿐 아니라 자녀에게도 건전한 역할 모델이 되어 긍정적인 영향을 미치게 된다. 또한, 부부가 집안일을 나누어 하면서 서로 양성을 발휘하는 부부가 전형적인 성역할 분담을 한 부부와 비교할 때, 배우자가 사망하고 나서 더 오래 산다는 보고도 있다.

그리고 부부가 책임을 함께 나누고 의사결정을 함께할 때 부부간의 친밀감은 더욱 높게 나타나는데, 권력 유형이 평등한 부부는 그렇지 않은 유형의 부부와 비교할 때 배우자와 더 친밀하고 결혼만족도도 높다. 그들은 서로의 행복에 대해 더욱 많은 책임감을 갖기 때문에 상대방을 탓하거나 상대방에게 책임을 전가하지 않는다. 또한, 두 사람의 지혜와 견해를 바탕으로 의사결정을 하기 때문에 더욱 현명한 결정을 하게 된다. 따라서 부부는 권력과 의사결정에 있어서 평등한 관계를 유지하기 위해 노력해야 한다(강기정 외, 2009).

4) 긍정적인 의사소통

긍정적인 의사소통은 가족관계에 윤활유 역할을 한다. 건강한 가족은 대화를 자주 하고, 긍정적으로 의사소통을 하며, 서로에게 감사와 애정의 표현을 자주 한다. 긍정적인 의사소통이란 경쟁적이기보다 협조적인 분위기 속에서 가족구성원이 서로의 감정을 공유하며, 개방적이고 직접적인 대화를 나누는 것이다. 그리고 감사와 애정의 표현에는 친절함, 서로 돌봄, 개인의 권리 존중, 안정된 느낌이 담겨 있다.

자료 3-1

건강한 가족이 지니는 의사소통의 특징

- 자신과 상대방에 대한 상당한 수준의 자각(예: 자신과 상대방의 감정. 인식, 해석, 욕구 등을 알고 유사점과 차이점을 파악)
- 행동 자료에 근거한 구체적이고 자세한 감지(예: "당신은 화나 있어요. 얼굴은 굳어 있고 20분간 한마디도 하지 않았어요.")와 '나' 메시지를 사용하는 자기 책임적 진술(예: "당신이 내 옷을 내일 아침 9시까지 세탁소에 맡겨 주길 바라오. 가능하겠어요?")

- 상대방의 무의식적인 행동과 대응에 대한 적절한 반응(예: "당신과 얘기 나누고 싶었는데 신문만 보고 있군요. 거부당한 것 같아 속상해요.")
- 느끼고 바라는 바를 기꺼이 드러내려는 마음(예: "너는 혼자 있고 싶구나. 난 화나고 맥이 빠지고 마음이 아프단다.")

출처: J. Bradshaw(1996). 가족 (임옥희 역). 서울: 중앙미디어. p. 81. (원저 출판 1988)

올슨과 드프레인(Olson & DeFrain, 1999)은 〈표 3-1〉에서와 같이 가족의 의사소통 수준을 상대의 말에 공감하고 피드백을 주는 듣기 기술(listening skills), '나' 진술법(I statements)을 사용하는 말하기 기술(speaking skills), 자신의 감정과 생각을 상대방과 공유하는 자기노출(self-disclosure), 메시지의 명료성, 대화 주제에서 벗어나지 않기, 상대에게 호감을 느끼고 긍정적인 의사소통을 지속하려는 존중과 관심(respect and regard) 등의 여섯 가지 차원에서 평가하였다.

〈표 3-1〉 가족 의사소통의 수준

의사소통의 차원	불량	양호	매우 양호
듣기 기술	부족한 듣기 기술	상대의 말을 듣기는 하나 피드백은 별로 주지 못함	상대방의 말에 피드백을 주는 좋은 경청 기술을 가지고 있음
말하기 기술	종종 다른 사람 지향적 진술로 말함	다른 사람 지향적 진술보다는 '나' 진술법으로 말하는 편임	주로 '나' 진술법으로 말함
자기 노출	자신의 감정을 잘 드러내지 않음	자신의 감정을 적절하게 나타냄	상대방과 감정의 공유를 많이 함
메시지의 명료성	비일관적인 메시지	명료한 메시지	매우 명료한 메시지
대화 주제에서 벗어나지 않기	대화 주제에 대해서 거의 이야기하지 않음	종종 대화 주제에 대해서 이야기함	주로 대화 주제에 대해서 이야기함
상대에 대한 존중과 관심	낮은~중간 수준의 존중과 관심	중간~높은 수준의 존중과 관심	높은 수준의 존중과 관심

출처: Olson & DeFrain(1999), Marriage and the family: Diversity and strengths(3rd ed.), p. 117.

가정을 건강하게 하는 시민의 모임(2008)에서는 가족의 의사소통 향상을 위한 지침을 다음과 같이 제시하였다.

① 서로의 장점에 초점을 맞춰라

우리는 인간관계에서 장점보다는 단점을 발견하는 데 익숙하다. 특히 가족 안에서 더 그런 경향을 보인다. 가족구성원의 단점 몇 가지로 그 사람의 전체를 평가하지 말아야 한다. 가트만(Gottman)에 따르면, 행복한 부부가 배우자에게 느끼는 긍정적인 감정과 부정적인 감정의 비율은 5:1이고, 이혼을 앞둔 불행한 부부가 배우자에게 느끼는 감정의 비율은 1:1.25라고 한다(김준기, 2007). 따라서 부정적인 감정을 긍정적인 감정보다 조금만 더 많이 느껴도 불행한 부부가 된다. 모든 사람은 장점을 갖고 있다. 칭찬을 많이 듣고 자란 아이와 꾸중을 많이 듣고 자란 아이는 자존감에서도 차이를 보이고, 사회생활의 적응에서도 차이를 보일 수밖에 없다.

② 서로 자주 칭찬하라

단점을 보느라 놓친 가족구성원의 수십 가지의 장점을 찾아내서 칭찬해야 한다(『칭찬은 고래도 춤추게 한다』). 칭찬의 생활화를 통해 돈을 들이지 않고도 부부관계, 부모-자녀관계, 나아가 가족관계 전체를 향상시킬 수 있다.

③ 경청하라(판단하기 위해서가 아니라 이해하기 위해서)

가족구성원에 대한 선입견이나 편견을 버리고 진심으로 마음의 문을 열고 들어야 한다. 선입견이나 편견이 개입되면 그 어떤 대화도 진정한 소통일 수 없다. 비판하거나 꼬투리를 잡기 위해서가 아니라 상대방의 입장이 되어 보려고 노력해야 한다. 제대로 들어 준다는 것은 상대방을 존중하는 것으로, 상대방을 존중하면 상대방은 자신의 생각이나 감정을 더 많이 표현하게 되어 가족구성원 간의 친밀감을 높일 수 있다.

④ 자기 주장적이 되어라

가족에게 당신이 원하는 것이 무엇인지 확실하게 전해야 한다. 이중(二重)

메시지를 보내지 말고 솔직하게 마음을 드러내야 상대방이 당신을 제대로 이해할 수 있다.

⑤ 메시지의 의미를 확인하라

불명확한 메시지에 대한 부정확한 해석은 오해와 갈등의 원인이 된다. 따라서 정확히 이해가 안 될 때에는 상대방에게 되물어서 메시지의 의미를 정확하게 파악해야 한다.

⑥ 자기노출을 하라

가족구성원 간의 친밀감을 높이고 대화를 증진시키는 한 가지 방법은 자기노출이다. 자기노출은 상대방이 잘 모르는 자신의 내면을 있는 그대로 드러내는 것이다. 자신의 내면을 가족과 함께 나눔으로써 가족구성원 간의 친밀감을 높일 수 있고 관계를 더 향상시킬 수 있다.

⑦ 존경과 배려하는 마음을 가져라

서로 동등할 때 열린 대화가 이루어진다. 한 사람이 다른 사람을 지배하면 결코 열린 대화가 될 수 없다. 내가 싫은 것은 상대방도 싫다는 점을 명심해야 한다. 자신이 먼저 경청하고 상대방의 처지에서 이해하며, 공감하고 노력하면 당연히 상대방도 당신을 그렇게 대하게 된다.

5) 정신적 안녕

건강가족을 연구하는 학자들 사이에서 가장 논란이 되는 요소가 건강가족에서의 신앙심 혹은 정신적 안녕의 중요성에 대한 것이다. 건강한 가족들의 표현을 따르면, 신앙심 혹은 정신적 안녕은 신에 대한 신앙심이나 희망, 인생에 대한 긍정심, 세계와의 일체감, 윤리적 가치, 중요한 신념에 대한 맹세, 서로에 대해 신성하게 느끼는 사랑 등으로 다양하게 표현된다.

이러한 정신적 안녕은 나눔과 사랑, 연민을 촉진하는 개인 내적인 애정의 진원지라고 할 수 있으며, 사람들로 하여금 자신을 초월하게 하는 감정이나 힘이다. 이때 정신적 안녕은 정신적이라는 것과 종교적이라는 것의 구분이 필요하다. 즉 정신적 믿음은 개인적이고 더욱 보편적인 믿음이지만, 종교적 믿음은 가족의 역동보다는 종교단체와 연결된 공적이고 외적인 체계를 강조한다. 정신적으로 일치하는 가족은 자신의 믿음을 가족 행동과 전통으로 통합한다. 정신적 믿음을 같이하는 부부는 성공적인 결혼생활을 하는 것으로 나타났으며(Larson & Olson, 2004), 정신적 믿음에 높은 의견 일치를 보인 부부일수록 더 행복한 결혼생활을 하고 있었다. 또한, 이런 부부는 의사소통 능력과 갈등해결 능력이 더 많고 친밀감과 부부로서의 융통성 수준이 더 높으며 다른 강점도 많은 것으로 나타났다(이선형·임춘희, 2009).

6) 균형 잡힌 응집성과 적응성

응집성은 가족구성원 간의 친밀감과 유대감을 뜻하는 결속의 수준과 가족구성원 각자의 자율성을 뜻하는 분리의 수준을 나타내는 개념이다. 건강한 가족은 어느 한 쪽에 치우침 없이 당면 상황에 따라 가족 전체가 결집하거나 개인의 발전을 위해 독립성을 존중하는 균형 잡힌 응집성을 가지고 있다. 가족의 응집성은 구체적으로 가족구성원 간의 분리-결속의 균형, 나-우리의 균형, 친밀감, 충성심, 활동의 공유, 의존성-독립성의 균형 등 여섯 가지 차원에서 측정하여 응집성이 가장 낮은 수준부터 가장 높은 수준까지 분리, 연결, 응집, 속박의 네 등급으로 나뉜다. 이 중 연결과 응집이 건강한 가족체계의 특성에 해당된다.

적응성은 가족체계가 안정을 추구하는 수준과 변화를 지향하는 수준을 나타내는 개념이다. 건강한 가족은 역시 어느 한 쪽에 치우침 없이 당면 상황에 따라 가족의 안정을 추구하는 기본적인 원칙을 준수하거나 스트레스 및 위기 상황과 같이 필요한 경우 변화를 모색하는 균형 잡힌 적응성을 가지고 있다. 가족의 적응성은 구체적으로 리더십, 자녀양육 방식, 가족구성원 간의 협의, 가족구성원의 역할, 가족의 규칙, 가족의 변화 등 여섯 가지 차원에서 측정하여 적응성이 가장 낮은 수준부터 가장 높은 수준까지 경직, 조직적, 융통적,

혼란의 네 등급으로 구분된다. 이 중 조직적이고 융통적인 가족체계를 건강한 가족이라고 판단하다(정현숙·유계숙, 2001).

7) 바람직한 부모 역할

인생에서 부모-자녀관계만큼 지속적인 관계는 없다고들 한다. 부부는 이혼하고 헤어지면 되지만, 부모-자녀관계는 누군가가 세상을 떠나야 관계가 끝이 난다. 하지만, 엄밀히 말해서 부모-자녀관계에서는 '끝'이라는 말은 존재하지 않는다. 상대가 이 세상에 없어도 평생 '누구의 자식', '누구의 부모'라는 말이 따라다닌다. 그만큼 부모와 자녀는 서로에게 매우 중요하고, 상대에게 많은 영향을 미치지만, 자녀를 보호하고 사회화시키는 책임이 일차적으로 부모에게 있기 때문에 부모 역할이 더 강조된다.

사회의 발달에 따라 다양한 관련 기관이 자녀의 성장과 인격 형성에 많은 영향을 미치지만, 여전히 자녀는 성인이 되고 나서도 지속적으로 부모의 영향을 받는다. 우리는 모두 부모의 양육과 보호, 관심 속에서 신체적 성장, 심리적 발달, 지식 습득, 직업 선택, 그리고 사회적 적응을 위한 능력 등을 이루게 된다. 이처럼 부모-자녀관계는 평생 계속 상호작용을 하는 관계이다. 특히 부모는 자녀가 제일 먼저, 가장 많이 접하게 되는 중요 인물로 자녀의 인격 형성과 성역할 발달에 지대한 영향을 미친다.

'자녀는 부모의 거울이다.'라는 말이 있듯이 부모의 일거수일투족이 그대로 자녀에게 반영된다. 자녀는 부모의 2세이고 한 가족의 구성원이기도 하지만, 우리 사회의 구성원이기도 하다. 따라서 자녀를 올바르게 키우는 것은 자녀의 삶의 질을 위해서, 부모의 행복을 위해서, 그리고 건강한 사회를 위해서 매우 의미 있고 중요한 일이다.

한편, 과거에는 출산이 부모의 선택이라기보다는 우주나 자연의 섭리였다. 그래서 자녀를 낳고 기르는 것이 인위적인 일이 아니라 숙명적인 일이었다. 하지만, 현대사회에서 자녀 출산은 철저히 인위적인 일로 자녀의 성별, 수, 터울, 심지어는 출생시간까지 부모가 선택하기도 한다. 의학기술의 발달과 가족계획 의식의 보급 등으로 자녀 출산이 부부의 의사결정에 의한 선택이 되고 있지만, 선택에는 반드시 책임이 따른다.

그러나 부모의 자녀에 대한 책임이 양극단으로 치우쳐서 과잉보호와 방임이라는 사회문제를 낳고 있다. 즉, 자녀에 대한 지나친 보호와 관심은 자녀의 자립과 삶에 대한 책임의식 부재를 낳아 어른이어도 여전히 아이인 마마보이(마마걸)를 양산하여 심각한 사회문제가 되고 있다. 반대로 부모로서 자녀에 대한 기본적인 책임과 관심도 보이지 않고, 심지어 자녀를 학대하거나 내버려두는 부모도 있다. 그런 점에서 부모는 자녀에 대한 진정한 사랑이 무엇인지, 올바른 부모 역할에 대해 진지하게 고민하고 공부해야만 한다(21세기 가족문화연구소 역, 2003).

8) 함께 즐거운 시간 보내기

"무엇이 행복한 가족으로 만든다고 생각하는가?"라는 질문에서 가장 많이 나온 응답은 바로, 함께 협력하고 함께 즐거운 시간을 보내야 행복한 가족이 될 수 있다는 것이었다. 많은 사람은 흔히 자신이 가족과 많은 시간을 보내지는 않지만, 질적으로 좋은 시간을 보내려고 노력한다는 말을 한다. 그러나 사람들이 갖는 행복한 기억은 일단 상당한 시간을 함께 보내면서 지낸 질적으로 좋은 시간 속에서 나온다.

가족으로서 활동을 공유할 때 행복감이 전해지는데, 함께 즐겁게 시간을 보내는 데에는 돈이 들지 않는 단순한 활동들이 많다. 건강한 가족은 식사나 집안일을 함께하거나 캠핑, 산책, 등산 같은 야외활동을 즐기는 등의 일상적이고 평범한 활동을 함께한다. 가족은 일상에서 생일이나 기념일을 축하하는 것과 같이 가족 전통에 해당하는 가족 의례들로 가족과의 연결감이나 심리적인 안정성을 가진다.

9) 일과 가정의 조화

맞벌이 부부가 증가하면서 직장생활과 가정생활의 균형을 유지하기 위한 노력이 중시되고 있다. 그러나 아직도 우리 사회가 전통적인 성 고정관념에 의해 성별분업적인 분위기를 보여 남성은 가계부양자로서의 책임 때문에 일 중심의 생활에 길들고, 여성은 직장생활을 하면서도 여전히 집안일을 자신의 주 임무로 여기는 경향이 강하다. 그리하여 남성은 가족을 위해 평생을 열심히 일하였지만, 중년 이후에 가정에서 '이방인' 취급을 당하게 되고, 여성은 육아와 가사로 말미암아 직장에서 제대로 능력을 발휘하기 어려워서 역할 갈등을 경험하기도 한다.

따라서 여성은 집안일과 직장일을 병행하면서 두 가지 모두를 잘 해내야 한다는 강박관념인 슈퍼우먼(super woman) 콤플렉스(complex)를 극복하도록 노력해야 하며, 이를 위해서는 여성의 일과 가정의 조화에 가장 큰 장애물인 육아문제가 제도적으로 해결되어야 하므로 이를 위한 사회적·제도적인 노력이 요구된다. 최근에 개정된 육아휴직제, 대기업에서의 가족친화 경영을 위한 다양한 사원복지 프로그램(KT 꿈나무 어린이집, 한국네슬러 육아 데이 등)과 건강가정지원센터의 아이돌보미 사업 등이 이러한 예이다.

한편, 많은 남성이 아직도 직장을 남성의 영역, 가정을 여성의 영역으로 생각하여 직장생활에 과도하게 몰입하고 있다. 또한, 많은 남성이 가족 내의 역할수행과 관련해서 제대로 된 사회화 경험을 할 기회 자체가 부족하여 가족친화적인 행동을 남자답지 못하다고 생각한다. 따라서 남성을 대상으로 가족의 소중함을 깨닫고 진정한 의미의 남편 역할, 아버지 역할에 대해 생각해 보고 그 역할을 제대로 수행할 수 있도록 도움을 줄 수 있는 재사회화가 절대적으로 필요하다. 즉, 남편의 자녀양육 및 가사를 포함한 돌봄 노동 참여가 가족

출처: 세계일보(2007. 11. 24).

[그림 3-1] 한국인의 문화병: 슈퍼우먼 콤플렉스

모두의 행복을 약속한다는 점을 재사회화를 통해서 인식시켜야 한다.

10) 스트레스와 위기 대처능력

건강한 가족이라고 해서 가족문제가 발생하지 않는 것은 아니지만, 역기능적인 가족만큼 위기에 취약하지는 않다. 건강한 가족은 오히려 스트레스와 위기에 효과적으로 대처하는 능력을 갖추고 있다. 건강한 가족은 문제가 발생하기 전에 예방하는 데 성공적이다. 하지만, 인생에서 스트레스를 일으키는 어떤 문제들을 모두 피하기란 거의 불가능하다.

건강한 가족이라도 가족구성원의 질병이나 수술 혹은 죽음, 성인 자녀나 인척 형제·자매와의 관계를 포함한 결혼상의 문제, 자녀의 임신이나 비행 혹은 학교 부적응 등의 문제를 겪을 수 있다. 그러나 건강한 가족은 이러한 위기에 대처하는 능력이 있다. 건강한 가족은 위기가 닥치면 가족이 모두 협력하며, 상대의 부담을 덜어 주기 위해 역할을 맡는다. 그리고 문제를 스스로 해결할 수 없다면 상담과 같은 외부의 도움을 요청하기도 한다. 이러한 점은 진정으로 문제가 있는 가족, 즉 자신들에게 문제가 있고 외부의 조언을 구할 필요가 있다는 것을 인정하지 않는 가족과 대조적이다.

이러한 가족의 강점은 어느 정도 상호 연관되어 작용한다. 서로에게 감사와 애정을 자주 표현하는 가족은 함께 시간을 보내기도 쉽다. 가족이 함께 시간을 보내다 보면 긍정적인 의사소통이 증가하며, 의사소통은 헌신의 질을 높여 주고 가족은 더 많은 시간을 함께 보낼 수 있게 된다. 그래서 위기를 헤쳐나갈 자신감을 느끼게 되고, 위기에 대처하는 능력을 통해 가족구성원은 서로에게 더욱 감사하게 된다. 이처럼 가족의 강점은 큰 퍼즐 조각 맞추기처럼 상호 연관된다(이선형·임춘희, 2009).

자료 3-2

대한민국 5대 건강가족을 찾습니다!

한국노바티스와 대한의사협회는 30일 '대대손손 건강하고 행복하게!'란 주제로 1세기에 걸친 1세대부터 5세대 이상 가족을 찾아 우리 사회의 건강하고 행복한 가족의 상징으로 건강하고 행복한 삶의 의미와 가족애를 되짚어 보는 범국민 건강가족 캠페인 - '5대 가족 찾기' 행사를 시작한다고 밝혔다.

이번 행사는 1세대를 기준으로 아래 5세대 이하까지 수직 구조(부모 중심)로 세대당 1명 이상이 생존해 있는 가족들을 대상으로 하며, 30일부터 10월 31일까지 진행된다. 5대 이상 가족의 일원이면 누구나 신청할 수 있으며 주변의 5대 이상 가족을 아는 친지, 이웃, 특히 5대 가족일 가능성이 큰 고령자 가족을 많이 접하는 의사, 병원과 보건소 관계자들의 적극적인 추천도 기대된다.

출처: 국민일보(2006. 8. 30).

02 건강가족의 특성

외국 학자들이 밝힌 건강가족의 요소별 특성을 정리하면 〈표 3-2〉와 같다(Olson & DeFrain, 1999; 이영주, 2001; 윤경자 외, 2009 재인용).

〈표 3-2〉 건강가족의 요소별 특성

연구자(연도)	응집력	융통성	의사소통	기타
반힐 (Barnhill, 1979)	•상호성 •명확한 부모-자녀 경계 •개별화(개체화)	•융통성 대 경직성 •분명한 역할	•분명한 의사소통	
커란 (Curran, 1983)	•함께 하기 •존중과 신뢰 •여가생활 공유 •개인생활에 대한 가치 인정하기 •식사시간 함께 하기	•책임감 공유 •가족 공유	•의사소통 •서로 확인하기	•종교적 사랑 •유머
스틴네트와 드프레인 (Stinnett & DeFrain, 1985)	•몰입 •시간 함께하기	•스트레스 대처능력 •정신적 안녕	•의사소통 •감사와 애정	
비린스레이 (Billinsley, 1986)	•강한 가족연대			•강한 종교 지향 •교육적 욕망/성취
루이스 (Lewis, 1989)	•건강한 결혼 •가족의 친밀함 •자율성 촉진	•권력분배 •바람직한 문제 해결 •변화의 개방성	•감정표현 •바람직한 의사소통	•긍정적 가치
올슨 외 (Olson et al., 1989)	•건강한 결혼 •높은 가족응집력	•적당한 가족융통성 •스트레스와 위기에의 효율적인 대처	•부부 및 가족의 긍정적 의사소통	
크리산 외 (Krysan, et al., 1990)	•가족에의 몰입 •시간 함께하기 •개개인에 대한 격려	•적응성 •분명한 역할	•의사소통 •감사함 표현하기	•종교지향 •사회적 연관성
비버스와 햄슨 (Beavers & Hampson, 2003)	•친밀감 •부모의 연합 •자율성 •낙관적임 •개인행동에 책임질 수 있음	•평등적 권력 •목표지향적 협상 •갈등해결 능력	•표현의 명확성 •감정의 범위 •타인의 말에 대한 개방성 •감정이입 •이해	

출처: Olson & DeFrain(1999); 이영주(2001); 윤경자 외(2009), 건강가정론, pp. 25-26을 재구성.

03 건강가족의 규칙

건강가족에서는 규칙이 분명하게 드러나 있다. 남편과 아내는 태도, 대화, 행동에 대한 규칙이 서로 어떻게 다른지 인식하고 있다. 그리고 그 차이점을 이해하고 협상한다. 누가 틀리고 누가 맞는 것이 아니다. 두 사람은 단지 서로가 다를 뿐이라는 것을 안다. 두 사람은 해결을 위하여 협상한다. 그들에게 아무런 갈등이 없다는 것이 결코 아니다. 갈등이 있다는 것은 친밀감의 표시며, 가족이 건강하다는 표시다. 건강한 갈등은 일종의 계약과 같다. 역기능적인 가족에서는 문제를 부인한다. 또한, 융해(불화를 일으키지 않도록 합의)나 철회를 하기도 한다.

건강한 갈등의 예를 들어 보겠다. 사람은 각각 독특하여서 가족체계의 규칙도 각기 달라서 갈등이 불가피하다. 예를 들어 나의 원가족은 선물을 크리스마스이브에 풀었다. 우리는 선물을 재빨리 뜯었고 포장지를 모아두지 않았다. 그런데 아내의 원가족은 선물을 크리스마스 날 아침에 풀었다. 그들은 선물을 천천히 푸는 것을 좋아했고, 각자 차례로 자신의 선물을 푸는 동안 온 가족이 지켜보았다. 그리고 그들은 리본이나 포장지를 모아 두었다.

여기서 당신이라면 어떻게 할 것인가? 어떻게 하는 것이 맞는 방법일까? 맞고 틀리는 것이 없다는 것이 분명하다. 아내와 나는 이것을 깨달았다. 아내의 가족과 나의 가족은 서로 다른 축하 의식의 규칙을 가지고 있었던 것이다. 축하 의식의 규칙은 양육 규칙이나 재정(財政) 규칙보다는 덜 중요하다. 자녀를 어떻게 양육할 것인지, 무엇이 바른 훈련 방법인지, 돈은 어떻게 다룰 것인지, 얼마를 쓰고 얼마를 저축할 것인지와 같은 규칙은 더욱 중요하며, 갈등을 일으킬 위험도가 높다. 이러한 차이점을 다루는 작업은 여러 해가 걸릴 수 있다. 가족의 기능적인 규칙은 다음과 같다(Bradshaw, 1996, 오제은 역, 2006).

① 문제를 인정하고 해결한다.

② 다섯 가지 자유를 장려한다. 모든 가족구성원은 각자의 지각, 감정, 생

각, 욕구, 환상을 자유롭고 적절하게 표현할 수 있다.

③ 모든 관계를 대화로 한다. 개인은 인간으로서 동등한 가치를 지니고 있다. 어린아이에게는 발달 과정상의 한계를 고려해준다.

④ 대화는 직접적이고 일관성이 있으며, 오감에 기초를 두고 있다. 즉, 구체적·세부적·행동적이다.

⑤ 가족구성원은 자신들의 필요를 최대한 채울 수 있다.

⑥ 가족구성원은 서로 다를 수 있다.

⑦ 부모는 자신이 말한 대로 행동한다. 그들은 자기 훈련이 되어 있는 훈련자이다.

⑧ 가족 역할은 선택적이고 유연하다.

⑨ 분위기가 재미있고 자발적이다.

⑩ 규칙은 중요하며, 이행해야 할 책임이 있다.

⑪ 다른 사람의 가치를 침범하면 죄책감을 가지게 된다.

⑫ 실수는 용서받고, 배움을 위한 도구로 여겨진다.

⑬ 가족체계는 개인의 안녕을 위해서 존재한다.

⑭ 부모는 자신의 건강한 수치심과 접촉하고 있다.

04 건강가족이 되기 위한 전략

건강한 가족이 되기 위해서는 다음과 같은 전략이 필요하다(Stinnett et al., 1999; 정현숙·유계숙, 2001 재인용).

① 어려운 상황에서는 긍정적인 측면을 찾아라!

아무리 어려운 난관이라도 그것을 통해서 우리 자신과 다른 사람에 대해 배우게 됨으로써 훗날 참고할 수 있는 교훈이 된다.

② 뭉쳐라!

현재 닥친 문제를 가족구성원 개개인의 어려움이라고 생각하지 말고, 전체 가족이 도전할 기회라고 생각하라.

③ 가족 밖으로 도움을 청하라!

친척, 친구, 동료, 지역사회 전문가 등 가족의 위기를 헤쳐나가기 위해서는 마을 전체가 필요하다.

④ 개방적인 의사소통을 해라!

의사소통이 폐쇄적이면 위기에 도전하는 것은 불가능하다.

⑤ 균형잡힌 시각을 가져라!

위기에 휩싸여서 편협(偏狹)된 생각을 하기보다는 "이 문제도 역시 잘 지나갈 거야."라고 편안하게 생각하라.

⑥ 융통성 있는 태도로 새로운 역할을 수용하라!

위기는 가족구성원으로 하여금 인생에 대해서 새로운 시각을 갖도록 요구하고, 이전과 다른 역할을 부여하기도 한다.

⑦ 사소한 것에 집착하지 마라!

큰 그림을 보라. 근본적인 문제보다 사소한 문제에 초점을 맞추는 것은 우리를 편집증(偏執症)적이고 히스테릭(hysteric)하게 할 수 있다.

⑧ 근심 걱정을 접어 두어라!

대개 근심 걱정 그 자체가 당면한 문제보다 더 큰 불행을 가져온다. 때로는 근심 걱정을 아예 접어 두거나 하루에 10분만 걱정하고 나머지 시간에는 잊어버리는 것이 최상일 때가 있다. 마음을 비우고 쉬어야 한다.

⑨ 영양가 있는 식사와 충분한 수면, 운동, 그리고 서로의 사랑이 필요하다!

우리는 종종 우리가 생물학적 존재임을 망각한다. 마치 유치원 아이들처럼 우리에게는 맛있는 점심과 노는 시간이 필요하다. 우리는 우리의 머리를 쓰

다듬어 주고 안아 줄 필요가 있으며, 낮잠도 필요하다.

⑩ 인생을 많은 의미와 목표로 채워라!

우리는 모두 인생에서 심각한 위기에 직면(直面)하며, 이 도전을 쉽게 피하기란 불가능하다. 우리의 목표는 사회에 이바지하는 유용한 존재로서 살아가는 것이어야 한다. 우리 자신의 인생에 고통 대신 부(富)와 명예를 가져다주도록 노력하자.

⑪ 위기에 적극적으로 정면 대응하자!

우리가 등을 돌리고 있어도 위기는 가버리지 않는다.

⑫ 어느 정도는 물 흐르는 대로 내버려 두자!

때로는 위기에 처한 우리가 상대적으로 무력해질 때가 있다. 이럴 때는 자기 자신에게 시간이 지나면 나아질 거라고 말하라.

⑬ 앞으로 닥칠 수 있는 위기에 대하여 미리 대비하자!

평상시 건강한 가족관계를 유지하는 것은 어려운 난관에 부딪혔을 때 함께 헤쳐 나가는 힘이 된다.

학/습/과/제

① 일과 가정의 조화를 이루기 위해 개인이 해야 할 일을 요약하시오.

② 각자 가족의 의사소통 특징([자료 3-1] 참고)에 대해 토론하시오.

③ 자신의 가족이 최근에 겪었던 가족 스트레스나 위기를 분석하시오.

④ 건강가족의 요소로서 자신의 가족이 지닌 장점을 요약하시오.

⑤ 자신의 가족은 건강가족의 요소 중 어떤 부분이 부족한지 분석하시오.

⑥ 건강가족이 되기 위한 각자의 전략을 수립하시오.

Healthy Family

CHAPTER 04

건강가족의 이론적 접근

학·습·목·표

- 가족발달론 관점에서 건강가정을 설명할 수 있다.
- 가족체계이론 관점에서 건강가정을 설명할 수 있다.
- 가족탄력성 관점에서 건강가정을 설명할 수 있다.
- 사회구성주의 관점에서 건강가정을 설명할 수 있다.

우리 사회의 모든 사물과 현상에는 다양한 이론적 관점이 존재한다. 특히 건강가정은 건강사회를 유지하기 위한 모든 인류의 소망이었다. 그래서 오래 전부터 건강가정에 관해 접근할 수 있는 다양한 이론적 관점이 형성되어 왔다. 이는 가족의 발달단계에 따른 발달과업이나 가족구성원의 건강성을 위한 관계적 측면의 이론적 근거를 제공해 준다. 또한, 가정에서의 시간자원의 배분이나 성별 역할분담 등의 문제를 설명해 주기도 한다.

건강가정에 대한 정확한 이해를 도모하기 위해서는 이념적으로 다양한 관점에서 접근해 볼 필요가 있다. 따라서 이 장에서는 건강가정을 설명할 수 있는 여러 가지 이론 가운데 가족발달론, 가족체계이론, 가족탄력성, 사회구성주의 관점 등을 살펴본다. 여기서 다루지 않은 생애주기론, 구조기능주의, 갈등주의, 상징적 상호작용, 여성주의 관점 등에 대해서는 별도로 알아보기 바란다.

01 가족발달론 관점

1) 가족발달론의 배경

가족발달론은 1930년대 미국 농업실업부의 연구 보고서에서 '가족생활주기(family life cycle)'와 '가족발달(family development)'이라는 용어가 처음 사용되었다. 이후 듀발(Duvall)과 힐(Hill) 등의 학자를 중심으로 결혼과 가족에서의 변화과정을 설명하기 위하여 고안되었다(유계숙 외, 1999). 가족발달론 관점은 가족생활교육에서 가족구성원이 그들의 인생과정을 통해 부모, 배우자, 학생, 직업인 등 연속적인 역할을 하게 되며, 가족구성원이 이러한 역할을 하는 데 도움을 주어야 한다는 가족발달이론이다. 가족발달론 관점에서의 중요한 관심사는 무엇일까? 바로 가족 역할과 과업이다.

가족구성원은 각자의 생애주기에 맞추어서 가족발달을 조절해 나가야 한다. 각 연령대에 따른 발달과제가 있듯이 가족발달의 순간순간에도 그 시기에 따른 해결해야 할 다양한 과제가 있다. 예를 들면, 결혼을 하여 아기를 낳은 부부의 경우에는 부모역할을 잘 수행해 나가기 위한 준비를 하고, 적절한 실행과정을 통해서 아기를 건강하고 바르게 성장시켜나가야 할 결혼 초기 가족 내에서의 과제를 가진다.

또 다른 예로, 자녀가 성장하여 직장생활을 하고, 특히 결혼을 하여 분가를 하게 될 경우에는 부모 특히 어머니가 원가정으로부터 분리되어 나가는 자녀들을 물리적 · 심리적으로 독립시켜 주어야 할 생(生)의 과제를 가진다. 이 시기에 만약 부모가 자녀의 사회적 독립을 저해하는 언행을 하게 되면 자녀들은 죄책감을 가지게 되고, 부모에게 얽매이는 사람이 되어 좀 더 발전적인 자아를 형성해 나가는 데 장애를 가진다.

이처럼 건전한 가족발달은 부모와 자녀에게 필수적인 과제이기에, 모두가 관심을 가지고 잘 해결해 나가야 한다.

가족발달론의 주요 개념으로는 규범, 지위, 역할, 단계, 사건, 가족경력, 전이(transitions), 타이밍(timing) 등이 있다. 여기서 규범이란 사회집단의 구성원들이 보편적으로 수용하는 행동에 대한 기대이며 학습된 반응이다. 지위란 가족 내에서의 위치이며, 역할은 각 지위에 부여되는 규범을 말한다. 단계란 가족생활을 구분하는 데 이전과 이후의 기간이 뚜렷이 구분되는 질적 변화를 수반하는 기간이며, 사건은 특정 시점에서 발생하는 질적 변화를 의미한다. 가족경력이란 일련의 가족발달 단계에 따라 연속적으로 이어지는 역할을 말한다. 전이는 한 가족이 질적으로 구분되는 한 단계에서 다음 단계로 옮겨 갈 때 일어나는 것으로, 결혼과 같이 두 단계 사이에서 질적 변화를 구분하는 사건을 전이적 사건이라 한다. 그리고 타이밍이란 개인이나 가족이 특정 시점에서 특정한 사건을 경험하기를 사회로부터 기대 받고, 그러한 기대에 따르는가의 여부를 말한다(정현숙·유계숙, 2005).

이러한 주요 개념을 포괄하는 가족생활주기 개념은 가족발달론에서 가장 대표적인 개념이다. 가족발달론적 접근에서는 가족을 '상호작용하는 인격체의 집합'으로 본 버제스(Burgess)의 정의에 입각하여 가족구성원들이 다양한 가족생활주기 단계로 옮겨 감에 따라 경험하는 다양한 역할과 발달과업을 어떻게 대처하는가에 일차적인 관심을 둔다.

대표적으로 듀발은 전통적인 8단계의 가족생활주기 단계와 발달과업을 〈표 4-1〉과 같이 제시하였다. 그러나 가족생활주기 단계 구분은 학자에 따라 다소 차이가 있으므로 어느 특정한 학자의 특정한 단계로 확정 지을 수는 없다(이선형·임춘희, 2009). 가족생활주기 단계 구분은 가족 과업을 설명하는 데 매우 유용하게 활용되고 있다. 그러나 가족생활주기 단계에 초점을 너무 두어서는 안 된다. 왜 그럴까? 가족생활주기 단계만으로 복잡한 가족체계를 설명할 수는 없기 때문이다.

〈표 4-1〉 듀발의 전통적인 가족생활주기 단계와 발달과업

가족생활주기	가족 내 지위	가족 발달과업
1. 신혼기	남편 아내	• 상호 만족스러운 결혼생활의 수립 • 임신에 대한 적응 • 친족관계 적응

가족생활주기	가족 내 지위	가족 발달과업
2. 첫 자녀 출산기	아내/모 남편/부 자녀	• 자녀 임신과 출산, 그에 대한 적응 • 부모와 어린 자녀에게 만족스러운 가정 형성
3. 학령 전 자녀기	아내/모 남편/부 딸/형제 아들/형제	• 학령 전 자녀의 욕구에 적응 • 에너지 소모와 부모의 사생활 부족에 대처
4. 학동기 아동기	아내/모 남편/부 딸/형제 아들/형제	• 지역사회에 적응 • 자녀의 교육적 성취 격려
5. 청소년 자녀기	아내/모 남편/부 딸/형제 아들/형제	• 자유와 책임감 사이의 균형 • 탈(脫)부모기 이후 관심사 개발
6. 자녀 독립기	아내/모/조모 남편/부/조부 딸/형제/이모나 고모 아들/형제/삼촌이나 외삼촌	• 청년기에서 성인기로 자녀가 독립 • 지원적인 가정 기지(基地)로서의 유지
7. 중년기 부모기	아내/모/조모 남편/부/조부	• 부부관계에 재초점화 • 노년 세대, 젊은 세대와 친족관계 유지
8. 노년기 부모기	사별여성/사별남성 아내/모/조모 남편/부/조부	• 배우자 사별과 독신생활에의 대처 • 집을 팖 • 퇴직에 적응

출처: 올슨과 드프레인(Olson & DeFrain, 2006), p. 76.

2) 가족생활주기의 개념과 발달과업

(1) 가족생활주기의 개념

가족생활주기란 가족의 변화과정으로서, 즉 남녀가 결혼으로 새로운 가족을 형성하고 자녀를 갖게 되면서 가족은 확대되고, 그 자녀들은 성장한 후 결혼하여 자신들이 자라온 가족을 떠나게 되면서 가족은 축소하기 시작하며 노부부가 사망함으로써 소멸된다. 즉, 사람이 가족생활에서 경험하는 결혼, 출산, 육아, 노후의 각 단계에 걸친 시간적 연속을 가족생활주기라고 한다.

가족생활주기를 간략하게 분류하면 가족 형성기, 가족 확대기, 가족 축소기로 나눌 수 있다. 가족생활주기의 각 단계는 가족의 욕구와 생활 내용에 커다란 변화가 생기는 것을 의미하므로 가족은 가족생활 설계를 수립하고, 가족구성원이 서로 협력하여 각 단계의 변화에 대비하고 적응해 나가야 한다.

가족생활주기에 대한 네 가지의 기본적인 가정은 다음과 같다(이선형·임춘희, 2009). 첫째, 가족은 변화한다. 둘째, 가족이 변화함에 따라 가족구성원의 욕구와 발달과업이 달라진다. 셋째, 대부분의 가족은 유사한 가족발달 단계를 거치며, 그에 따른 욕구의 변화를 비슷하게 경험한다. 넷째, 각 단계는 앞뒤 단계와 연관성을 갖고 있다. 많은 가족은 이러한 네 가지 기본적인 가정에서 크게 벗어나지 않기 때문에 가족생활주기는 여전히 많은 가족의 행동을 예측하는 데 중요하게 사용되고 있다. 즉, 가족생활주기는 가족구성원의 변화하는 발달적 욕구에 따른 연속적인 단계이며, 가족의 궁극적인 목표와 방향을 보여준다.

(2) 가족생활주기별 발달과업

가족이 다양한 단계와 사건을 거치는 과정에서 성취해야만 하는 일을 발달과업이라고 한다. 즉, 가족은 가족생활주기 단계에서 요구되는 역할 기대와 책임을 완수하는 것을 배운다. 일반적으로 가족생활주기 단계를 규정하는 중요한 기준은 맏이의 나이이며, 남녀가 결혼해서 자녀를 출산하는 가족을 중심으로 하는 가족생활주기에 따른 발달과업은 다음과 같다(이선형·임춘희, 2009: 89-90).

① 가족 형성기(신혼기)에서의 발달과업

가족 형성기는 가정생활을 시작하는 단계로 이때는 이후의 가족생활에 대한 계획을 수립해야 한다. 이 시기에는 결혼을 통해, 두 가정에서 각기 성장한 개인이 하나의 새로운 가족을 이루므로 인생의 파트너로서 서로 관계를 맺고 친밀감을 형성하며, 양가의 새로운 친족관계를 형성하는 것이 중요한 일이다. 더불어 부부로서의 관계를 정립하고 가사와 양육 역할에 대한 분담계획과 자녀출산 계획을 세우고 두 사람이 합의하는 것이 중요한 과제다.

② 가족 확대기에서의 발달과업

- 자녀 출산과 미취학 아동기: 자녀 출산과 함께 부모로서의 역할에 적응하며, 부부 두 사람의 관계에서 자녀를 포함한 가족생활로의 전환이 필요하다. 증가된 가사노동에 대해 부부가 분담하고 역할을 조정해야 한다. 또한, 차후 증가될 가계 지출과 주택 마련에 대한 경제적인 계획을 수립해야 한다.
- 초등 교육기: 자녀 성장에 효과적으로 대비하여야 한다. 즉, 자녀가 학교생활에 적응하도록 준비시키고 학습할 분위기를 조성해 주며, 모든 가족 구성원이 가사를 분담하고 가족 일에 대한 책임을 공유하도록 한다. 또한, 부모로서 좋은 역할모델이 될 수 있도록 자녀와 함께 하는 시간을 많이 가져야 한다.
- 중·고등 교육기: 자아를 찾고 독립심이 커지는 청소년 자녀와 원만한 관계를 유지하면서 청소년 자녀의 학업발달에 신경을 써야 한다. 자녀의 성장에 따라 주거 공간을 재구성해 주고, 자녀의 적성과 진로에 관심을 갖고 함께 자녀의 장래에 대해 계획한다. 교육비가 급증하므로 이에 대한 장기적인 경제계획도 필요하다. 한편, 지나친 자녀 중심의 가족생활로 부부간의 관계가 주변적이 되거나 소원해지고 부모로서의 권위가 손상되는 일이 없도록 부부가 협력하여야 한다.

③ 가족 축소기에서의 발달과업

- 자녀 독립기: 자녀의 결혼과 은퇴 이후의 생활에 대한 경제적 준비를 하며 자녀 배우자와의 관계를 정립하며, 조부모로서의 역할을 준비한다. 자녀 독립 후 남게 되는 부부관계를 재조정하며, 노화에 따른 신체적 변화와 관련하여 건강관리에 힘쓴다.
- 은퇴기: 이전에 세웠던 은퇴 이후의 경제생활과 주거생활에 대한 계획을 실행하며, 늘어난 여가시간에 적응한다. 배우자 사망에 따른 독신생활을

예상하고, 자신의 죽음도 준비한다. 자녀와 손자녀와의 관계가 원만하게 유지되도록 노력하고, 건강관리에 더욱 힘쓴다.

(3) 가족생활주기별 생활 설계

가족생활 측면에서 가족생활 설계를 어떻게 할 것인지를 가족생활주기별로 나누어 살펴보면 다음과 같다.

① 가족 형성기(신혼기)

- 어떤 가치와 목표를 추구하되, 어떠한 가정을 이루어 나갈 것인가?
- 새롭게 형성된 가족 및 친족과 어떤 관계를 맺어 나갈 것인가?
- 자녀는 언제, 몇 명 출산할 것인가?

② 가족 확대기

- 어떤 방식으로 자녀를 양육할 것인가?
- 출산으로 늘어난 가사와 양육의 부담을 어떻게 분담할 것인가?
- 자녀가 정서적으로 안정되고 건강하게 성장할 수 있도록 어떤 노력을 할 것인가?
- 자녀의 학업 및 진로 지도를 위해 어떤 노력을 할 것인가?
- 자녀의 성장과 발달을 위해 무엇을 할 것인가?
- 원만한 부모 자녀 관계를 유지하기 위해 어떤 노력을 할 것인가?

③ 가족 축소기

- 자녀가 독립된 성인으로 살아갈 수 있도록 정서적으로 어떤 도움을 줄 것인가?
- 변화된 부부간의 역할을 어떻게 재조정할 것인가?
- 자녀의 배우자 및 사돈과 어떤 관계를 맺을 것인가?
- 은퇴 후 달라진 가족생활에 어떻게 적응할 것인가?
- 신체적 노화에 대한 건강관리를 어떻게 할 것이며, 심리적 위축 등을 어떻게 극복할 것인가?
- 여가 시간을 어떻게 의미 있게 사용할 것인가?

3) 가족생활주기와 건강가정의 관계

가족발달적 접근은 시간의 흐름에 따라 개인과 가족에서의 발달과 변화과정에 초점을 둔다는 점, 가족을 정태적이고 변화하지 않는 집단이 아닌 역동적인 체계로 접근한다는 점, 그리고 가족의 발달단계마다 발생할 수 있는 긴장의 원천과 스트레스를 예측하고, 각 단계의 가족이 성취해야 할 목표로서 발달과업을 제시했다는 점에서 유용하다고 할 수 있다. 이러한 가족발달적 접근은 건강가정 개념과 건강가정을 위한 사업 내용에 중요한 시사점을 준다. 즉, 발달단계의 개념을 도입하여 각 발달단계에 따라 발생하는 문제나 스트레스를 예상하고 단계에 맞는 발달과업을 잘 수행하며, 중요한 변화 시점에서 그에 잘 대처하는 잠재력을 가진 가정이 건강가정임을 재확인시켜 준다.

그러나 전통적인 가족생활주기는 전형적인 중산층 핵가족의 단계를 모델로 하였다. 그래서 오늘날처럼 이혼이나 재혼, 무자녀, 동거, 한부모, 다문화가족 등 복잡하고 다양해진 가족에 더는 적용하지 못하는 한계점을 갖는다. 그러므로 다양한 가족을 대상으로 한 정책 수립에서 가족발달론의 대표적인 개념인 가족생활주기를 다양한 가족형태에 맞게 재구성하고, 단계마다 가족들이 겪는 스트레스와 발달과업을 제시해야 한다. 또한, 가족 형태별로 다양한 가족생활주기 단계를 겪는 가족을 지원하기 위한 교육과 상담, 문화사업 등 건강가정사업 서비스의 내용이 마련되어야 한다(이선형·임춘희, 2009).

02 가족체계이론 관점

1) 가족체계이론의 발달

결혼과 가족을 이해하는 가장 보편적인 개념적 틀 중의 하나가 바로 가족체계이론이다. 가족체계이론은 가족구성원 개개인의 모든 것이 가족 모두에게 영향을 미친다고 본다. 이 이론은 부부와 가족의 관계상의 문제를 작업하는 가족치료사들에게 상당히 인기 있는 이론이 되고 있다. 가족치료의 선구자인 칼 휘테이커(Carl Whitaker, 1979)는 "이 세상에는 개인 한 사람만으로는 있을 수 없다. 개인은 한 부분일 뿐이다."라고 하며, 인간은 그들의 가족에 얽혀 있다는 것이다. 개인의 생각과 행동 등은 그들의 가족으로부터 깊이 영향을 받는다. 따라서 한 개인에 대한 이해는 그들의 가족을 이해하게 되면 이해된다는 것이다. 개인이 가장 효율적으로 변화하기 위해서는 먼저 가족이 변해야 한다고 본다.

일반체계이론에서 파생된 가족체계이론은 1960년대에 버트랜피(Bertalanfy)가 그 개념적인 틀을 개발하였다. 일반체계이론에서, 체계란 하나의 단일체나 유기체 전체 또는 조화를 이루기 위해서 긴밀하게 연결된 일련의 전체로 정의한다. 여기서 전체는 상호작용하는 부분으로 이루어진다고 본다.

가족치료사들은 일반체계이론의 이러한 개념을 결혼과 가족생활에 적용시켰다. 특정 가족구성원에게 일어나는 모든 일은 가족 전체에 영향을 미친다. 가족구성원은 서로 연관되어 있으며, 하나의 집단으로 작동하므로 그 집단을 가족체계라고 한다. 가족치료사들은 여러 해 동안 고통받는 개인들을 치료한 결과, 자녀 개인만의 치료가 짧은 기간 동안 다소의 변화는 있었지만 장기간의 변화는 일어나지 않았다는 것을 밝혔다. 그리고 그들은 문제가 있는 아이들을 그 아이만 치료하면, 어느 정도의 진전은 있을지라도 가족의 변화 없이는 다시 문제 행동이 되풀이되는 것과 문제가정에는 문제 아이가 있다는 사실을 알게 되었다. 이러한 현상은 가족체계가 자녀의 행동에 엄청난 영향력을 끼친다는 것을 잘 설명하고 있다(윤경자 외, 2009: 35-36; 이선형·임춘희, 2012: 92-93).

2) 가족체계 관점의 주요 개념

가족체계 관점의 주요 개념은 일반체계이론가들이 개발한 아이디어와 용어를 확장시킨 것이므로 일반체계의 개념과 연결하여 살펴본다(윤경자 외, 2009: 36-38; 이선형·임춘희, 2012: 93-98).

(1) 복합(다중)체계의 수준

복합(다중)체계의 수준은 한 체계 내에서는 다른 다양한 체계가 함께 존재하는 것을 말한다. 예를 들어, 부부체계에서 가족은 상위체계이고, 두 개인(부부)은 하위체계이다. 핵가족을 보면, 확대가족이 상위체계가 되고, 부부나 부모-자녀가 하위체계이다.

개인을 둘러싼 복합(다중)체계의 수준을 가족을 중심으로 살펴보면, 가족체계는 가족공동체와 연결되고, 가족공동체는 다시 사회구조로 둘러싸여 있으며, 사회구조는 더 추상적인 문화적 구성으로 둘러싸여 있다. 개인이나 가족은 상위의 복합(다중)체계로 둘러싸여 있으며, 각 체계는 서로 작용하면서 영향을 주고받는다.

(2) 경계

각 체계는 서로 연결되어 있으나 경계를 통해서 다른 체계와 분리되기도 한다. 즉, 경계는 상호 연결된 시스템의 위계(位階)이고, 각 시스템은 눈에 보이지 않는 경계가 있어 작고 큰 시스템으로부터 분리되고 있다. 인간체계는 다양한 체계의 수준을 가지고 있으며, 이것은 동심원의 한 세트의 원으로 특징지을 수 있다. 즉, 중심의 가장 작은 원은 개인이고, 개인을 둘러싼 원은 부부 또는 두 사람의 가족체계이다. 가족을 둘러싼 원은 지역, 이웃, 학교 등이고, 다시 이것을 둘러싼 원은 시, 도, 국가, 세계가 된다. 따라서 가족은 광역체계의 한 부분이므로 진공상태에서는 기능할 수 없다. 그러므로 어느 특정 가족체계를 이해하기 위해서는 그 가족체계에 영향을 주는 다양한 체계의 수준을 고려하여야 한다.

(3) 부분의 상호의존성

시스템의 각 요소의 부분은 한 부분이 변화하면 다른 부분이 변화하게 되어, 각 부분이 상호 연결되어 있다. 이들 부분의 상호의존성을 이해하기 위하여 모빌을 생각해 보자. 모빌의 각 요소는 미세한 바람결이나 부드러운 접촉에도 쉽게 움직일 수 있어 튼튼한 어떤 곳도 어떤 자극이 가해지면 균형을 잃을 수 있다. 이처럼 가족구성원은 그들의 유일한 방법으로 전체를 꿰맞추어서 전체의 아름다움(美)을 더 하게 된다. 한 개인이 변화(긍정적 혹은 부정적)하게 되면, 이 변화는 가족 전체에 영향을 미치게 된다. 따라서 가족 내에서 일어나는 관계나 문제행동은 구성원 상호 간에 책임이 있다는 점에서 순환적이라 하겠다.

(4) 전체성

전체성이란 전체는 부분의 합보다 더 크다는 의미다. 가족체계의 관점에서 보면, 가족은 가족구성원의 합 그 이상이다. 한 개인을 안다고 해서 단순히 그 가족을 안다고 할 수 없다. 왜냐하면, 각 개개인은 가족 밖에서는 달리 행동하기 때문이다. 결혼한 한 여성을 생각해 보자. 가족의 전체성을 이끌어 내기 위해 가족 내에서 아내, 주부, 어머니, 며느리 등의 역할을 하게 될 텐데, 나물무침을 만들기 위해서 깨, 마늘, 파, 참기름, 간장 등에 양념을 넣고 무칠 때 각 양념은 각각의 향을 가지고 있지만, 무쳐진 양념은 하나하나 분리된 양념의 성분과는 다른 그 이상인 것에 비유할 수 있다.

(5) 피드백

피드백(feedback)은 어떤 행위의 결과가 최초의 목적에 부합되는 것인가를 확인하고 그 정보를 행위의 원천이 되는 것에 되돌려 보내어 적절한 상태가 되도록 수정을 가하는 일을 말한다. 여기서 피드백은 가족체계의 변화과정을 감시하고 수용된 표준 내에 있는지를 알기 위해 끊임없이 산출을 평가하는 과정이다. 예를 들어, 가족은 자신들의 여행이 가족관계 향상에 도움이 되었는지 점검해 볼 수 있다.

03 가족탄력성 관점

1) 가족탄력성 관점의 발달

강점관점에 기초한 가족탄력성(family resilience) 관점은 가족의 부적응이 아닌 고(高)위험 가족의 성공적인 적응을 탐색하는 접근법이다. 여기서 강점관점이란 클라이언트를 독특한 존재로서 다양성을 인정하고 존중하면서 클라이언트의 결점보다는 강점에 초점을 두고 가능한 모든 자원을 활용하여 클라이언트의 역량을 실현해 나가도록 돕는 것이다. 클라이언트의 강점을 강화하는 과정이 클라이언트의 역량을 향상해 가장 신속하게 클라이언트에게 권한을 부여하고자 하는 전략이다. 인간의 존엄성, 가치, 자기 결정을 증진하고자 하는 사회복지의 가치와 클라이언트의 내재한 잠재력, 능력, 강점을 인지하여 이를 실현할 수 있도록 하고자 하는 강점관점의 가치는 일치한다.

가족학자들은 고위험과 스트레스 상황에서조차 매우 긍정적인 적응을 하는 일단의 가족들을 발견하고, 그 요인이 무엇인가에 주목하게 되었다. 그 연구과정(1990년대 후반)에서 가족탄력성 개념이 새롭게 이론적 접근법으로 나타났다. 가족탄력성 연구는 탄력성에 대한 초기연구들이 탄력성 관련 요인을 개인적 특성에서 부모와 가족의 특성 측면으로 관심을 확대함에 따라 시작되었다. 개인탄력성은 높은 위험요인을 지녔음에도, 발달상의 문제를 보이지 않고 성공적으로 적응하는 아동들의 중요한 특성에 주목하기 시작하였다.

초기연구는 탄력성 관련 요인을 개인적 특성에 초점을 두었으나, 고위험이나 스트레스 상황의 아동과 청소년들의 성공적인 적응을 원조하는 보호요인으로서 부모양육과의 상호작용에 관심을 확대하였다. 이후에는 개인, 가족, 환경 측면에서 시간의 흐름에 따라 위험요인과 보호요인의 상호작용으로 탄력성을 보게 되었다. 가족탄력성 접근은 전통적인 결핍모델 시각에서 큰 변화를 가져왔다. '손상당한 심각한 위험에 처한 가족'이라는 시각으로부터 '성장과 재생의 잠재력을 가진 도전받고 있는 가족'이라는 방향으로 시각을 전환시켰다. 이는 위기상황에 취약한 부부와 가족을 강화하는 목적을 가진 연구와 개입, 예방적 접근에 있어서 개념적 지도(map)로서 가치를 지니고 있다(Walsh, 2002; 윤경자 외, 2009: 39-48).

2) 가족탄력성 관점의 주요 개념

(1) 탄력성 개념

탄력성(resilience)의 사전적 의미는 '다시 돌아오는 경향, 회복력, 탄성' 등이며, 그것이 상처받지 않음을 의미하는 것은 아니다. 즉, 개인이 역경을 겪으면서 자신의 힘과 능력을 잃었지만, 이전의 적응 수준으로 돌아오고 회복할 수 있는 능력을 의미한다. 탄력성이란 용어는 라틴어의 'resiliens'에서 유래한 말로, 원래 물체의 신축성 또는 탄성체가 외부의 힘에 대항하여 본래의 형태로 되돌아가려는 힘을 뜻한다. 탄력성은 무생물과 생물에 같이 쓰이고 있으며, 사람에게 쓰일 때는 질병, 충격, 우울, 역경 등으로부터 빨리 회복하는 힘이라고 할 수 있다.

환경적 스트레스의 부정적 영향에 잘 대처하고 심각한 위험에 처하게 될 때도 성공적으로 적응할 수 있는 사람을 어떤 사람이라고 말하는가? 아마도 우리는 그를 가리켜 탄력적 혹은 탄력성을 지닌 사람이라고 말할 것이다. 따라서 탄력성의 중심 개념은 회복력과 스트레스 이전의 적응수준으로의 복귀능력이며, 탄성력 혹은 복원력, 회복력, 적응유연성의 용어와 혼용해서 사용되고 있다. 루타 등(Luthar et al., 2000)은 탄력성의 두 가지 조건으로, 첫째는 심각한 위험이나 역경에 노출되어 있고, 둘째는 그 위험이나 역경에 크게 곤란을 겪으면서도 발달과정 속에서 긍정적 적응을 한다는 점을 제시하였다(윤경자 외, 2009).

(2) 가족탄력성 개념

가족탄력성은 가족의 위기와 스트레스에 적응하고 역경으로부터 회복하는 능력으로 정의된다. 여기에는 가족이 기능적 단위로서 역경에 처했을 때 긍정적인 적응을 이루는 역동적인 과정을 포함한다. 즉, 가족탄력성은 고위험에 직면한 상황에서도 성공적으로 적응하는 가족을 설명하는 개념이다.

여러 학자는 가족탄력성에 대해 다양한 정의를 하고 있다. 가족탄력성을 위기상황에 직면했을 때 적응적이 되고, 변화에 직면했을 때 혼란에 저항함으로써 더욱 기능적인 가족이 되도록 돕는 가족의 특징, 차원, 속성이라고 정의하기도 한다. 또 실패에서 회복하며 곤경으로부터 스스로를 복원할 수 있는 능력이라든가, 역경을 극복하고 스트레스에서 생존하며 불리한 조건에서 꿋꿋한 능력이라고 정의하기도 한다(McCubbin & McCubbin, 1988; Valentine & Feinauer, 1993; Wolin & Wolin, 1993).

이러한 정의에서 공통적으로 나타나는 특성은 다음과 같다(윤경자 외, 2009). 첫째는 탄력성이 곤경에 직면하여 표면화된다는 점이다. 즉, 가족탄력성은 가족이 위기를 경험할 때, 가족의 평형상태를 유지하도록 하는 자질이다. 둘째로 탄성의 속성을 가진 개념이다. 실패로부터 회복할 수 있는 능력은 가족이 스트레스 상황에 있어도 위기 이전 수준으로 되돌아가서 다시 시작할 수 있다는 것을 의미한다. 끝으로 병리보다는 건강과 강점관점으로 가족을 조명한다. 따라서 가족이 왜 실패하는가가 아니라 어떻게 성공하는가에 직접적 관심을 둔다(Hawley & Dehaan, 1996, 윤경자 외, 2009 재인용).

자료 4-1

가족과 식사하는 아이들이 건강하다 - 일리노이대학 연구 결과 발표

가족과 함께 식사를 하는 아이들이 전반적으로 건강하다는 연구결과가 나왔다. 2일 헬스데이 뉴스는 미국 일리노이대학 심리학교수 앰버 해먼스(Amber Hammons) 박사의 연구결과를 발표했다. 가족탄력성센터(Family Resiliency Center)가 수집한 2~17세 아이들 18만 3천 명의 자료를 분석한 결과, 가족과 함께 식사하는 빈도가 많은 아이일수록 과체중이 되거나 건강에 좋지 않은 음식을 먹을 가능성이 적었다고 보도했다.

집에서 가족과 함께 식사하는 횟수가 일주일에 최소한 3번 이상인 아이들은 집에서 식사를 거의 하지 않는 아이들에 비해 과체중이 되거나, 인스턴트식품을 즐기거나 폭식 등 식이장애가 나타날 가능성이 각각 12%, 20%, 35% 낮았다. 또 채소 같은 건강에 도움이 되는 식품을 먹을 가능성은 24% 높은 것으로 나타났다고 해먼스 박사는 밝혔다. 가족과의 식사 횟수가 일주일에 5번 이상인 아이들은 영양결핍이 나타날 가능성이 25% 낮았다. 해먼스 박사는 "집에서 준비되는 식사가 일반적으로 채소, 과일은 많고 지방, 당분이 적어, 영양소는 많은 대신 칼로리 밀도가 낮기 때문으로 생각된다."라고 전했다.

출처: 선진한국(2001. 7. 19).

3) 가족탄력성 요인

가족탄력성 요인은 학자들마다 다양하게 말하고 있는데, 몇 학자가 제시한 가족탄력성 요인은 〈표 4-2〉와 같다.

〈표 4-2〉 가족탄력성 요인

학자(연도)	가족탄력성 요인
Cowen & Hetherington(1991)	응집력, 유연성, 공개적 의사소통, 문제해결, 신념체계
McCubbin & McCubbin(1993)	가족형태, 가족 스키마[주)], 가족자원, 가족기능, 문제해결과 대처, 사회적 지지
Single & Power(1993)	유연한 의미해석, 균형잡힌 대처, 유연한 상호의존
Silliman(1994)	위임, 의사소통, 응집력, 적응성, 연결성, 시간공유, 효율성
Walsh(1998)	신념체계, 조직패턴, 의사소통과정

주) 가족 스키마란 가족의 기능유형을 변화시키려고 하는 중요한 노력의 하나로 가족이 기본적으로 가지는 가치나 신념을 말한다.

출처: 윤경자 외(2009), 건강가정론, p. 43을 재구성.

4) 가족탄력성 모델

가족탄력성 모델은 대표적으로 맥커빈과 맥커빈(McCubbin & McCubbin, 1993)이 double ABCX 모델을 발전시켜 개발한 가족탄력성 모델과, 가족이 스트레스에 견디고 위기에서 회복되는 과정을 밝힌 월시(Walsh, 1998)의 가족탄력성 모델이 중요한 이론적 틀을 제공한다(윤경자 외, 2009: 43-48).

(1) 맥커빈과 맥커빈(McCubbin & McCubbin)의 가족탄력성 모델

맥커빈과 맥커빈의 모델은 힐(Hill)의 ABCX 모델과 FAAR 모델을 기초로 맥커빈과 맥커빈(1993, 1996)에 의해 개발되었다. 이 모델은 5가지의 기본 가정을 제시하고 있다. 첫째, 가족은 예측 가능한 가족생활주기상에서 변화와 곤경을 경험한다. 둘째, 가족은 가족구성원 모두 성장하고 발달하도록 한다. 셋째, 가족은 변화에 직면할 강점이 있으며, 비규범적 스트레스원(stressor)과 긴장으로부터의 회복에 도움을 주고 보호할 역량을 개발한다. 넷째, 가족은 특히 가족 스트레스와 가족위기 상황에서 지역사회 내의 관계망에 이바지하고 또한 도움도 받는다. 다섯째, 위기상황에 직면한 가족은 질서, 균형, 안녕을 되찾기 위하여 노력한다.

맥커빈과 맥커빈의 가족탄력성 모델은 조정(adjustment)과 적응(adaptation)이라는 2개의 중요단계로 구성된다(윤경자 외, 2009).

① 조정단계

가족은 스트레스 요인이 발생했을 때 조정을 시도하고, 일상생활을 영위하기 위해 형성해온 상호작용 패턴, 역할, 규칙을 유지하고자 한다. 조정단계에서 가족이 기능유형, 가족자원, 스트레스에 대한 가족의 상황적 평가, 문제해결과 대처전략에 의해 잘 조정되어 스트레스가 중재되어지면, 가족의 어려움은 나타나지 않는다. 그렇지 못할 경우 가족위기를 초래하며, 이러한 상황에 대한 적응을 시도하는 단계로 변화된다.

여기서 가족의 기능유형은 가족체계가 어떻게 전형적으로 기능을 하는가 혹은 대처하는가를 설명하는 가족행동유형 세트이다. 이렇게 형성된 기능유형은 가족체계의 조화와 균형획득 또는 유지에 중요한 역할을 한다. 가족자원은 가족의 물질적, 정신적, 관계적 내적 자원과 사회적 지지망과 같은 외부적 자원으로 구성되어 있다. 가족의 상황적 평가는 가족이 상황에 부여하는 의미 또는 해석을 말한다. 문제해결과 대처는 스트레스원과 관련된 어려움을 감소시켜 가족의 균형과 조화를 복원하거나 유지하기 위한 가족의 노력과 관리능력을 말한다.

② 가족위기

가족 스트레스는 가족의 요구와 가족능력의 불균형에 의해 초래되는 긴장 상태이다. 반면, 가족위기는 가족체계의 불균형, 부조화, 해체의 상태를 의미한다. 여기서 위기는 실패 또는 역기능을 의미하는 것이 아니라, 발전하고 변화하기 위해 필요한 요인이다. 따라서 위기는 가족생활에서 자연스러운 하나의 부분이며 변화와 적응을 위한 발전적 과정에 절대로 필요한 것이다.

③ 적응단계

가족적응은 이 모델의 중심개념으로, 적응단계는 가족의 요구가 누적됨에 따라 가족취약성이 증가하기 때문에 시간의 흐름에 따라 위기상황을 극복하기 위한 가족의 노력에 초점을 둔다. 가족은 위기를 해소하기 위하여 가족의 기능유형에 따라 다양한 방식으로 상호작용한다. 또한, 가족 스키마, 응집력, 가족내구력 등의 요소가 상황에 대한 평가를 하고 문제해결과 대처라는 전략을 수립하게 된다. 이러한 전략에 따라 효과적 적응과 부적응으로 결과가 산출된다. 여기서 가족 스키마는 가족탄력성의 핵심요소로서, 높은 가족 스키마를 보이는 가족은 어려운 상황을 극복하는 힘이 있다. 응집력은 가족의 결속을 말한다. 가족내구력은 가족체계의 내적 강점과 관련된 것으로, 생활 속에서 어려움을 이겨내고 변화를 통해 성장하는 가족의 강인함을 나타낸다.

적응기간에 새롭게 형성된 가족의 기능유형, 개인, 가족, 지역사회 수준에서 획득한 새로운 사회적 지지자원, 새로운 문제해결전략과 대처, 가족평가의 변화는 가족의 강점과 탄력성, 역량이 될 수 있다. 따라서 이 모델에서 탄력성이란 개인과 가족의 스트레스 상황에서의 긍정적인 행동패턴과 기능적 역량으로 설명한다. 한편, 스트레스원은 변화를 가져오는 하나의 도전으로 간주되며, 이러한 스트레스원을 극복하도록 힘을 부여하는 가족강점과 능력강화에 가족탄력성의 초점이 있다. 즉, 가족이 역경에 처하게 될 때, 가족탄력성은 다양한 요소를 변화시키고 조절하며, 필요하면 가족의 능력을 개발하여 적응한다고 보았다. 이 과정은 성공적인 적응이 될 때까지 순환하며, 그 과정에 일련의 상호작용하는 구성요소들이 관련된다.

(2) 월시(Walsh)의 가족탄력성 모델

월시(Walsh, 2002)는 체계적, 생태학적, 발달적 관점에 접근하여 가족탄력성 모델을 제시하였다. 그는 가족탄력성 모델의 핵심과정을 신념체계, 조직패턴(pattern), 의사소통과정으로 구성하였다. 이 세 가지 구성요인이 상호작용하면서 가족탄력성은 시너지효과(synergy effect)를 갖는다고 하였다(윤경자 외, 2009).

① 신념체계

가족탄력성에서 가족의 신념은 역경에 대한 의미부여 능력, 긍정적 시각, 초월과 영성으로 정의한다. 첫째, 역경에 대한 의미부여 능력은 가족의 위기상황을 어떻게 해석하고 의미를 부여하는가에 대한 것으로, 탄력성에 있어 매우 중요하다. 탄력적인 가족은 위기를 하나의 도전으로 인식하여 도전에 따르는 변화의 필요성을 더욱 잘 수용할 수 있다.

둘째, 긍정적 시각은 역경으로부터 회복하고 견디는 데 필요한 인내, 용기, 희망과 같은 강점을 말한다. 따라서 역경에 대한 긍정적 시각을 가진 가족은 강점과 잠재력에 초점을 두고, 가능성을 인정하며 미래에 대한 희망을 품는다. 참고 인내하는 노력의 자세와 동시에 변할 수 없는 것을 수용하고 인정하는 가족을 의미한다. 셋째, 초월과 영성은 더 큰 가치와 목적을 지향하며, 역경을 통하여 배우고 성장한다는 자세를 갖는다. 탄력적인 가족은 도움이 필요할 때, 자기 안에서만 문제를 해결하려 하지 않고 종교나 생명과 힘의 근원인 영성에 의지하여 희망을 품는다.

② 조직패턴

가족의 조직패턴이란 가족단위의 통합을 지지하는 것으로, 역할안정성과 융통성, 연결성, 가족의 사회·경제적 자원 등을 통해 형성된다. 첫째, 역할안정성과 융통성이란 가족이 조직과정에서 안정성과 변화 사이의 역동적인 조화를 통해, 생활도전에 반응하며 변화를 허용하는 안정된 가족구조를 유지하고자 하는 것이다. 여기서 안정성이란 예측 가능하고 일관성 있는 규칙, 역할, 상호작용 유형을 의미하며, 융통성이란 필요할 때 변화할 수 있는 능력을 의미한다. 따라서 탄력적인 가족은 스트레스나 긴장이 유발되는 상황이나 사건에 직면했을 때, 가족구성원 간의 역할분담을 통하여 위기에 슬기롭게 대처할 수 있다. 역경을 극복하기 위해 가족의 역할을 분담하거나 변화하는 융통성의 능력은 탄력적인 가족이 되기 위한 중요한 요소이다.

둘째, 가족의 연결성은 응집력의 개념과 유사한 것으로 가족구성원 서로에 대한 정서적 결합을 의미한다. 기능적 가족은 구성원 사이의 명확한 경계를 유지하며, 가족구성원은 자신의 사고, 감정, 행동에 책임을 갖고 개인의 강점과 관심을 잘 조직할 수 있다. 셋째, 가족의 사회·경제적 자원은 가족이 내·외적 환경자원을 얼마나 잘 조직하고 있는가와 관련된다. 기능적 가족은 개방체계를 유지하며, 가족구성원은 활동적으로 세상에 참여하고, 낙관적이고 희망적이어서 외부로부터 유용한 자원을 끌어들인다. 따라서 탄력적인 가족은 가족 주변의 다양한 사회·경제적 자원을 적절히 사용한다.

③ 의사소통과정

가족탄력성에서 중요한 핵심적 요소의 하나인 의사소통과정은 의사소통의 명확성, 개방된 감정표현, 상호협조적인 문제해결과정으로 구성된다. 첫째, 의사소통의 명확성은 많은 연구에서 효율적인 가족기능의 본질적인 요소로 지적되고 있다. 의사소통의 명확성은 말과 행동에 있어서 분명하고 일관된 메시지를 말한다. 불명확한 의사소통은 불안과 혼돈을 증가시키므로, 특히 위기의 순간에 스트레스 상황에 대한 공유된 명확한 이해와 인정은 가족적응과 대처에 매우 중요하다.

둘째, 개방적인 감정표현을 할 수 있는 가족은 즐거움, 희망뿐만 아니라 고통이나 공포 등의 광범위한 감정도 공유할 수 있다. 또 이러한 가족은 서로의 차이를 인정하고 상호감정이입이 요구되며, 가능한 비난은 피하고 자신의 감정과 행동에 대한 책임을 질 수 있다. 여기에 유쾌한 상호작용인 유머가 있다면 가족탄력성 유지에 매우 긍정적이다.

셋째, 상호협력적인 문제해결은 특히 갑작스런 위기나 지속적인 도전을 다루어야 하는 가족기능에 있어 매우 중요한 요소이다. 탄력적인 가족의 특성은 문제가 없는 것이 아니라 갈등을 잘 다룰 수 있는 능력이다. 상호협력적인 문제해결을 위해서는 문제에 관여되어 있는 사람이나 잠재적 자원을 가진 사람과의 의사소통을 통하여 결정된 의견을 공유하고 갈등을 다루어 효율적으로 문제를 해결해야 한다.

자료 4-2

가정의 달, 가족의 행복

5월은 '가정의 달'이다. 정부가 가정의 달을 정한 의미는 '사랑과 정성으로 일궈 내는 가장 소중한 보금자리가 가정이라는 것을 인식시키고, 항상 화목하고 행복하자'는 바람을 담고 있다. 매스컴에서는 온 가족이 함께 나들이를 하고, 외식을 하며, 문화행사에 참여하는 모습을 보여준다. 그러나 우리는 겉으로는 드러나 보이지 않지만 그렇지 못한 사람들에 대해 생각해 보는 여유가 필요하다.

연세대 사회발전연구소의 2011년 조사에 의하면, 우리나라 어린이와 청소년의 '주관적 행복지수'는 경제협력개발기구(OECD) 국가 가운데 '꼴찌'로 나타났다. 그만큼 한국 어린이들은 스스로가 불행하다고 느끼고 있다는 것이다. 이것의 가장 큰 원인으로 '입시 스트레스'를 꼽고 있다. 학업 스트레스로 말미암아 스스로를 외롭고 건강하지 않은 존재로 인식하는 학생들이 많다는 것이다. 한국의 미래를 짊어지고 갈 차세대들이 불행하다는 것은 국가의 운명과도 직결되기 때문에 더욱 심각하다.

아이러니하게도 '행복을 위해 필요한 것이 무엇이냐'라는 질문에 대해서는 '가족'이라는 답변이었다. 그러나 가족은 그들의 어려움을 해결하려는 노력과 소통은 하지 않은 채 공부만을 강요할 뿐이다. 특히 아버지와 아들의 의사소통이 가장 잘 안 되고 있다. 우스갯소리에서, 아버지는 아들과의 대화가 안 되고 있는 점을 인식하고 아들과의 대화를 시도한다. 식사 중 아버지는 아들에게 말을 건넨다. "아들아, 너 요즘 몇 등하니?" 이것이 현실이다. 아들의 입장에서는 자신의 고민을 진솔하게 이야기하고 위로받고 싶었을 것이다. 그러나 부모는 점수에만 관심이 있을 뿐이다. 자연히 대화는 단절된다. 한편, 저소득 가정 부모들은 자녀 양육과 관련해 '방과 후 자녀 방치'(37.5%)에 이어 '문화 활동 부족'(28.4%)을 가장 큰 어려움이라고 손꼽고 있다. 한 사회복지관 관계자는 "놀이공원에 가고 싶어 하는 저소득층 아이들이 많은데 집안 사정을 아는지 잘 표현하지 않는걸 보면 가슴 아프다."라고 전했다.

이에 따라 국가적 정책으로 문화바우처 제도를 활성화하고 그 대상의 폭을 협의의 국민기초생활보장 대상자뿐만 아니라 광의의 차상위계층으로 확대해야 할 것이다. 행복의 본질이 무엇인가를 파악하는 것이 매우 시급하다. 정부는 가족 간의 의사소통을 원활히 할 수 있도록 훈련받을 수 있는 제도적 장치를 마련해야 하고, 더불어 매스컴에서는 다양한 프로그램의 개발과 확산을 서둘러야 한다.

출처: 노컷뉴스(2011. 5. 12).

04 사회구성주의 관점

사회구성주의(Social Constructionism)는 사회적 현상이나 의식이 사회적 문맥에 있어서 어떻게 발전되어 오는지를 연구하는 사회학의 이론이다. 사회학의 지식론으로, 사회의 현실이나 실재가 어떤 방식으로 사회 구성원들에 의해 이해되고 만들어지며 발전하는지에 대한 연구를 진행하는 학문이다. 사회의 어떤 요소나 특정 사태가 가지는 의미, 개념, 함축 등에 대해서 연구하며, 나아가 사회 구성원들이 이 요소나 사태를 어떤 방식으로 받아들이고 바라보는지에 대하여 탐구하는 사조이다. 사회구성주의는 개개인이나 집단이 바라보는 사회의 현실을 어떻게 구성해 내는지에 집중한다. 곧 사회적 현상이 어떻게 만들어지고 체계화되며 사람들에게 알려지고 전통으로 받아들여지는지를 연구하는 것이다. 그러나 사회구성주의에서 제시하는 설명은 그 사회에 속하지 않은 사람들이 바라보는 현실이나 실재를 반영하지 않을 수도 있으며, 그 사회에서 단순하게 잘못 만들어낸 가짜 설명일 수도 있다.

사회구성주의 관점을 따르면, 인간은 사회적 세계에 깊이 관여되어 있다고 본다. 이 세상에 대한 이해와 세상에 대한 신념은 사회적 산물이라고 본다. 사회구성주의 이론가들은 자아는 사회적 과정의 산물이므로 자기 자신만으로는 발전될 수 없다고 본다. 우리는 사회적 환경에 살고 있기 때문에 우리의 정체감은 상호 경험을 통해 세월이 거듭되면서 만들어진다. 한 개인이 다른 사람으로부터 특별한 사람으로 인식 받는 것은 정체감 형성에 매우 중요하다. 그리고 "구속받지 않는(자유로운) 개인은 어느 곳에도 결코 존재하지 않는다(McGowan, 1991)."

한 사람의 자아(persona)는 그 개인을 둘러싼 주변으로부터 끊임없이 밀려오고 빠져나가는 사회화 과정에 의해 큰 영향을 받게 된다. 사회구성주의 이론은 포스트모더니스트(Postmodernist)와 다문화적 지적 운동과 조화를 이루면서 오늘날 관심을 받고 있다. 포스트모더니즘(Postmodernism)은 진실에 대한 질문, 의미와 역사적 해석에 대한 질문에 전적으로 회의를 품고 있다. 인간의 이성은 세상에 대한 우리의 관점이 발전하는 데 있어서의 주 견인차 역할을 한다. 포스트모더니즘은, 우리는 복잡한 세계에 살고 있고, 다양한 전망과 진실은 서로 갈등과 부단한 상호작용의 결과임을 강조한다. 그렇다면 포스트모더니즘 시대에서는 단호하게 보여주는 객관적이고 보편적인 진실은 없는가? 그렇다. 오히려 우리가 사는 특정한 하부문화에 의해 형성된 주관적 진실의 집합이라고 볼 수 있다.

시각의 변화는 감정의 변화를 낳는다. 즉, 얼마 전에는 감탄을 했던 동일한 특성을 놓고 지금은 비난을 퍼붓기 시작하기도 한다. 자발적이고 자유분방하다고 말한 성격을 지금은 경솔하다든지, 신중하지 못하다든지, 변덕스럽다고 비난한다. 예를 들어, 이와 같이 시각이 바뀌자 아내가 완전히 다르게 보이는 상황을 살펴보자.

결혼하고 나서는 남편이 옛날부터 가지고 왔던 가치에 따라 아내를 평가하게 되었고, 결점투성이로 비추어졌다. 아내 역시 남편을 보는 관점이 바뀌어 평소 매력적이라고 느꼈던 남편의 특성이 자신의 자발성을 질식시킬 위협으로 작용한다는 사실을 깨달은 뒤부터 완전히 다른 각도에서 보기 시작했다. 과거에는 문제에 대해 논리적이고 지적으로 접근하던 남편에게 흥미를 느꼈지만, 이제 답답하게 여겨졌다. "그가 옆에 있으면 내가 설 자리가 없어. 만사를 즐기기는커녕 분석하려고만 해."라고 결론을 내리고, 남편의 존재에 점차 불편과 염증을 느끼기 시작했다. 즉, 사고가 감정에 어떤 영향을 미치는지 잘 알 수 있다. 서로 상대방을 긍정적으로 지각할 때는 사랑을 느꼈지만, 서로 가치를 떨어트릴 때는 분노를 느꼈다. 이러한 원리는 약 2000년 전의 스토아학파 철학자 에픽테토스(Epictetus)의 "인간은 사물에 의해 평정을 잃는 것이 아니라, 자신이 취하는 관점 때문에 평정을 잃는다."라는 말이 잘 설명하고 있다.

우리가 세상을 바라볼 때, 우리는 우리 자신의 특별한 세계에서 개발되어 온 우리 자신의 신념과 가치에 의해 채색된 렌즈를 통해 보고 있다. 어떤 '진실한 진술'은 관찰자에 관한 진술이고, 관찰된 것에 대한 진술이다. 우리가 만나는 삶에 대한 다양한 관점에 관한 지식의 입장이다. 한 지식의 입장이 특정 문화권에서 다른 사람들보다 더 힘을 얻게 될 때, 우위를 차지하게 된다. 어쨌든 세상을 여행하면서 이 나라 저 나라에서 헤아릴 수 없는 사실들이 있다는 것을 발견하게 된다. 심지어 특정한 나라 내에서 또는 특정한 가족 내에서 매우 다른 진실의 브랜드가 있다. 사회구성주의자들은 부부와 가족구성원은 사회에 영향을 받아 고유의 한 사람으로 만들어지며, 우리 각자는 다른 생활경험을 가지고, 각 개인의 역사는 서로 다르다고 본다. 그들은 개인 내면에 존재하는 것으로 간주하는 이론적 차원의 개인역동보다는 대인 상호작용, 그리고 그러한 관계에 침투하여 그와 같은 관계를 활성화하는 사회문화적 영향을 더 강조한다(윤경자 외, 2009: 52-54).

학/습/과/제

① 생애주기론을 설명하시오.

② 구조기능주의이론을 설명하시오.

③ 갈등주의이론을 설명하시오.

④ 상징적 상호작용론을 설명하시오.

⑤ 여성주의이론을 설명하시오.

⑥ 당신은 일주일에 가족과 함께하는 식사가 몇 번인가요? [자료 4-1]을 읽고 옆 사람과 이에 대해 토론하시오.

⑦ 『가족과 레질리언스』(프로마 월시, 양옥경 외 공역, 2002)를 읽고 독후감을 쓰시오.

⑧ 자신의 가족과 비교하면서 [자료 4-2]를 읽고 옆 사람과 이에 대해 토론하시오.

PART 02 건강가정의 정책과 관련법

CHAPTER 05

건강가정정책

학·습·목·표

- 가족정책의 개념을 이해한다.
- 가족정책의 이념과 가치에 대해 설명할 수 있다.
- 우리나라 가족정책의 영역을 설정해 볼 수 있다.
- 우리나라 가족정책의 발달을 이해하고, 문제점을 제시할 수 있다.

가족정책을 사회정책의 한 분야로 볼 때 사회정책에서 어디까지를 가족정책으로 볼 것인가에 대한 경계점이 중요하다. 사회정책과 가족정책 간의 경계가 모호하면 가정정책의 개념도 모호하고, 가정정책의 영역도 모호해질 수밖에 없다. 한편, 가정정책의 대상을 가족에 둘 것인가? 가족구성원에 둘 것인가? 하는 문제도 우리가 해결해야 할 과제이다. 가정정책은 사회제도의 최소단위인 가족을 더 큰 틀의 사회에 이바지할 수 있도록 육성하는 정책이고, 가족이 건강하게 유지·발전될 수 있도록 지원하는 정책이다. 또한, 가족구성원 간의 민주적, 성(性) 평등을 유도하여 궁극적으로 모든 가족구성원의 행복을 증진하는 정책이다(박주현·임상록, 2009). 따라서 이 장에서는 가정정책의 경계점을 찾아보고, 아울러 가정정책의 영역도 설정해 보고자 한다. 그리고 우리나라 건강가족정책의 현황과 문제점에 대해서도 살펴본다.

01 건강가정정책의 개념

1) 가족정책의 개념

가족정책은 가족의 복지증진을 위한 행동 노선과 계획이라 할 수 있으며, 가족복지를 위한 활동을 하는 데 필요한 원칙과 방향을 정하거나 계획하는 것이라고 할 수 있다. 그런데 이러한 가족정책은 사회적 보호가 필요한 가족에게 사회적 자원을 할당하는 선택의 메커니즘(mechanism)이므로 자원의 할당과 선택에는 가족보호에 관한 다양한 관점의 사회적 가치나 목표가 관련되어 있다. 올슨과 드프레인(Olson & DeFrain, 2003)은 "모든 가정은 잠재적인 성장영역을 가지고 있다는 의미에서 건강성을 가지고 있으며, 가정의 건강성은 가정의 구조나 형태를 말하는 것이 아니라 그것의 기능을 말하는 것이다."라고 하였다. 짐머만(Zimmerman, 2002)은 가족정책의 목표를 '건강가정, 즉 모든 가족구성원의 웰빙(well-being)이 보장되는 가족생활'이라고 하였다.

한편, 사회복지정책의 가치는 개인 대 가족, 자기의존 대 상호의존, 세속적 성향 대 종교적 성향, 공평 대 적절, 권리 대 쟁취, 사적 대 공적, 욕구, 자유, 평화, 효율 등이 있다(Tropman, 1984; 송근원·김태성, 1995). 가족정책에서 중요한 것은 정책에 영향을 주는 사회복지정책의 여러 가치가 가족 분야에서는 어떻게 고려될 수 있는가 하는 점이다. 그것은 가족복지를 포함한 모든 사회복지 영역에서 추고하고자 하는 정책목표를 기본적으로 서비스의 대상자와 그 대상자를 둘러싼 환경과의 조정으로 보기 때문이다.

실제로 가족은 미성숙하므로 일정 기간 다른 사람으로부터 일정한 수준의 보호를 절대적으로 필요로 한다. 그럼에도, 가족은 독립된 인간이므로 이러한 측면은 가족정책의 가치 선택과 적용에서 기본적인 고려사항이 되어야 할 것이다. 가정에 대한 지지적 사회보장급여나 서비스를 제공하는 가족복지 프로그램은 출생가정과 부모의 권리를 강조하는 관점에서 나온다. 반면, 위탁가정 입양이나 시설보호 등 대체가정 프로그램은 가정의 유지보다는 가족의 보호가 우선이라는 관점에서 나온 것이다.

이와 같이 가족복지를 위하여 어떠한 양육 프로그램을 선택하는 것이 가족을 위한 사회복지정책의 과정이라면, 가족을 위한 사회복지정책이 가족보호의 가치나 목표의 관점과 어떻게 긴밀한 연관을 가지며, 이러한 가치와 목표, 정책, 프로그램의 선택과 결정이 어떻게 이루어지는지의 맥락을 이해해야 한다(아산사회복지사업재단, 1997). 우리나라 사회복지서비스정책의 기본 방향은 가족주의 가치관을 바탕으로 가족 - 이웃 - 지역사회 - 국가로 이어지는 복지공동체를 구축한다는 것이다(국민복지기획단, 1995). 그러나 가족과 국가를 잇는 이념상의 스펙트럼에서 가족의 역할을 강조하면, 상대적으로 국가의 역할은 축소될 수밖에 없고 그때 국가의 역할은 전체 가족이 아니라 사회적 취약계층 가족에게만 국한된다(김정옥 외, 2009).

가족정책의 개념을 넓은 의미로 정의한 캐머먼과 칸(Kamerman & Kahn, 1978), 좁은 의미로 정의한 모엔과 쇼어(Moen & Schorr, 1987)의 주장을 살펴보자. 먼저, 캐머먼과 칸은 가족정책을 "국가가 가족을 대상으로, 가족을 위하여 행하는 모든 활동이다."라고 정의한다. 이 정의에는 가족복지라는 목적 달성을 위해 국가가 행하는 모든 정책이 포함됨은 물론이고, 다른 목적을 위해서 가족에 대해 의도적으로 행하는 정책도 포함된다. 이러한 개념은 가족정책을 ① 하나의 정책 영역(a field), ② 정책의 수단, 그리고 ③ 정책결정을 위한 기준 혹은 관점이라는 세 가지 차원으로 세분하여 정의한다.

다음으로, 모엔과 쇼어는 가족정책을 "가족을 위하여 광범위하게 합의된 일련의 목표로서, 이러한 목표는 국가와 사회기관이 계획적으로 형성한 프로그램과 정책을 통하여 실현된다."라고 정의한다. 이처럼 캐머먼과 칸의 정의는 경제정책, 환경정책, 국방정책 등 모든 사회정책이 가족정책의 기능을 담당하는 것으로 볼 수 있다. 이는 가족정책의 범위가 너무 산발적이고 유연하여 가족정책의 경계가 모호해지는 제한점이 있다. 반면, 모엔과 쇼어의 정의는 가족정책의 범위를 극히 제한함으로써 가족정책의 실현가능성이 희박한 제한점이 있다(Bogenschneider, 2002). 건강가정기본법을 따르면, 우리나라의 가정(가족)정책은 가족구성원의 안정과 복지를 강화하고, 가족생활과 관련된 삶의 질을 높이고자 가족에게 직·간접적인 영향을 미치는 정책으로, 정책단위는 가족과 아울러 가족구성원으로서의 개인도 포함한다. 가족정책에 대한 여러 학자의 정의를 〈표 5-1〉에 제시한다.

〈표 5-1〉 학자별 가족정책의 정의

학자(연도)	가족정책의 정의
캐머먼과 칸 (Kamermman & Kahn, 1978)	국가가 가족을 대상으로, 가족을 위하여 행하는 모든 활동으로 일반적·통일적·총합적 관점에서 가족생활의 유지·강화를 도모하는 여러 시책이다.
모엔과 쇼어 (Moen & Schorr, 1987)	가족을 위하여 광범위하게 합의된 일련의 목표로서, 이러한 목표는 국가와 사회기관이 계획적으로 형성한 프로그램과 정책을 통하여 실현된다.
짐머만 (Zimmerman, 1995)	사회 내의 가족이 경험하는 여러 문제에 대처하기 위해 가족복지라는 합의된 목적을 달성하고자 하는 일련의 상호 연관된 정책선택이다.
성정현과 여지영 외 (2004)	가족의 복지증진이라는 정책목표를 가지고 가족 전체 및 가족구성원이라는 차원에서 발생하는 욕구 충족을 위해 행하는 국가의 모든 정책이다.
권진숙과 신혜령 외 (2006)	가족이 처한 생활상의 곤란, 질병, 실업, 가족관계의 붕괴 등으로 가족 개개인의 존엄성이 상실되고 가족생활이 중대한 위기에 직면한 데 대해서 가족의 문제를 해결하고 가족생활을 강화시키기 위한 사회적·조직적 활동이다.
양옥경과 이재경 외 (2007)	국가가 가족과 관련하여 그 사회가 추구하는 목표를 실현한다는 의도를 가지고 가족 및 가족구성원으로서의 개인을 대상으로 행하는 일련의 정책이다.
유계숙과 장혜경 외 (2008)	국가의 주도하에 가족·시장 지역사회가 함께 일련의 과정을 통하여 다양한 형태의 가족을 대상으로 가족형성·부양·양육·돌봄 등 가족단위의 기능과 역량을 강화하고, 평등한 가족관계를 조성하려고 행하는 모든 활동이다.
박주현과 임상록 (2009)	국가가 가족과 지역사회와 함께 가정생활의 역량강화라는 정책목표를 가지고, 다양한 가족과 가족구성원에서 발생하는 욕구 충족을 위해 국가가 행하는 모든 정책이다.

출처: 박주현·임상록(2009), 건강가정정책론, p. 41.

2) 가족정책의 이념과 가치

(1) 가족정책의 이념과 기본 방향

정책이념은 국가의 정책을 보는 시각으로서, 그 시각에 따라 다양한 모형으로 분류할 수 있다. 정책이념이란 이념의 동일성과 상이성에서 파생되는 사회정책의 모든 규범적 논리를 수 개의 단락으로 구분한 것을 말하며, 학자에 따라 다양하게 분류하고 있다. 예를 들면, 조지와 윌딩(George & Wilding, 1976)은 반집합주의, 소극적 집합주의, 페이비언 사회주의, 마르크스주의의 네 가지 유형으로 이념을 분류하였다.

건강한 가족을 위한 궁극적 목표는 가족의 권리선언, 가족헌장 등에서 표출되고 있는 권리로서의 가족복지를 최대한 보장하여 실현시키는 것이다. 그래서 국가의 역할이 강조되고 있다. 그러나 각 국가가 처하는 정치, 경제, 문화와 사회적 여건이 다르므로, 국가는 방침을 정하여 가족을 포함한 국민의 복지요구를 조절하게 된다. 이는 가족의 복지권은 인정하되, 실제적 대책은 그 국가의 상황에 따라 선택적으로 조절하여 전개한다는 것이다. 이때 조절 기준이 되는 것은 바로 복지 이념 또는 사회정책의 원리가 된다.

우리나라의 가족복지정책은 헌법 전문에 자유민주주의의 이념을 지향하고 있음을 밝혔다. 그러나 지금까지 자유방임주의 관점에 더욱 가까워 보인다. 가족수당과 같은 가족을 위한 사회보장체계가 없이 가족에 대한 책임을 일차적으로 가족에게 두는 원칙을 고수하고 있다. 이러한 정책은 나라마다 그 나라의 사회·문화적 배경과 정치·경제적 이데올로기의 차이에 의해 다양하게 나타난다. 이러한 요소들을 배경으로 국가가 개입을 조절하는 기준을 복지 이념이라 하며, 이것은 정책의 이념, 기능, 전략에 따라 다양한 정책 모형을 구성해 낸다.

가족복지 모형으로는 카두신(Kadushin)이 지적한 모형을 기초로 나누어 볼 수 있다. 그는 복지서비스의 모형을 1차적으로 지원적 서비스(supportive service), 2차적으로 보완적 서비스(supplementary service), 3차적으로 대리적 서비스(substitute service)의 3S로 나누고 있다.

① 지원적 서비스: 가족관계가 손상, 긴장상태에 있을 때 이것을 감소시키기 위하여, 그들의 능력을 지원, 강화시켜 주는 서비스를 말한다. 건강가정지원센터, 가족상담사업, 한부모, 미혼부모를 위한 사업 등이 이에 속한다.

② 보완적 서비스: 가정 내의 자녀양육 및 노인을 부양하기에 어려움이 있는 경우, 이를 보조해 주는 서비스를 말한다. 소득보완사업, 보육사업, 주간노인보호센터, 장애와 비행가족 복지사업, 학대와 방임가족의 보호사업 등이 이에 속한다.

③ 대리적 서비스: 가족의 유지가 어려워 해체되거나 보호가 필요하여 일시적 또는 영구적으로 대리 보호해 주는 서비스를 말한다. 미혼모 쉼터, 가정폭력보호시설, 가정위탁사업, 입양사업, 보호사업 등이 이에 속한다.

이상의 서비스 체계를 따르면, 우리나라의 서비스 핵심은 대리적 서비스이고, 그 가운데에서도 가장 최종적인 선택 수단인 시설보호와 입양 등에 초점이 맞추어져 있다고 말할 수 있다. 그러나 저출산의 진행과 함께 양육의 보완적·지지적 서비스의 중요성이 증대하고 있다. 특히 건강가정기본법 제정 후에는 가족의 다양한 욕구에 대응하여 보완적 서비스인 가족수당, 지지적 서비스로서의 보육서비스와 육아휴직제도 등의 지원을 대폭 확충하고 있다(김정옥 외, 2009).

〈표 5-2〉 여성가족부의 가족정책 기본방향

1. 가족기능 강화	• 경제위기로 약화되기 쉬운 가족기능의 역량강화 주력 • 가족돌봄을 위한 다양한 서비스 확대 • 다문화가족의 사회통합을 위한 사회적응서비스 제공 • 가족에 대한 보편적·예방적 지원서비스 확대 • 가족으로부터 이탈된 요보호아동 등에게 건강한 가정 마련 서비스 지원 제공

2. 가족친화적 사회환경 조성	• 지역사회중심의 통합적 가족지원 네트워크 강화 • 기업의 가족친화 경영 활성화 유도 • 가족친화 지역환경 조성 촉진 • 가족에 대한 보편적·예방적 지원서비스 확대
3. 관련 서비스 연계 및 효율화로 가족정책 체감도 향상	• 다양한 민·관서비스 전달체계의 효율화 • 대상별 기능별 관련 서비스와 연계 강화

출처: 여성가족부 홈페이지(2011. 6. 30)에서 발췌하여 구성.

(2) 가족정책의 가치

이혼율의 증가, 출산율의 저하, 1세대 가구의 증가, 재혼율의 증가, 다양한 가족형태의 증가 현상 등 우리 사회의 가족문제가 새로운 양상으로 전개되고 있다. 이러한 현상이 가족의 위기인지 혹은 가족의 변화인지에 대하여 입장 간 견해가 대립하고 있다. 그것이 가족의 변화이든지 혹은 가족의 위기이든지 간에 국가의 정책적 대응을 요구하는 것임은 분명하다(강창현, 2006)고 하겠다. 이러한 시점에서 가족의 가치를 어디에 두느냐, 가족의 가치를 어떤 관점에서 바라볼 것인가는 가족복지를 위한 지원서비스를 실천하는 처지에서는 염두에 두어야 할 중요한 개념일 것이다. 한편, 가정학계와 사회복지학계에서는 가족의 가치와 기능에 있어 약간의 견해차를 보이고 있다. 하지만, 전반적인 정책대응의 방향은 건강가정의 강화를 지향할 수도 있고, 소위 돌봄의 사회화를 지향할 수도 있다. 사회적 문제를 해결하기 위해 정책이 필요하고, 정책의 효과를 구현하기 위한 정책수단은 다양하게 적용될 수 있다.

최근 지식기반사회에서 양극화되는 불평등구조, 지방분권형 행정, 시민사회로의 전환, 정부의 기능조차 거버넌스(governance)형으로 전환되면서 생산적 예산사용과 사회자본의 총량을 높이는 방안이 강구되었다. 이때 국가와 지역사회의 경영을 인식하게 되고, 사회투자정책의 가치를 강조하게 되었다. 2006년부터 정책가나 전문가들은 사회정책에 대해 사회투자라는 관점에서 논의를 진행하고 있으며, 사회투자의 담론에서 가족의 가치를 인적 자본의 장으로서 새롭게 인식하고 있다. 그러나 지금까지 인적 자본의 기본 환경이며 인적 자본을 형성하는 가족에 대한 투자가치의 중요성을 그다지 언급하고 있지 않다(정책기획위원회, 2006). 우리 사회의 문제를 해결하기 위한 참여정부의 저출산·고령사회기본계획(새로마지플랜 2010)에서조차 가족의 가치를 그리 중요하게 인식하지 못하였다(정민자, 2006; 김정옥 외, 2009).

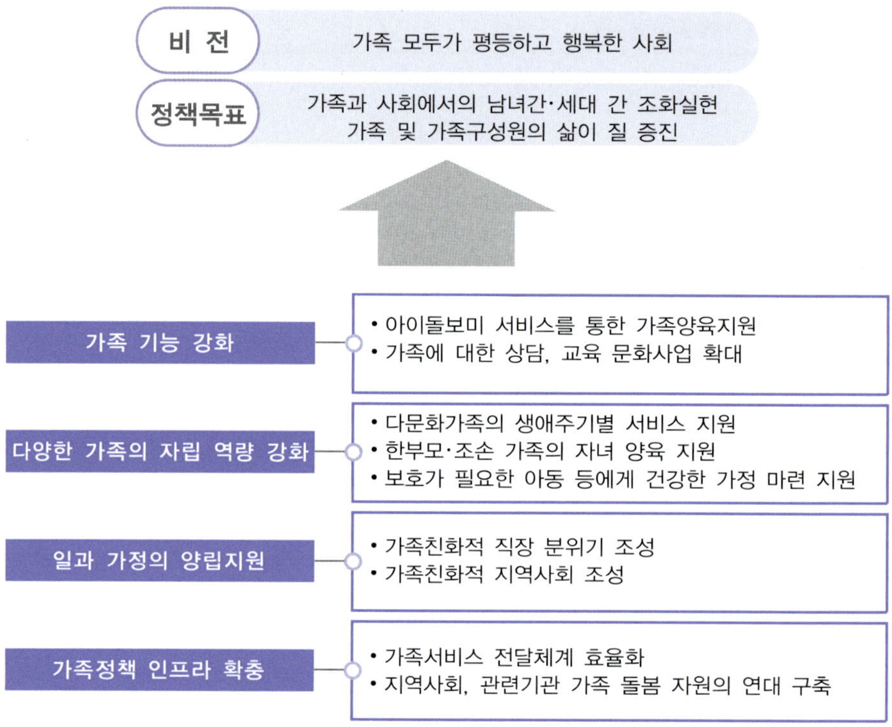

출처: 여성가족부 홈페이지(2011. 6. 30.).

[그림 5-1] 여성가족부의 가족정책 비전과 핵심과제

02 우리나라 가족정책의 현황

1) 가족정책의 발달

우리나라 가족 관련 정책의 시작은 1950~1960년대에 걸쳐 진행된 부녀복지차원의 과부와 고아중심의 사업이었다(장혜경 외, 2002). 이후 1970년대에는 가족계획이 정책의 중심사업이 되었고, 1980년대는 가족법 개정과 출산억제를 내용으로 하는 인구정책으로 이어졌다. 경제성장과 급격한 사회변화 시기였던 제3, 4공화국 당시에는 가부장제적 가치관이 지배적이었다. 이에 따라 성(性)분업 체계와 가족주의에 기반을 둔 자녀양육과 부계중심의 노부모 봉양을 권장하는 시책이 시행되었다.

그 후, 1989년 모자복지법이 제정되면서 비록 저소득 모자가정이라는 협소한 집단을 대상으로 하였지만, 특정 가족을 대상으로 하는 복지정책이 등장하였다. 또한, 가족과 관련된 사회보장법의 개선이 이루어졌지만, 여전히 빈곤가족이나 요보호가족에 대한 공적 지원이 중심이었다. 그리고 1995년에 제정된 우리나라 사회복지제도의 기본법인 사회보장기본법과 대표적 공공부조법인 국민기초생활보장법, 노인복지법 등에서도 가족의 전통적 역할강화를 강조하였다. 그러나 가족을 고려한 정책은 사회보장체계 중 사회보험 정도였다. 그 외 생활보장제도와 사회복지서비스는 주로 위기가족 또는 위기상황에 부딪힌 다양한 가족구성원 개인을 부분적으로 지원해 주는 형태였다(도미향 외, 2009).

이때까지의 한국 가족정책은 다양한 가족과 가족생활을 대상으로 하기보다는 사회적 취약계층인 저소득층, 노인, 아동, 장애인, 여성 등 요보호대상자를 중심으로 하는 정책이 대부분이었다. 즉, 국가가 소극적으로 개입하는 '가족에 의한 복지'를 실행하고 있어 사전 예방적이라기보다는 사후 치료적인 성격이 강하였다고 할 수 있다. 따라서 현재 우리나라 가족정책은 일상적인 가족생활에서 요구되는 다양한 가족의 욕구를 수용할 수 있는 총체적이면서도 포괄적인 가족정책이라 평가하기 어렵다. 또한, 우리나라의 가족정책을 보면, 가족이 가진 아동의 보호나 양육과 같은 기능들을 지원하거나 보완하고 대리하기 위한 제도들이 많았으며, 가족정책 가운데서 가장 중요한 위치를 가졌다고 할 수 있다(도미향, 2006).

1990년대 후반부터 이혼율의 급증, 세계 최저수준의 심각한 저출산 현상, 급속한 인구고령화 문제와 여성의 사회진출 증가에 따른 돌봄 노동과 부양의

사회화에 대한 사회적 논의가 확산되었다. 이에 따라 가족의 보호적 기능에 대한 문제의식이 급격히 증대되었다. 과거에 비하여 가족 불안정성의 현저한 증가와 더불어 양육과 보호의 기능이 온전히 수행되지 않는 가족붕괴의 우려가 심각하게 제기된 가운데, 국가가 가족지원의 책임을 방기(放棄)하고 있다는 점, 지역사회 차원의 가족지원서비스의 접근성과 충분성, 적절성의 결여 등이 심각한 문제로 지적되었다. 그런 가운데 전체 가족을 위한 체계적인 사회적 지원체계 마련을 위해 가족복지정책을 총괄하는 독자적인 입법의 필요성이 전문가들을 중심으로 제기되었다.

이에 2004년 우리나라 가족복지정책의 근간을 제시하는 기본법인 건강가정기본법이 제정되고, 2005년 1월 1일부터 시행되면서 보편적 가족정책으로의 방향전환을 기대할 수 있게 되었다. 이 법의 제정으로 가족구성원에 대한 부양과 양육의 기능을 가족이나 친족이 우선적으로 책임지던 잔여적인 가족·친족 책임주의 가족정책은 변화를 보인다. 다양한 가족형태를 인정하고 양성평등한 가족관계에 기초하며, 가족의 전체성에 개입하여 가족문제의 예방과 해결에 정부가 적극적으로 지원하는 가족친화적인 가족정책 이념을 갖게 되었다. 가정이 개인의 욕구를 충족시키고 사회통합을 위하여 기능할 수 있도록 유지·발전되어야 하는 것으로 규정되었다(동법 제2조). 또한, 이 법의 시행과 함께 2005년에 여성가족부가 출범하게 되면서 우리나라에서도 명시적인 가족정책이 나타나게 되었다. 즉, 가족을 복지기능수행자로서 뿐만 아니라, 사회정책 속에서 전반적으로 가족의 중요성을 인식시키고 가족의 구조와 기능 변화를 포착하여 가족친화적 정책들이 여러 영역에서 생산될 수 있는 환경이 마련된 것이다(도미향 외, 2009).

2) 가족정책의 영역

(1) 육아지원정책

취업모가족의 아동과 일반아동을 위한 가족정책에서 중요한 비중을 차지하는 보완적 서비스로 영·유아보육정책을 들 수 있다. 저출산 문제가 사회적

이슈로 등장하면서 최근 몇 년 사이에 국가적 차원에서 가장 많은 관심과 이에 따른 정책적 대응을 보인 대표적 분야가 보육서비스이다(도미향, 2006). 출산율 변화를 설명할 수 있는 단일한 변수는 존재하지 않지만, 최근 몇 년간 관찰할 수 있는 급격한 출산율 저하현상에 직면하여, 보육에 대한 국가의 개입이 증가하는 현상은, 돌봄 노동과 국가 간 관계를 분석할 수 있는 좋은 소재를 제공해 준다(정재훈, 2005).

보육정책은 기혼여성의 일과 육아의 양립지원이라는 여성노동정책적 관점이 강하다. 이러한 관점은 이제 출산·육아에 대한 사회적 가치에 대한 인식을 강조하면서 출산율 회복을 위한 공공정책의 대응과제로 여겨지고 있다. 그러나 이러한 정부의 노력들, 즉 보육 관련 공공예산 규모 증가가 보육에 대한 국가책임 강화의 증거가 될 수는 있다. 하지만, 보육의 공공성 자체를 이야기할 정도의 수준은 아니다. 보육서비스 관련 비용 부담은 여전히 가족책임의 중요한 부분으로 남아 있고, 보육서비스 전달의 가장 중요한 주체는 민간영리시설이다(정재훈, 2005). 결국, 보육에 대한 국가 책임이 과거보다는 증가하였지만, 여전히 주체는 가족에게 있으며, 서비스 전달체계에 있어서 간접적 개입을 통해 선별적인 보육정책을 펼쳐나가고 있다고 할 수 있다(김정옥 외, 2009).

〈표 5-3〉 육아휴직급여의 주요내용

구분	내용
자녀 나이	• 만 6세 이하
지급액	• 출산 전 임금의 40% 지급(최저 50만 원에서 최대 100만 원까지)
휴직기간	• 사업주로부터 30일 이상 육아휴직을 부여받아야 함 • 육아휴직 개시일 이전에 피보험단위기간(재직하면서 임금 받은 기간)이 모두 합해서 180일 이상 • 같은 자녀에 대해서 피보험자인 배우자가 육아휴직(30일 미만은 제외)을 부여받지 않아야 함
신청방법	• 근로자가 직접 혹은 대리인이 출석(우편 제출 가능)하여 육아휴직 확인서(사업주 작성)와 매월 단위로 육아휴직급여 신청서(근로자 작성)를 거주지 또는 사업장 소재지 관할 고용센터에 제출

(2) 육아휴직제도

육아휴직제도는 여성취업자의 일과 가정의 양립을 지원하는 대표적인 제도로, '남녀고용평등과 일·가정 양립 지원에 관한 법률'에 명시되어 있다. 이 제도는 여성의 노동 참여에 대한 중요한 제도로서, 어머니가 갖는 모성적 기능(출산과 육아) 보호를 통한 가족정책의 하나로 볼 수 있다. 동법에 의하면, 사업주는 근로자가 만 6세 이하의 초등학교 취학 전 자녀(입양한 자녀를 포함)를 양육하기 위하여 휴직을 신청하는 경우에 이를 허용하여야 하며, 육아휴직의 기간은 1년 이내로 한다(동법 제19조 제①, ②항).

이와 같은 제도가 잘 되어 있으면, 여성의 취업 참여와 취업유지율이 높아지고, 합계출산율도 높아진다. 캐슬(Castles, 2003)은 경제협력개발기구(OECD) 21개 국가에 대한 분석을 통해, 과거에는 여성의 노동참여가 적은 국가가 출산율이 높았으나, 최근에는 이러한 관계가 반전되었음을 확인하였다. 여성의 경제활동을 지원하는 가족지원정책과 출산율이 높은 정적 상관관계가 있음을 밝혔다. 한국노동연구원(2005)도 경제협력개발기구 30개 국가의 자료를 분석한 결과, 여성 고용률과 출산율이 정적 상관관계가 있음을 확인하였다. 이러한 연구결과는 1970년대 이전에는 여성의 경제활동 참여가 출산율 감소에 영향을 미쳤지만, 1980년 이후에는 여성의 경제활동 진출이 쉬운 사회, 즉 양육과 직업을 병행할 수 있도록 가족제도가 잘 되어 있는 사회에서 출산율이 높다는 점을 시사해 주고 있다.

한편, 한부모가족지원제도는 과거에 있어왔던 공공부조를 기반으로 하였는데, 처음에는 모자가족을 대상으로 한 것으로 여성의 자녀양육 책임이라는 문화적 특성을 반영하고 있다고 할 수 있다. 나중에 부자가족도 대상에 포함하여 여권론적 관점에서 볼 때, 여성의 책임이 완화되는 성격을 가지게 되었다. 노동시장에서 여성의 지위가 높은 국가일수록 출산율 증가가 뚜렷하게 나타나는 현상도 발견되었다(장지연, 2005). 이에 비해 우리나라 여성들은 아직도 노동보다는 자녀출산과 양육을 선택해야 하는 노동배제적 구조에 놓여 있다.

자료 5-1

육아휴직 썼더니 아예 책상 치워버렸어요

- 중견 건설회사의 설계 부서에서 근무하다 지난해 겨울 3개월간 육아휴직을 냈던 이 아무개(38) 씨는 올해 2월 복직 후 이전과 업무가 완전히 달라져 당황했다. 그녀가 복직하겠다고 연락했을 때 회사 측은 "일할 자리가 없으니 다시 생각해보라."라고 권했다. 그러나 일을 계속하겠다는 단호한 의지를 보이자 일단 받아주긴 했는데, 설계 업무가 아닌 관리부서의 단순 문서 작업과 전화 상담 업무를 맡긴 것이었다.

- 서울 강남구의 한 개인병원에서 간호사로 8년째 근무 중인 이 아무개(30) 씨는 현재 임신 6개월이다. 오랫동안 근무한 만큼 이 씨는 병원에서 임신·출산에 대해 많은 배려를 해줄 것으로 기대했다. 그러나 함께 근무하던 동료가 지난 2월 병원을 나가면서 이 씨에게 맡겨지는 업무는 오히려 늘었다. 강도 높은 수술실 업무는 물론, 새로 들어온 간호사를 교육하는 일도 그녀에게 맡겨졌다. 수술이 있는 날은 식사도 제때 하기 힘들었다. 격무가 계속되면서 체력적으로 견디기 어려울 때가 많다.

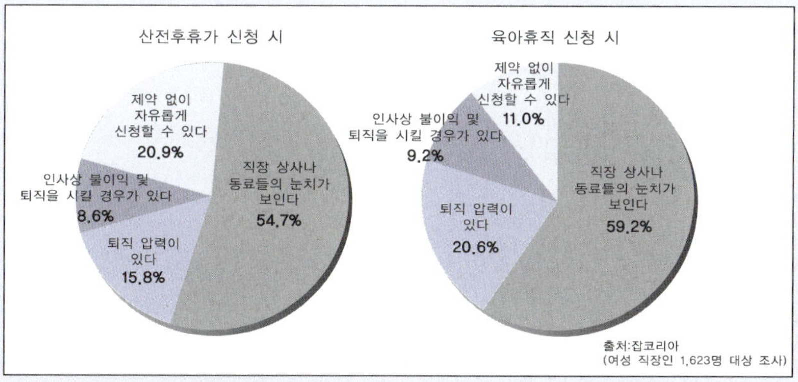

출처: 오마이뉴스(2011. 7. 15).

(3) 가족수당

가족수당은 부양가족의 수에 따라서 일정액 또는 일정비율로 지급되는 수당으로서 부양수당 또는 가족급여라고도 하며, 아동수당과 동의어로 사용되고 있다. 가족수당은 복지 프로그램의 딜레마라고 할 수 있는 노동의식의 저하를 가져오지 않기 때문에 가장 매력적인 프로그램으로 인정되고 있다. 또한, 미래의 소중한 자원인 아동에 대한 경제적 책임을 사회가 나누어 부담한다는 의미에서 가족정책의 필수적인 프로그램으로 받아들여지고 있다.

그러나 우리나라에서 가족수당은 아직 제도화되어 있지 않으며, 이와 관련된 일련의 아동급여는 최근 시행하려고 하는 보육바우처제도가 있으며, 그 밖에는 사회보험제도, 사회복지서비스, 임금과 조세제도 안에서 지급되는 실정이다. 사회보장제도 안에서는 국민연금법 제48조와 동법 시행령 제36조의 가급연금액(加給年金額)에 의하여 수급권자의 18세 미만의 자녀 또는 장애등급 2급 이상에 해당하는 자녀에 대하여 지급하도록 되어 있다. 또한, 2000년 10월부터 시행되는 국민기초생활보장법에 근거하여 생활급여와 교육급여가 시행되고 있다. 사회복지서비스 안에서는 한부모가족지원법에 근거하여 저소득 한부모가족에 대한 양육비와 학비의 지원, 장애인복지법에 근거하여 장애인 자녀에 대한 교육비 지급이 이루어지고 있다.

3) 우리나라의 건강가정정책 현황과 문제

(1) 건강가정정책의 현황

우리나라 가족복지정책은 가족을 단위로 하기보다는 가족구성원을 중심으로 개별적인 대상이 속한 특정 문제를 주요 대상으로 삼아 해결하는 데 초점이 맞추어져 발전해 왔다. 그러나 이러한 환경은 건강가정기본법이 제정되면서 가족의 전체성을 고려한 정책을 마련할 수 있도록 변화되었다. 건강가정기본법에서는 우리나라 가족정책을 가족구성원이 신체적, 정신적, 사회적으로 안녕한 상태인 가족의 건강성을 중심으로 한 정책을 개발하도록 규정하고 있다(동법 제12조). 그리고 건강가정기본계획을 5년마다 수립하도록 명시하였으며(동법 제15조), 건강가정정책에 포함될 사항을 구체적으로 살펴보면 다음과 같다.

① 가족기능 강화 및 가정의 잠재력 개발을 통한 가정의 자립증진 대책
② 사회통합과 문화계승을 위한 가족공동체문화 조성
③ 다양한 가정의 욕구충족을 통한 건강가정 구현
④ 민주적인 가족관계와 양성평등적인 역할분담
⑤ 가정친화적인 사회 환경의 조성
⑥ 가족의 양육·부양부담 완화와 가족해체 예방을 통한 사회비용 절감
⑦ 위기가족에 대한 긴급지원책
⑧ 가족의 건강증진을 위한 건강사회 구현
⑨ 가족지원정책의 추진과 관련한 재정조달방안

여성가족부가 제시한 2011년 가족정책의 역점 추진과제는 [그림 5-1]에 요약되어 있다. 그중 가족정책 인프라 확충([그림 5-2])에 대해 구체적으로 살펴본다.

① 건강가정지원센터와 다문화가족지원센터의 기능 다양화

건강가정지원센터와 다문화가족지원센터에서 상호기능을 수행하여 다양한 수요에 선제적으로 대응하고, 서비스 접근성을 제고한다.

② 나눔과 통합의 가족친화 마을 조성, 활성화

- 1단계: 이웃사촌 한가족 관계 맺기 및 가족 역량 강화
- 2단계: 지역사회 내 한마음 가족친화마을 조성, 활성화

③ 건강가정지원센터와 다문화가족지원센터 역량 강화

지역공동체의 활성화와 지원의 구심점으로 건강가정지원센터와 다문화가족지원센터의 역량을 강화한다.

④ 가족과 지역사회의 소통과 연대 강화

- 품앗이 등 상부상조의 공동체 문화를 조성
- 다양한 가족에 대한 문화적 수용

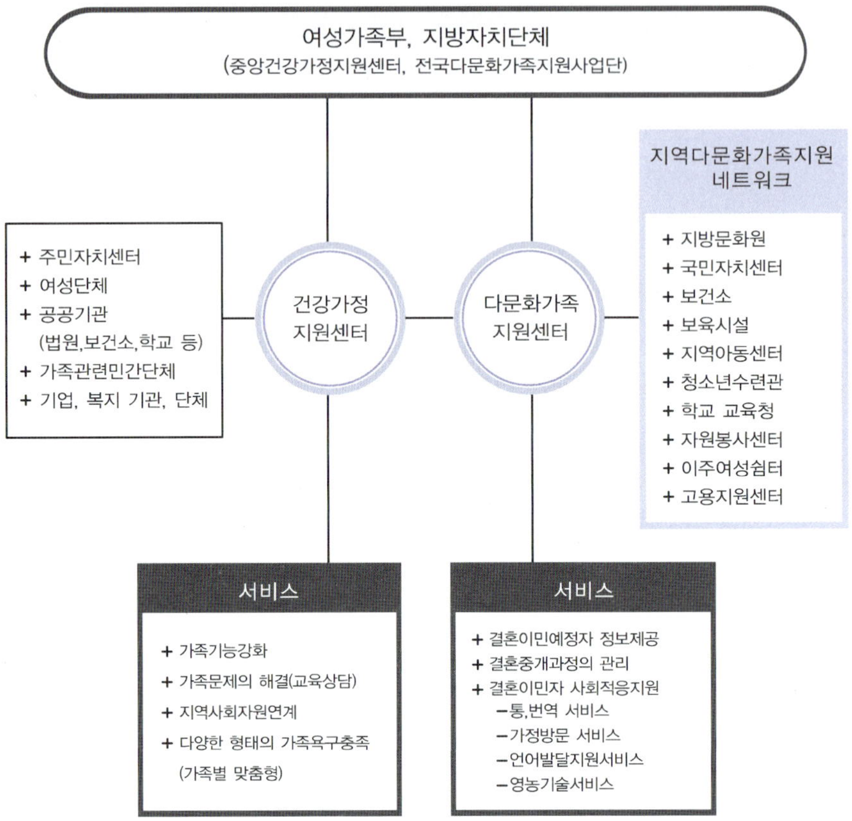

출처: 여성가족부 홈페이지(2011. 6. 30).

[그림 5-2] 효율적인 가족서비스 전달체계도

(2) 건강가정정책의 문제

① 학계의 가족정책 개념 정립

가정학계와 사회복지학계는 건강가정기본법에 관해 입장 차이를 나타내고 있으며, 건강가정사와 사회복지사 등 인력진출시장을 앞에 두고 이해관계가 대립되어 있다. 하지만, 이 두 기관의 가족서비스 공급과 관련한 기본적인 요소들, 즉 가족의 정의, 돌봄의 사회화 등 주요 갈등적 이슈에 있어서 양 입장 간 뚜렷한 차이를 발견할 수 없다. 다만, 가족의 범주에 있어서는 차이를 보이고 있으나 '사회적 보호를 요구하는 가정'과 '그 밖에 대통령령으로 정하는 공동체' 등 포괄의 여지가 있으므로 결정적인 쟁점의 차이라 보기는 어렵다. 따라서 가족 전체의 통합과 발전을 고려한 가족정책 개념이 정립되어질 필요가 있다(강창현, 2006).

② 가족정책의 성격, 규모, 지역집행체계

빈곤가족, 장애인가족, 노인가족, 한부모가족, 다문화가족 등 다양한 형태의 가족지원은 우리 사회의 위험성을 안고 있으나, 지역사회를 중심으로 재정지원되고 네트워크를 통해 안정된 생활이 되도록 해야 한다. 지역의 가족정책은 여타 정책들, 지역경제, 사회복지시책 등에 비해 상대적으로 우선순위가 낮고, 자치단체장의 관심도가 적은 영역에 속한다. 그리고 여성가족부의 정책지침을 지역에서 실현할 행정체계가 견고하지 못하다. 기초자치단체는 대체로 가정복지과 혹은 사회복지과의 계(係)단위에서 업무를 수행하는 설정이다.

③ 센터 통합 프로그램 실시

건강가정지원센터의 프로그램을 분석해 보면, 크게 부모교육, 부부교육, 가족과 자기이해를 통한 개인성장 교육, 가족생활 관련 교육 등 4대 분야로 분류할 수 있다. 그리고 교육 프로그램 중 대다수가 가족관계(부부, 부모-자녀)와 가족과 자기 이해 도모의 측면에서 이루어져 가정생활의 인적 하위체계의 프로그램이 전체 사업의 과반수를 차지하는 것으로 나타났다. 반면, 가정생활 교육에 해당하는 관리적 프로그램은 빈약한 불균형상태인 것으로 나타났다.

④ 지역 내 가족 관련서비스 기관

지역 내 분포되어 가족복지서비스를 제공하는 기관들은 가족정책의 지역단위 실천기관으로서, 가족정책의 목표가 지역에서 실질적으로 구현되는 중요한 여성가족부의 일선기관으로 볼 수 있다. 그러나 문제는 이들 기관 간의 관계가 개별적이고, 비공식적 접촉관계 속에서 형성된다는 것이어서 네트워크 구조면에서 볼 때 비효율성이 잠재될 수 있다.

⑤ 지역사회복지협의체의 설치, 전망

협의체의 구성에서부터 지역복지 자원 간의 이해관계가 표출되기 시작하여 운영의 어려움이 있을 수 있다. 가족부문이 지역복지계획과 예산배분과정에서 제 몫을 찾기가 어려운 실정이다. 시·군·구 단위에 설치되는 지역사회복지협의체는 보건복지계획의 심의, 건의, 보건과 복지의 연계 등이 주 기능이다. 여기에 건강가정지원센터는 참여가 배제되어 있으며, 협력위원으로 참여할 때 협의에는 참여할 수 있으나 의사결정에는 참여할 수 없다. 이러한 상황에서 자치단체의 예산편성영역이 확대되면, 여성과 가족(가정) 분야에 대한 예산배분에서 불리해질 수도 있다(강창현, 2006).

자료 5-2

제3차 건강가정기본계획(안) 공청회 개최

여성가족부는 2004년 「건강가정기본법」 제정 이후, 그동안 제1차, 제2차 건강가정기본계획을 수립하여 가족가치 확산 및 한부모·다문화가족 등 다양한 가족 지원에 중점을 둔 종합대책을 추진해 왔다.

올해 제2차 기본계획(2011~2015)이 종료됨에 따라, 지난 4월부터 한국여성정책연구원과 함께 전문가 및 관계기관 등이 참여하는 워크숍, 자문회의 등을 통해 각계 의견을 반영하여 제3차 기본계획(안)을 마련했다.

이번 공청회에서 논의될 제3차 기본계획(안)은 6대 정책과제, 20개 단위과제, 53개 세부과제를 담고 있다.

〈 6대 정책과제 〉

① 가족관계 증진을 위한 서비스 기반 조성

② 가족유형별 맞춤형 서비스 지원 강화

③ 정부-가족-지역사회 연계를 통한 돌봄 지원 강화

④ 남성과 여성, 기업이 함께하는 일·가정 양립 실천

⑤ 생애주기별 출산친화적 사회문화 조성

⑥ 가족환경 변화에 대응한 정책 추진체계 강화

출처: 연합뉴스 보도자료(2015. 12. 29).

학/습/과/제

① 윌렌스키와 르보(Wilensky & Lebeaux, 1958)가 제시한 사회정책의 이념 모형을 설명하시오.

② 조지와 윌딩(George & Wilding, 1976)이 제시한 사회정책의 이념 모형을 설명하시오.

③ 가족정책의 형성과정을 설명하시오.

④ 시장중심의 복지체제 국가인 미국의 가족정책에 대해 조사하시오.

⑤ 사회주의적 복지체제 국가인 스웨덴의 가족정책에 대해 조사하시오.

⑥ 시장중심도 사회주의적 복지체제도 아닌 국가인 프랑스의 가족정책에 대해 조사하시오.

⑦ 우리나라와 다른 나라 가족정책의 차이점을 비교하여 설명하시오.

⑧ [자료 5-1]의 사례가 자신 또는 가까운 사람이라고 생각하고, 이에 대한 대응책을 제시하시오.

CHAPTER 06

건강가정기본법

학·습·목·표

- 건강가정기본법의 제정 배경을 이해한다.
- 건강가정기본법의 특수성을 이해한다.
- 건강가정기본법의 체계를 이해한다.
- 건강가정기본법의 목적과 이념을 설명할 수 있다.

건강가정기본법은 가정의 건강성 증진을 통하여 건강한 사회를 구현하는 것이 궁극적으로 개인의 행복과도 불가분의 관계를 맺는다는 '개인-가정-사회'의 상호작용적인 관점을 가진다. 이 법의 목적은 "건강한 가정생활의 영위와 가족의 유지 및 발전을 위한 국민의 권리·의무와 국가 및 지방자치단체 등의 책임을 명백히 하고, 가정문제의 적절한 해결방안을 강구하며 가족구성원의 복지증진에 이바지할 수 있는 지원정책을 강화함으로써 건강가정 구현에 기여하는 것(동법 제1조)"이다. 한편, 동법의 기본이념은 "가정은 개인의 기본적인 욕구를 충족시키고 사회통합을 위하여 기능할 수 있도록 유지·발전되어야 한다."라고 동법 제2조에서 밝힌다. 이는 가정이란 개인의 기본적인 욕구를 충족시킬 수 있는 바탕을 제공함과 동시에 사회 유지의 기초가 됨을 명시하는 것이다. 이처럼 기본이념은 동법 전체를 요약하여 제시하고 있다. 이러한 기본이념을 바탕으로 동법 제1조의 목적과 제15조의 기본계획은 동법의 실천을 제시하고 있다.

01 제정배경

건강가정기본법은 2004년 2월 9일에 제정되어 2005년 1월 1일자로 시행되고 있다. 최근 우리 사회는 저출산과 개인주의화, 다양한 가족의 출현 등으로 가족 구조와 기능이 약화되었다. 이는 약화된 가족의 기능을 지원하고 강화시켜 건강한 가족생활을 영위할 수 있도록 하는 가족정책의 필요성이 대두하기에 이른다. 그러나 정부는 이러한 가족의 다양한 욕구에 효과적으로 대응하지 못하고, 가족에 대한 통합적 지원 서비스를 시행하지 못하였다. 따라서 학계와 전문가들은 가족을 지원하는 독자적 입법을 요구하게 되었고, 이에 이 법의 제정이 이루어지게 되었다(조희금 외, 2007). 초창기에 '건강가정육성기본법안'과 '가족지원기본법안'의 두 가지가 함께 발의되어 논의과정을 겪었으나 '건강가정육성기본법안'이 채택되었고, 육성이라는 용어의 전근대성에 대한 지적으로 '건강가정기본법'이라는 명칭으로 확정되었다. 동법의 시행은 가족과 가정생활에 대한 새로운 전환이며, 통합적 가정정책으로 가족의 삶의 질을 증진시키는 계기가 되었다.

02 건강가정기본법의 특수성

건강가정기본법은 추상적인 가족복지정책이 구체적으로 구현된 것으로, 기본적으로 건강가정 지원을 위한 가족 서비스를 제공하고 국가가 이에 개입하고 있다. 그렇다면 사회복지 관련 법체계에서 건강가정기본법의 위치는 어디쯤일까? 일반적으로 사회복지 관련법은 크게 사회보장기본법과 사회복지사업법으로 구분되는데, 사회복지서비스는 사회복지사업법에서 구체화되고 있다.

건강가정기본법은 다른 여타 법의 대상인 노인이나 아동 등에 대해서처럼 가족을 위한 서비스를 제공한다. 하지만, 현행 법체계에서는 사회복지사업법 내에 규정되어 있지 않다. 따라서 현재는 기타 사회복지와 관련되는 법으로 볼 수 있을 것이다. 이에 해당되는 법에는 건강가정기본법과 더불어 모자보건법, 윤락행위 등 방지법, 가정폭력방지법, 남녀고용평등 및 일·가정 양립 지원에 관한 법률 등을 들 수 있다. 뒤에서도 설명하겠지만, 이러한 점은 어떠한 형태로든 입장 정리가 되어야 할 것이다(이선형·임춘희, 2009).

03 건강가정기본법의 조문별 내용

1) 건강가정기본법의 체계

건강가정기본법도 법률-명령-조례/규칙으로 이루어진 다른 법체계와 동일하게 시행령(명령)과 시행규칙(조례/규칙)을 갖고 있다. 일반적인 법에서처럼 본칙(총 5장, 37조)과 부칙으로 구성되어 있다. 동법은 제1장 총칙으로 시작하여 제5장 보칙, 그리고 부칙으로 마친다. 제2장부터 제4장까지는 구체적인 건강가정정책, 건강가정사업, 건강가정 전담조직 등의 내용을 담고 있다.

〈표 6-1〉 건강가정기본법의 개관

장	제목(조)	개요	내용
1	총칙 (제1–12조)	법령 전체에 관한 원칙적인 내용	목적, 기본이념, 용어의 정의, 국민의 권리와 의무, 국가와 지방자치단체의 책임, 다른 법률과의 관계, 가족가치, 혼인과 출산, 가족해체 예방, 지역사회자원의 개발과 활용, 정보제공, 가정의 날
2	건강가정정책 (제13–20조)	위원회와 기본계획의 수립에 관한 내용	건강가정기본계획의 수립, 연도별 시행계획의 수립과 시행 등, 시·도별 시행계획의 조정 등, 계획 수립의 협조, 교육과 연구의 진흥, 가족실태조사

장	제목(조)	개요	내용
3	건강가정사업 (제21-33조)	구체적인 사업	가정에 대한 지원, 자녀양육지원의 강화, 가족단위 복지증진, 가족의 건강증진, 가족부양의 지원, 민주적이고 양성평등한 가족관계의 증진, 가족단위의 시민적 역할증진, 가정생활문화의 발전, 가정의례, 가정봉사원, 이혼예방과 이혼가정지원, 건강가정교육, 자원봉사활동의 지원
4	건강가정 전담조직 등 (제34-35조의 2)	전문인력에 관한 내용	건강가정사업의 전담수행, 건강가정지원센터의 설치, 유사명칭의 사용금지
5	보칙 (제36-37조)	보조금 및 과태료에 대한 내용	민간단체 등의 지원 및 과태료
-	부칙	부수적인 내용	시행일, 법령의 개정과 폐지 등에 관한 내용을 규정

2) 건강가정기본법의 이념과 건강가정 규정

건강가정기본법의 기본이념은 가정은 개인의 기본적인 욕구를 충족시키고 사회통합을 위하여 기능할 수 있도록 유지·발전되어야 한다는 것이다(동법 제2조). 이 법에 명시된 건강가정이란 가족구성원의 욕구가 충족되고 인간다운 삶이 보장되는 가정을 말한다(동법 제3조 제3호). 국가와 지방자치단체는 개인과 가족의 생활 실태를 파악하고 건강가정 구현 및 가정문제 예방 등을 위한 서비스의 욕구와 수요를 파악하기 위해 5년마다 가족실태 조사를 실시하고 그 결과를 발표하게 되어 있다(동법 제20조).

3) 주요 조직과 인력

건강가정기본계획은 여성가족부 장관이 관계 중앙행정기관의 장과 협의를 거쳐 5년마다 수립해야 한다. 따라서 중앙에는 중앙에는 한국건강가정진흥원(구, 중앙건강가정지원센터) 조직을 두고 그곳에 센터장과 건강가정사업의 수행에 필요한 팀을 둔다. 그리고 시·도 및 시·군·구에 설치하는 건강가정지원센터에는 센터장과 가정상담팀, 가정교육팀, 가정문화팀 등 건강가정사업의 수행에 필요한 팀을 둔다. 건강가정기본법에서는 건강가정지원센터에서 건강가정사업을 수행할 주요 인력으로 건강가정사를 둘 것을 규정하고 있다. 건강가정사는 대학 또는 이와 동등 이상의 학교에서 사회복지학, 가정학, 여성학 등 여성가족부령이 정하는 관련 교과목을 이수하고 졸업한 자이어야 한다.

04 건강가정사업

건강가정사업은 건강가정기본법 제3장의 내용으로, 조문에 규정된 내용을 중심으로 살펴보면 다음과 같다.

- 건강가정에 대한 지원(제21조): 건강가정의 유지를 위해 국가가 지원해야 할 사항을 규정하고 있다. 즉, 취업여성의 임신·출산·수유와 같은 모성보호와 부성보호를 취한 유급휴가 시책, 한부모가정, 노인 단독가정, 장애인가정, 미혼모가정 등 사회적 보호를 필요로 하는 가정 등에 대한 지원에 대해 규정하고 있다. 그 구체적인 내용은 ① 가족구성원의 정신적·신체적 건강지원, ② 소득보장 등 경제생활의 안정, ③ 안정된 주거생활, ④ 태아 검진 및 출산·양육의 지원, ⑤ 직장과 가정의 양립, ⑥ 음란물, 유흥가, 폭력 등 유해환경으로부터의 보호, ⑦ 가정폭력으로부터의 보호, ⑧ 가정친화적 사회 분위기의 조성, ⑨ 그 밖에 건강한 가정의 기능을 강화·지원할 수 있는 관련 사항이다.
- 자녀양육 지원 강화(제22조): 자녀를 양육하는 가정에 대하여 자녀양육에 따른 부담을 완화하고 아동의 행복추구권을 보장하기 위한 보육과 방과 후 서비스, 양성 평등한 육아휴직제 활용을 적극적으로 확대해 나가야 한다.
- 가족단위 복지 증진(제23조): 사회보험, 공공부조 등 사회보장제도의 운영

과 관련하여 가족을 지지하는 시책을 개발하도록 해야 한다. 또한, 경제·사회·교육·문화·체육·지역사회 개발 등 각 분야의 제도 정책 및 사업을 수립, 추진할 때 가족을 우대하는 방안을 강구해야 한다.

- 가족의 건강 증진(제24조): 영유아, 아동, 청소년, 중장년 등 생애주기에 따라 가족구성원의 종합적인 건강증진 대책을 마련해야 한다.
- 가족부양의 지원(제25조): 영유아나 노인 등 부양 지원을 요구하는 가족구성원이 있는 가정의 부양 부담 완화를 위한 적극적 시책을 강구해야 한다. 질환이나 장애로 가족 내 수발을 요하는 가족구성원이 있을 때, 보호시설을 이용할 수 있도록 전문보호시설을 확대하고, 가족구성원 중 장기요양을 필요로 하는 질병이나 사고로 간병을 요구할 때, 가족간호를 위한 휴가 등의 시책을 마련해야 한다.
- 민주적이고 양성평등한 가족관계 증진(제26조): 부부와 세대 간 갈등이 있을 때, 이를 예방·상담하고 민주적 가족관계를 증진시킬 수 있도록 가족지원 서비스를 확대한다.
- 가족단위의 시민적 역할 증진(제27조): 가족 결속력과 가족구성원 발전을 위해 가족이 시민으로서의 역할을 증진할 수 있는 기회와 서비스를 제공해야 한다. 또한, 가족단위의 자원봉사 참여가 확대되도록 노력한다.
- 가정생활문화의 발전(제28조): 국가와 지방자치단체는 건강가정의 생활문화를 고취하고, 그에 대한 정책을 수립하는 것으로 규정되어 있다. 내용은 가족 여가문화, 양성평등한 가족문화, 가족단위 자원봉사활동, 건강한 의식주 생활문화, 합리적 소비문화, 지역사회 공동체문화, 그 밖에 건강가정 생활문화와 관련된 사항 등이다.
- 가정의례(제29조): 개인과 가정은 건전한 가정의례를 확립하도록 노력해야 한다. 국가는 이를 지원해야 할 의무가 있다.
- 가정봉사원(제30조): 건강가정의 유지를 위해 필요하면 가정을 방문하여 가사, 육아, 산후조리, 간병 등을 돕는 가정봉사원을 지원할 수 있다. 더불어 그들의 교육과 비용을 지원한다.

- 이혼 예방과 이혼가정 지원(제31조): 이혼하고자 하는 부부가 이혼 전 상담을 받을 수 있게 하는 등 이혼조정을 내실화하고, 이혼 의사가 정해진 가족에 대해서는 자녀양육, 재산, 정서 등 제반 문제에 대한 도움을 주는 지원 서비스를 제공한다. 이혼한 가족에 대한 양육비 집행의 실효성이 있다.
- 건강가정교육(제32조): 건강가정교육으로는 결혼준비교육, 부모교육, 가족윤리교육, 가족가치실현과 가정생활 관련 교육 등이 있다.
- 자원봉사활동의 지원(제33조): 건강가정과 관련되는 자원봉사 활동사업을 육성하고 장려한다.

05 건강가정사의 자격과 역할

1) 건강가정사의 자격(제35조)

건강가정사는 건강가정사업을 수행하는 데 필요한 관련 분야의 학식과 경험을 가진 전문가다. 건강가정사가 되기 위해서는 건강가정기본법에서 정한 교과목을 이수해야 하고, 건강가정사로서의 기본적인 역할을 이해하고 숙지해야 한다(이수해야 할 교과목은 부록 3의 건강가정기본법 시행규칙 제5조 관련 별표를 보기 바란다).

2) 건강가정사의 역할과 직무

다문화가족지원법 제정 이전 건강가정기본법에 근거한 건강가정지원센터의 전문인력으로서, 건강가정사의 역할은 크게 세 가지 수준에서 규정되었다(조희금 외, 2005). 즉, 건강가정기본법이 지향하는 철학과 이념의 실천자, 건강가정사업의 전달자, 그리고 건강가정지원센터의 운영자로서의 세 가지 역할이 건강가정사의 역할이었다. 그러나 다문화가족지원법의 제정에 따라 다문화가족지원센터에 건강가정사가 근무할 수 있는 법적 자격을 획득하였다.

따라서 건강가정사의 역할은 더욱 포괄적으로 변화되었다. 이러한 변화를 반영하여 건강가정사의 역할을 재규정하면, 건강가정사는 건강가정기본법과 다문화가족지원법 등의 가족법과 가족정책이 지향하는 철학과 이념을 이해하고, 건강가정 구현을 위한 건강가정사업을 기획하고 진행하며 사업 프로그램을 통해 지역주민에게 직접적으로 가족과 관련된 서비스를 전달하는 전문가라고 할 수 있다(이선형·임춘희, 2009).

건강가정사의 직무를 건강가정기본법 시행령 제15조에 명시된 것을 중심으로 살펴보면 다음과 같다. ① 가정문제의 예방·상담과 개선, ② 건강가정의 유지를 위한 프로그램의 개발, ③ 건강가정교육(민주적이고 양성평등한 가족관계 교육을 포함), ④ 가정생활 문화운동의 전개, ⑤ 가정 관련 정보와 자료 제공, ⑥ 가정에 대한 방문과 실태 파악, ⑦ 아동보호 전문기관 등 지역사회 자원에의 연계, ⑧ 그 밖에 건강가정 사업과 관련하여 여성가족부장관이 정하는 활동 등이다.

3) 건강가정사가 갖추어야 할 태도와 자세

건강가정사가 갖추어야 할 태도와 자세에 대해, 이선형과 임춘희(2009)는 다음과 같이 제시하였다.

① 인간과 가족에 대한 애정과 이해가 깊고 개인과 가족의 삶의 질이나 복지 향상에 대한 관심과 사명감이 있어야 한다.

② 건강가정기본법, 다문화가족지원법, 남녀평등고용과 일·가정양립지원에 관한 법률 등 가족과 관련된 법이나 현재와 미래의 가족정책의 비전과 방향에 대한 전문적인 지식과 이해를 갖추어야 한다.

③ 건강가정사 스스로 가정 친화적이고 양성평등적인 의식과 태도를 가지고 있어야 한다.

④ 다양한 개인의 생활방식, 다양한 형태의 가족, 다문화 사회와 다문화가족에 대한 이해와 존중심이 있어야 하며, 고정관념이나 편견, 선입견을

갖지 않아야 한다.

⑤ 지역주민을 위한 서비스에 필요한 친절한 태도와 서비스 정신, 대인관계 능력이 있어야 한다.

⑥ 사업을 기획하고 추진하며 실행할 수 있는 직무능력을 갖추어야 한다.

⑦ 같은 조직 내 다른 구성원들과 원활하게 의사소통할 수 있는 인간관계 능력이 있어야 한다.

⑧ 업무의 전문성 강화와 자기계발을 위해 지속적으로 노력해야 한다.

⑨ 업무에 따른 스트레스나 소진, 사기 저하에 대처할 수 있는 자기만의 스트레스 대처방법이나 휴식방법을 개발해야 한다.

⑩ 건강가정사는 직업상 다른 가정의 행복을 돌봐 주는 일을 하므로 자칫 업무에 대한 몰두나 업무 과중으로 정작 자신이나 자신의 가족생활을 돌보지 못하는 모순된 상황을 초래하기 쉽다. 그러므로 건강가정사로서의 업무가 다른 사람이나 가족의 건강과 행복에 이바지하는 동시에 건강가정사 자신과 가족의 행복 증진에도 이바지할 수 있도록 일과 가정생활의 균형감각을 유지할 수 있도록 노력해야 한다.

06 건강가정기본법의 한계

건강가정기본법은 가족과 가정을 둘러싼 최근 우리 사회의 변화에 대한 국가의 공식적 대응이라는 측면에서 긍정적 의의가 있다고 평가할 수 있다. 그러나 동법의 내용을 찬찬히 따지고 파고들어가 보면 많은 문제점을 내재하고 있다. 단적인 예로 '건강가정'이라는 정책대상의 규정에서부터 이를 국가가 '국민계도(國民啓導)와 교육을 통해 구현'하겠다는 정책의도에 이르기까지 다양한 문제가 드러난다. 이러한 문제의식을 바탕으로 건강가정기본법의 한계를 다음과 같이 제시한다(박주현·임상록, 2009).

첫째, 가족에 대한 통합적 복지정책의 비전이 미약하다. 동법의 내용을 보면 가족에 대한 실제적 지원내용을 담보하기보다는 상징적 의미가 더 크다고 할 수 있다. 둘째, 양성평등적 관점에 근거한 가족정책의 비전이 미약하다. 즉 양성평등의 내용이 가족 또는 가정이라는 울타리 내로 제한되어 있다. 셋째, 생활공동체의 개념에 근거한 가족의 다양성을 포함하지 못하고 있다. 이는 동법 제8조 제①항에서 "모든 국민은 혼인과 출산의 사회적 중요성을 인식하여야 한다."라고 규정한 것에서 알 수 있다. 넷째, 동법의 제정과정에서 전담인력 문제에 집중하다 보니 시민사회의 다양한 의견수렴에 미흡했다. 이로 말미암아 최상의 대안 도출을 이끌어내지 못하였다.

학/습/과/제

① 가족정책에 대한 기본법으로서의 건강가정기본법의 의의를 설명하시오.

② 건강가정기본법에서 제시하는 사업 내용을 열거하시오.

③ 위에서 열거한 사업내용을 구체적으로 설명하시오.

④ 건강가정기본법에서 규정하는 가족의 개념에 대해 어떻게 생각하는가?

⑤ 건강가정사가 갖추어야 할 태도와 자세에 대해 토론하시오.

⑥ 건강가정기본법이 앞으로 가족구조에 어떠한 영향을 미칠 것으로 생각하는가?

⑦ 건강가정기본법 개정의 논란 핵심과 동법의 한계가 무엇이라고 생각하는가?

CHAPTER 07

다문화가족지원법

학·습·목·표

- 다문화 사회의 도래와 그 특징을 설명할 수 있다.
- 다문화가족지원법의 제정 배경을 이해한다.
- 다문화가족지원법의 체계를 이해한다.
- 다문화가족지원법의 목적과 이념을 설명할 수 있다.

2007년 8월 법무부 출입국·외국인정책본부에서는, 우리 사회에 이주민이 차지하는 비율이 2%를 넘었다고 발표하였다. 이는 체류외국인이 100만 254명으로 사상 처음 100만 명을 돌파한 것이다. 이처럼 세계화와 국가 간 인적 교류의 활성화로 말미암아 우리나라는 다인종·다문화 사회로 급속히 변모하고 있다. 특히 결혼이민자와 그들의 자녀로 구성된 다문화가족은 언어 등 문화적 차이로 말미암아 사회적응과 가족관계에서 어려움을 경험하고 있다. 다문화가족지원법은 가족상담, 부부교육, 부모교육, 가족생활교육 등을 추진하고, 문화의 차이를 고려하여 언어통역, 법률상담, 행정 지원 등의 전문적인 서비스를 제공하는 등 다문화가족에 대한 지원정책의 제도적 틀을 마련하고자 추진되었다.

동법은 다문화가족 구성원이 안정적인 가족생활을 영위하고 사회구성원으로서의 역할과 책임을 다할 수 있도록 함으로써 이들의 삶의 질 향상과 사회통합에 이바지함을 목적(동법 제1조)으로, 2008년 3월 제정하여 같은 해 9월부터 시행하고 있다. 동법 제3조의 2에 의거 다문화가족 지원을 위하여 5년마다 다문화가족정책에 관한 기본계획을 수립하여야 한다. 기본계획에는 다문화가족 지원 정책의 기본 방향, 다문화가족 지원을 위한 분야별 발전시책과 평가에 관한 사항, 다문화가족 지원을 위한 제도 개선에 관한 사항, 다문화가족 구성원의 경제 · 사회 · 문화 등 각 분야에서 활동 증진에 관한 사항, 다문화가족 지원을 위한 재원 확보 및 배분에 관한 사항 등이 포함된다. 동법의 주요 내용은 다문화가족에 대한 이해증진, 생활정보 제공 및 교육 지원, 평등한 가족관계의 유지, 가정폭력 피해자 보호와 지원, 다문화가족구성원인 아동에 대한 차별금지, 다국어에 의한 서비스 제공, 다문화가족지원센터의 설치 · 운영 등으로 구성되어 있다.

01 제정배경

다문화가족의 증가는 몇 가지 측면에서 긍정적일 수 있다. 첫째, 단일민족과 혈연주의 의식이 강한 우리 사회에 문화적 다양성을 확장시키며, 다른 문화에 대한 이해와 관용심을 증진시키는 계기를 마련해 준다. 둘째, 현실적으로 저출산이 심화되는 우리 사회의 저출산 문제 해소에 도움이 되며, 특히 저출산·고령화 문제가 심각한 농촌 지역에 새로운 문화를 전달하면서 활력적인 노동력을 제공해 준다. 셋째, 결혼이민자와 그 자녀는 출신국가와 우리 사회를 이어 주는 국가 간 교류의 가교 역할을 하며, 이중언어와 다문화적 감수성을 가진 인재로서 사회적·국가적으로 이바지할 수 있다(보건복지가족부, 2008).

그러나 다문화가족이 증가함으로써 초래될 수 있는 부정적인 측면들도 있다. 첫째, 국제결혼이 상업적 이윤 추구의 수단으로 악용되기도 한다. 결혼 당사자의 인권침해, 결혼 당사자 간의 사전 정보와 이해 부족으로 말미암은 결혼 후의 가족갈등, 이혼, 가족폭력, 사망사고 등 가족문제가 심화되고, 국가 이미지가 실추되는 등의 문제를 일으킨다.

둘째, 대다수 다문화가족은 언어와 문화의 차이, 경제적 어려움, 사회적 편견 등으로 가족 간 갈등과 사회적 소외를 경험하고 있다. 실제로 국제결혼 부부 간의 언어장벽과 상대방 국가의 문화에 대한 이해 부족으로 말미암은 가정폭력이 빈번하고, 이혼율이 증가하며 결혼이민자 여성의 자살이나 타살까지 이르는 심각한 상황에 있다.

셋째, 다문화가족 자녀의 발달지체와 학교·사회 부적응이 사회문제로 대두될 소지가 있다. 정부의 한 실태조사(여성가족부, 2006)에서는 다문화가족 아동의 언어지능과 학업수행 능력이 일반 아동보다 낮았으며, 다문화가족 영유아의 보육시설과 유치원 이용률(17%)은 일반가정의 삼분의 일 수준인 것으로 나타났다. 또한, 다문화가족 아동은 외모와 말씨로 말미암아 학교와 사회의 차별을 받기 쉬워서, 10명 중 2명 정도가 집단따돌림의 경험이 있으며, 다문화가족 초등학생의 10명 중 1명, 중학생 10명 중 2명은 중도 탈락하는 것으로 나타났다. 앞으로 다문화가족 자녀 중 상급학교 진학 대상이 점점 많아질 것을 예상할 때, 자녀가 겪는 적응의 어려움은 더욱 가중될 것이다. 따라서 적기에 정부의 사회적, 정책적 지원이 요구된다.

넷째, 다문화가족의 한국인 배우자와 시부모도 결혼이민자의 위장결혼, 가출, 가정불화 등으로 피해를 당하는 상황이 발생하고 있다. 또한, 다문화가족의 가족 해체가 증가하면서, 그에 따른 자녀양육과 결혼이민자 보호의 문제가 대두하고 있다. 가령 이혼하고 나서 자녀를 무단으로 출국시켜 제대로 보호와 양육을 받지 못하는 사례가 발생하고 있다.

이처럼 다문화가족의 적응을 위한 사회문화적 토대가 마련되지 않은 상태에서 다문화가족이 증가함으로써 이미 발생했거나 발생할 수 있는 부정적인 영향들이 날로 늘어나고 있다. 결국, 이로 말미암아 다문화가족, 특히 결혼이민자의 사회통합을 위한 사회경제적 비용부담도 증가하고 있다.

자료 7-1

한국에 사는 외국인 절반은 중국인

베트남-미국-필리핀 순 … 국적 90개국으로 늘어

한국에 사는 외국인이 5년 만에 2.5배로 늘어난 가운데 국적도 다양해진 것으로 조사됐다. 6일 통계청에 따르면 '2010 인구주택총조사' 결과 국내에 3개월 이상 거주한 외국인은 59만 명으로 2005년의 23만 8000명보다 148% 많았다. 30명 이상 거주하는 외국인의 국적은 모두 90개국이었다. 국적별 외국인 수는 중국(한국계 포함)이 29만 9000명으로 전체 외국인의 50.8%를 차지해 가장 많았다. 이 가운데 한국계 중국인(중국 동포)이 20만 6000명(35%)으로 중국 국적 외국인의 2/3를 차지했다. ▶베트남(10.1%) ▶미국(7.1%) ▶필리핀(4.2%) ▶인도네시아(2.9%) ▶일본(2.9%) ▶태국(2.7%) ▶몽골(2.4%) ▶우즈베키스탄(1.9%) ▶대만(1.9%) 등이 상위 10위권을 형성했다.

외국인 가운데 여성 비율은 일본이 69.2%로 가장 높았다. 이어 중국 53.6%, 베트남 47.9% 등의 순이었다. 남성 비율이 높은 국적은 인도네시아(88.8%), 우즈베키스탄(76.6%) 등으로 조사됐다. 시·도별로는 경기도에 거주하는 외국인이 31.1%로 가장 많았다. 다음으로는 서울(27.6%), 경남(6.9%) 등의 순이었다. 외국인이 많이 사는 시·군·구로는 경기도 안산이 3만 명으로 1위였다. 서울 영등포구(2만 2000명), 경기도 수원시(1만 8000명), 서울 구로구(1만 6000명), 경기도 화성시(1만 5000명) 등이 뒤를 이었다. 서울 영등포구는 총인구 가운데 외국인이 5.5%를 차지해 외국인 비율이 가장 높았다. 전남 영암군(5.2%)과 서울 금천구(5.0%)도 인구 100명 가운데 외국인이 5명이 넘었다.

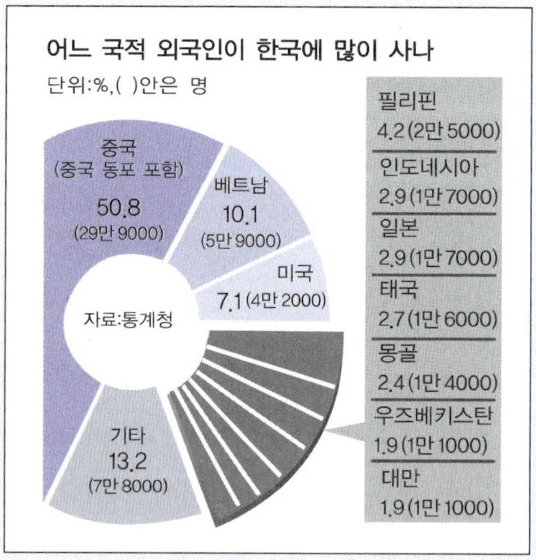

출처: 중앙일보(2011. 6. 7).

이처럼 다문화가족의 증가는 긍정적인 측면과 부정적인 측면을 모두 가지고 있다. 결혼이민자와 그 자녀 등으로 구성되는 다문화가족은 언어문제를 비롯하여 문화적 갈등, 자녀교육, 가족구성원 간의 갈등을 포함한 사회적응의 문제를 겪고 있다. 이에 따라 다문화가족의 구성원이 우리 사회의 구성원으로 순조롭게 통합되어 안정적인 가족생활을 영위하도록 한국어교육을 비롯하여 가족상담, 부부교육, 부모교육, 가족생활교육 등을 추진하고, 문화차이를 고려한 언어통역, 법률상담, 행정지원 등의 전문적인 서비스를 제공하는 것이 필요하게 되었다. 이에 다문화가족에 대한 지원정책의 제도적인 틀과 법적 기반을 마련하기 위하여 2008년 3월 21일 다문화가족지원법이 법률 제8937호로 제정되어 2008년 9월 22일부터 시행되었다. 동법은 다문화가족의 안정적인 가족생활과 삶의 질 향상, 그리고 사회통합에 이바지할 것으로 기대된다.

자료 7-2

외국인 자녀 15만 명 3년 새 2.6배 늘었다

국제결혼 확산과 국내 거주 외국인 증가 등으로 올해 외국인 자녀의 수가 15만 명을 넘어섰다. 행정안전부가 23일 발표한 '2011년 지방자치단체 외국인 주민 현황'에 따르면 외국인과 한국인 부모 또는 외국인 부모 사이에서 태어난 미성년자는 모두 15만 1154명으로, 지난해 12만 1935명보다 23.9% 늘어났다. 3년 전(5만 8007명)과 비교하면 2.6배나 증가했다. 전체 외국인 주민은 지난해보다 11% 늘어난 126만 5006명으로 나타났다. 외국인 주민은 국내에 사는 외국인 등록자(90일 이상 체류)·귀화자·외국인 주민의 자녀들이다.

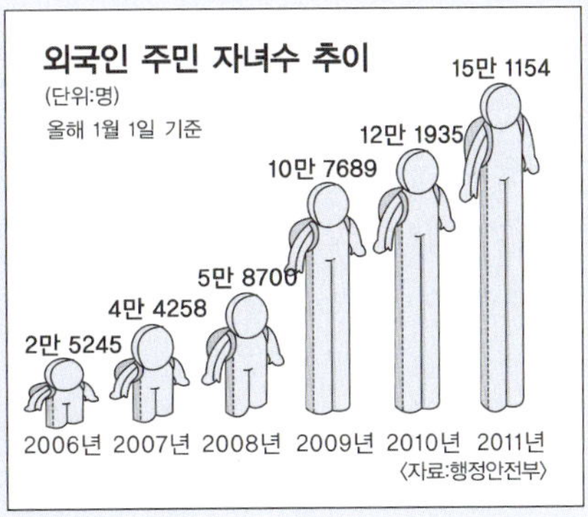

출처: 서울신문(2011. 6. 24).

02 다문화가족지원법의 조문별 내용

1) 다문화가족지원법의 체계

다문화가족지원법도 법률-명령-조례/규칙으로 이루어진 다른 법체계와 동일하게 시행령(명령)과 시행규칙(조례/규칙)을 갖고 있다. 일반적인 법에서처럼 본칙(총 16조)과 부칙으로 구성되어 있다. 동법은 제1조 목적에서 시작하여 제16조 민간단체 등의 지원, 그리고 부칙으로 마친다.

제1조 법의 목적
제2조 다문화가족의 정의
제3조 국가와 지방자치단체의 책무
제4조 실태조사 관련사항
제5조 다문화가족에 대한 이해증진
제6조 생활정보 제공 및 교육지원
제7조 평등한 가족관계의 유지를 위한 조치
제8조 가정폭력 피해자에 대한 보호·지원
제9조 산전·산후 건강관리지원
제10조 아동 보육·교육
제11조 다국어에 의한 서비스 제공
제12조 다문화가족지원센터의 지정
제13조 다문화가족 지원업무 관련 공무원 교육
제14조 사실혼 배우자 및 자녀의 처우
제15조 권한의 위임과 위탁
제16조 민간단체 등의 지원

2) 법의 목적과 주요 내용

다문화가족지원법은 다문화가족 구성원이 안정적인 가족생활을 영위할 수 있도록 함으로써 그들의 삶의 질 향상과 사회통합에 이바지함을 목적으로 한다(동법 제1조). 그리고 이 법에 의하면 다문화가족이란 다음 각 항목의 어느 하나에 해당하는 가족(동법 제2조)을 말한다.

- 재한외국인 처우 기본법 제2조 제3호의 결혼이민자와 국적법 제2조로부터 제4조까지의 규정에 따라 대한민국 국적을 취득한 자로 이루어진 가족
- 국적법 제3조 및 제4조에 따라 대한민국 국적을 취득한 자와 같은 법 제2조부터 제4조까지의 규정에 따라 대한민국 국적을 취득한 자로 이루어진 가족

다문화가족지원법의 주요 내용을 살펴보면 다음과 같다.

- 다문화가족의 안정적 가족생활을 위한 국가와 지방자치단체의 책무(제3조): 국가와 지방자치단체는 다문화가족 구성원이 안정적인 가족생활을 영위할 수 있도록 필요한 제도와 여건을 조성하고 이를 위한 시책을 수립·시행하여야 한다.
- 평등한 가족관계의 유지(제7조): 국가와 지방자치단체는 다문화가족이 민주적이고 양성평등한 가족관계를 누릴 수 있도록 가족상담, 부부교육, 부모교육, 가족생활 교육 등을 추진하고, 문화의 차이 등을 고려한 전문적인 서비스가 제공될 수 있도록 노력하여 야 한다.
- 가정폭력 피해자에 대한 보호·지원(제8조): 국가와 지방자치단체는 결혼이민자 등이 가정폭력으로 혼인관계를 종료하는 경우 의사소통의 어려움과 법률체계 등에 관한 정보의 부족 등으로 불리한 입장에 놓이지 아니하도록 의견 진술과 사실 확인 등에 있어서 언어통역, 법률상담, 행정지원 등 필요한 서비스를 제공할 수 있다.
- 아동 보육·교육(제10조): 국가와 지방자치단체는 다문화가족 구성원인 아동의 초등학교 취학 전 보육과 교육 지원을 위하여 노력하고, 그 아동의 언어발달을 위하여 한국어교육을 위한 교재지원과 학습지원 등 언어 능력 제고를 위하여 필요한 지원을 할 수 있다.
- 다국어에 의한 서비스 제공(제11조): 국가와 지방자치단체는 다문화가족에 대한 지원정책을 추진함에 있어 결혼이민자 등의 의사소통의 어려움을 해소하고 서비스 접근성을 제고하기 위하여 다국어에 의한 서비스 제공이 이루어지도록 노력하여야 한다.
- 다문화가족지원센터의 지정(제12조): 여성가족부장관은 다문화가족 지원정책의 시행을 위하여 필요하면 다문화가족 지원에 필요한 전문인력과 시설을 갖춘 법인이나 단체를 다문화가족지원센터로 지정할 수 있다. 그리고 다문화가족지원센터는 다음의 업무를 수행한다.

- 다문화가족을 위한 교육·상담 등 지원사업의 시행
- 결혼이민자 등에 대한 한국어교육
- 다문화가족 지원서비스 정보제공과 홍보
- 다문화가족 지원 관련 기관·단체와의 서비스 연계
- 일자리에 관한 정보제공과 일자리의 알선
- 다문화가족을 위한 통역·번역 지원 사업
- 그 밖에 다문화가족 지원을 위하여 필요한 사업

03 다문화가족지원법 시행상의 문제점

다문화가족지원법의 제정과 시행은 현재와 앞으로 우리 사회의 중요한 가족의 한 형태로 자리하게 될 다문화가족이 우리 사회에 잘 적응하고 통합될 수 있도록 사회적·정책적 지원을 제도적으로 규정한 법적 근거를 마련했다는 점에서 매우 고무적인 일이라 할 수 있다. 그러나 다문화가족과 관련된 우리의 현실을 고려할 때 몇 가지 측면에서 다문화가족지원법의 시행상의 문제점을 생각해 볼 수 있다(이선형·임춘희, 2009).

1) 다문화가족 지원 사업비 지출의 효과성

최근 결혼이민자로 구성된 다문화가족이 급증하면서 결혼이민자 여성과 그 가정에 대한 정부 각 부처의 예산 또한 크게 증가하였고 중복 지원의 경향까지 나타나 다문화가족을 위한 사업비 지출 대비 사업이 효과 면에서 다소 회의적인 시각과 우려가 나타나고 있다. 다문화가족지원법에서는 다문화가족지원센터의 비용(제12조 제④항)뿐만 아니라 다문화가족 지원사업을 수행하는 단체나 개인이 필요한 비용(제16조)에 대해서도 국가와 지방자치단체가 그 비용을 보조할 수 있도록 정하고 있다. 이와 같은 중앙정부와 지방자치단체의 다문화가족을 위한 예산의 편성은 당연하고도 중요하지만, 최근 나타난 정부부처 간의 중복 지원, 과다 지원의 비효율성을 줄이고, 더욱 적정한 예산으로 다문화가족 정책이 효율적으로 시행될 수 있도록 현실적이고 구체적인 방안들을 모색해야 할 것이다.

2) 다문화가족지원센터 전담인력의 부족

다문화가족지원센터 운영과 관련하여 지역센터의 조직이 센터장과 전담인력 2명 정도로 구성되어 사업을 진행하는 것으로 되어 있는데, 이는 다문화가족지원법에 따라 매년 운영지침에서 정한 사업들을 수행하기에는 현실적으로 부족한 인력이다. 제한된 인력으로 많은 사업을 진행할 때, 다문화가족지원센터 종사자들의 만성적인 업무 과중을 비롯하여 근무환경과 조건이 악화될 우려가 있다. 그러므로 다문화가족지원센터 종사자의 근무 환경과 조건을 배려하고 인력을 증원하여 사업을 운영할 필요가 있다.

3) 다문화가족 전담인력의 전문성

다문화가족지원센터의 설치와 업무 수행, 전담인력과 관련하여 현재 우리나라의 다문화가족 관련 업무는 결혼이민자가족지원센터, 건강가정지원센터, 기타 외국인노동자인권단체 등의 시민단체에서 담당하고 있다. 이렇게 진행되어 온 다문화가족 관련 사업은 다문화가족지원센터의 설치나 명칭 변경을 통한 단일 창구화가 바람직하다. 따라서 다문화가족지원센터 전담인력은 다문화가족에 대한 전문적이고 체계적인 지식과 관점을 가져야 한다. 그래야 사업 내용을 깊이 있게 이해하고 원만하게 수행할 수 있을 것이다. 그러나 현재 다문화가족 관련 전문인력의 양성은 만족스럽지 못하다. 다문화가족지원법 시행규칙에서 명시한 지원센터의 종사자 자격으로서 사회복지사나 건강가정사의 자격을 취득하기 위한 현행 교육과정에는 다문화나 다문화가족과 관련된 기초과목이나 전공과목이 아직 대부분 개설되어 있지 않다. 따라서 건강가정사나 사회복지사 자격취득 관련 과목에서는 앞으로 다문화 이해와 다문화가족과 관련된 교과목을 필수적으로 포함시켜야 할 것이다.

04 다문화가족 지원정책의 문제와 방향

다문화가족 지원정책은 2006년 4월 국정과제회의에서 범정부 차원의 '여성결혼이민자가족 사회통합 지원대책'을 수립하고 추진하기 시작한 이래, 2007년 12월 여성가족부 가족통합팀 신설로 중앙부처 차원의 다문화가족 업무 전담부서가 설립되었다. 그리고 2008년 3월 보건복지가족부의 다문화가족과에서 전담하여 추진하기 시작했다. 현재 정부의 다문화가족 지원사업은 여성가족부를 주무부서로 하고, 다문화가족지원센터를 서비스 전달체계로 하여 다문화가족을 위한 복지 서비스를 제공하고 있다.

그런데 다문화가족이 가진 특수하고 복합적인 특성과 잠재적인 문제로 말미암아 정부의 여러 부처에서 다양한 측면으로 다문화가족 관련 지원사업이 이루어지고 있다. 가령 법무부에서는 외국인정책을 총괄하고, 여성가족부에서는 다문화가족 지원을, 노동부에서는 외국인노동자정책을, 그리고 교육과학기술부에서는 다문화가족의 학교교육을 지원하고 있다. 또한, 중앙정부와 방향을 같이하면서도 지자체마다 각 시·도, 시·군·구 단위로 다문화가족 지원사업을 직접 다양한 방식으로 수행하고 있는 실정이다.

이와 같은 다문화가족에 대한 범정부적 차원의 정책은 긍정적으로 평가될 수 있으나, 이제까지의 다문화가족을 위한 지원정책에서는 다음과 같은 많은 한계점을 드러내고 있는 것으로 나타났다(보건복지가족부, 2008). 첫째, 다문화가족을 위한 정책과 서비스의 내용에 있어서 정책 대상이 결혼이민자 여성 개인에게만 치중되어 가족 전체를 대상으로 한 통합적 정책이 미흡하며, 서비스 내용이 한국어교육에만 집중되어 지역·출신국별의 다양한 욕구를 반영하기에 부족하다. 특히 지원의 성격이 일시적인 시혜성 지원에 집중되어 있다. 둘째, 사업 추진체계 면에서 여러 가지 문제점을 노출하고 있는 것이 한계로 지적되고 있다. 구체적으로 중앙부처와 지자체 차원의 다문화가족 지원사업이 중복 시행되거나 단편적으로 집행되고 있다. 또한, 정부부처 내 사업 간의 연계가 미흡하고, 지자체에는 전담조직이 없거나 담당 인력의 전문성 부족 등 사업 추진체계가 미숙하다고 할 수 있다. 덧붙여 다문화가족 지원을 위한 서비스 전달체계가 아직 분산적이고 지역적 격차가 심해 지역·서비스별 사각지대가 있다고 할 수 있다. 셋째, 사회 전반적인 여건이 미숙하다는 점이다. 즉, 결혼이민자와 다문화 사회에 대한 사회 전반적인 인식이 여전히 부정적이다. 사실상 다문화 사회로 진입하는 시점에서 우리 사회는 무엇보다 다문화를 존중하는 국민의식이 필요하며, 결혼이민자와 같은 다른 민족, 다른 인종에 대한 편견을 불식하는 것이 필요하다.

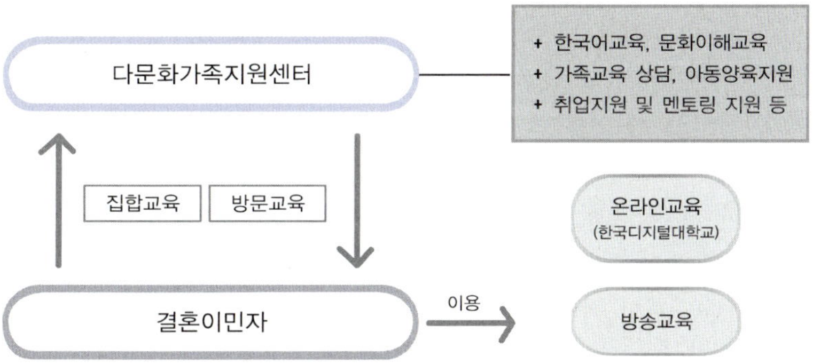

출처: 여성가족부 홈페이지(2011. 6. 30).

[그림 7-1] 다양한 매체를 통한 교육체계도

이상과 같은 다문화가족 지원 관련 현황과 지원정책의 한계점을 고려하여, 여성가족부는 정책과제로 '생애주기별 맞춤형 서비스'를 제시하기에 이르렀다. 생애주기별 맞춤형 서비스의 기본방향은 다문화가족을 위한 가족교육·상담·문화 프로그램 등 서비스 제공을 통해 결혼이민자의 한국사회 조기적응과 다문화가족의 안정적인 가족생활 지원이다. 이러한 생애주기별 맞춤형 서비스 정책과제를 근간으로 하여 다문화가족지원센터를 비롯한 관련 기관의 다문화가족을 위한 사업 방향을 정하고 있다. 다문화가족을 위한 생애주기별 맞춤형 서비스의 내용은 ① 국제결혼 과정의 인권보호와 교육프로그램 시행, ② 결혼이민자의 조기적응과 안정적 생활지원, ③ 다양한 매체를 통한 한국어교육, ④ 위기개입 및 가족통합교육, ⑤ 다문화가족 자녀의 양육·교육 지원, ⑥ 결혼이민자의 경제·사회적 자립 지원, ⑦ 대국민 인식개선과 홍보, 그리고 ⑧ 다문화가족 실태조사 등이다.

자료 7-3

서울시, 1인 가구·다문화가족 맞춤형 가족정책 추진

서울시는 서울지역 가족의 형태별, 구성원의 특성이 반영된 '서울형 가족정책'을 전국적으로 처음으로 수립해 시행한다고 27일 밝혔다.

서울형 가족정책은 '모든 가족이 행복한 가족친화특별시, 서울'이란 비전으로 일과 생활의 균형, 평등한 가족문화 조성이란 2대 정책 목표와 5대 정채과제, 59개 단위사업으로 이뤄졌다.

우선, 시는 가족 내 갈등 및 해체 위기를 예방하는 것이 중요하다고 판단, 가족 교육 및 상담을 확대해 가족 간 공감·소통의 기회를 제공할 방침이다.

올해 10개 자치구에서 시작한 생애주기별·가족형태별 교육 프로그램인 '서울가족학교'를 내년 15개 자치구로 확대, 2018년에는 전 자치구로 넓혀 무료 상담을 확대하고, 찾아가는 상담과 온라인 상담을 실시한다.

시는 가족정책이 시민 생활 속으로 파고들기 위해 지속적인 모니터링 및 정책 제안이 필요하다고 판단, 가족위원회(가칭)를 구성해 가족정책을 연차별 보완·발전시킬 예정이다.

출처: 다음뉴스(2015. 12. 27).

학 / 습 / 과 / 제

① 다문화가족지원법에서의 다문화가족 범위에 대해 어떻게 생각하는가?

② 다문화가족의 증가가 개인과 사회에 미치는 영향(부정적 혹은 긍정적)은 무엇인가?

③ 우리나라에서 북한이탈주민이 다문화가족으로 분류되는 것에 대해 어떻게 생각하는가?

④ 다문화가족 지원정책을 설명하고, 그 문제점과 개선방향을 제시하시오.

⑤ 다문화가족을 위한 중앙정부와 지방자치단체의 책무를 설명하시오.

⑥ 이주노동자, 국제결혼가정, 북한이탈주민 등의 삶에 관한 자료를 조사하여 토론하시오.

⑦ 우리나라에서 외국으로 이주한 재외동포(재일교포, 조선족 등)의 삶에 관한 자료를 조사하여 토론하시오.

PART 03 건강가정의 전달체계와 실천

Healthy Family

CHAPTER 08

건강가정지원센터

학·습·목·표

- 건강가정지원센터의 개념과 특징을 이해한다.
- 건강가정지원센터의 역할을 이해한다.
- 건강가정지원센터의 기능을 이해한다.

건강가정기본법(법률 제11045호, 2011. 9. 15, 일부개정)에 의거, "국가 및 지방자치단체는 가정문제의 예방·상담 및 치료, 건강가정의 유지를 위한 프로그램의 개발, 가족문화운동의 전개, 가정 관련 정보 및 자료제공 등을 위하여 건강가정지원센터를 설치·운영(동법 제35조 제①항)"하도록 하고 있다. 이에 따라 2012년 12월 현재 전국에 149개소(건강가정지원센터 홈페이지)의 건강가정지원센터가 가족정책의 주요 전달체계로 운영되고 있다. 동법 제35조 제②항에 의거, "센터에는 건강가정사업을 수행하기 위하여 관련 분야에 대한 학식과 경험을 가진 전문가(건강가정사)"를 두고 있다. "건강가정사는 대학 또는 이와 동등 이상의 학교에서 사회복지학·가정학·여성학 등 여성가족부령이 정하는 관련 교과목을 이수하고 졸업한 자이어야 한다(동법 제35조 제③항)."

01 건강가정지원센터의 역할에 관한 연구

건강가정기본법에 근거한 건강가정지원센터는 중앙과 시·도 및 시·군·구 등 세 계층으로 구별되어 설치·운영되어야 한다. 이러한 세 계층으로의 설치는 전담조직인 정부부처와 관련 부서와의 연계 속에서 이루어지는 것이다. 중앙정부 차원에서 가정정책 추진의 전담조직은 여성가족부이며, 한국건강가정진흥원(구, 중앙건강가정지원센터)은 여성가족부와의 밀접한 연계 속에서 역할과 기능을 수행하게 된다. 마찬가지로 광역자치단체에는 시·도 차원에서 구축된 전담조직, 예컨대 서울특별시의 여성가족정책관 등의 조직이 있으며, 이 조직은 해당 시·도 건강가정지원센터와 연계된다. 마지막으로 시·군·구 차원의 기초자치단체에는 시청, 군청, 구청에 구축되어 있는 가족정책과, 가족여성과, 가정복지과 등의 조직이 있으며, 이 조직은 해당 시·군·구 건강가정지원센터와 연계되는 것이다.

이러한 계층구조에 따른 건강가정지원센터의 역할과 기능 정립에 관해서 동법 시행초기부터 다양한 연구가 수행되어 왔다. 최근에는 더욱 체계적인 이론적 틀에 따라 계층별 건강가정지원센터의 역할과 기능을 정립하고자 하는 연구가 수행되었다. 이 연구에서는 계층별, 특히 중앙-광역-기초로 연계되는 세 계층을 전제로 하는 전달체계의 기능을 배분하는 일반적인 기준을 다음과 같이 도출하고 있다(김재훈, 1994; 김병국, 2003; 송혜림·라휘문, 2009 재인용).

첫째, 기능의 영향 범위로서, 기능수행에 따른 영향력이 전국적인가 또는 지역적인가 하는 점을 고려해야 한다. 둘째, 기능수행의 용이성으로서, 특정 기능의 처리 주체가 어떤 계층이 될 때 더욱 경제적인가를 고려하는 것이다. 셋째, 기능의 중복성으로서, 계층별로 중복된 기능은 우선적으로 최하위 계층으로 분류하는 것이 타당하다는 것이다. 넷째, 기능의 수행능력으로서, 각 계층을 대상으로 특정 기능의 수행능력이 구비되어 있는가를 고려하는 것이다.

이러한 몇 가지 기준을 갖고 송혜림과 라휘문(2009)은 중앙-광역-기초로 구성되는 전달체계의 기능을 판단하는 계층 간 기능배분 기준을 〈표 8-1〉과 같이 정리하였다.

〈표 8-1〉 계층 간 기능배분 기준

구분	배분 기준	세부 기준
중앙	기관 유지성	기관 존립
	종합성	종합계획성, 기준통일성, 자원관리성
	고도기술성	전문성
	통합성	조정성
광역	기관 유지성	기관존립
	광역성	광역서비스성, 지역연관성
	보완대행성	기초 형평성, 기초 지원성
	지도감독성	분쟁조정성
	연락조정성	업무협력성
기초	기관 유지성	기관존립
	현지성	수요자 편의, 접근용이성
	대응성	운영 효율성, 지역특성

출처: 송혜림·라휘문(2009). 광역건강가정지원센터의 기능 및 건강가정지원센터 평가기능에 대한 연구. 한국가족자원경영학회지, 13(3), p. 5.

이러한 기준을 건강가정지원센터에 적용하면, 한국건강가정진흥원(구, 중앙건강가정지원센터)은 국가의 가정정책을 기획하고 총괄하며 조정하는 기능을 주로 수행하고, 시·도 건강가정지원센터는 시·도 차원에서의 서비스, 시·도 내에 존재하는 기초 전달체계 간 형평성 추구와 지원, 업무 지원 등을 담당하게 된다. 그리고 시·군·구 건강가정지원센터는 수요자 중심의 서비스 제공을 그 주된 기능으로 수행함을 알 수 있다.

자료 8-1

건강가정지원센터란?

- 가정생활에 도움받기를 원하는 누구나 이용할 수 있습니다!
  다양한 가족문제로 고민할 때 건강가정지원센터가 함께 합니다. 건강가정지원센터는 긴급, 일시적인 시간제 돌봄서비스인 아이돌보미를 지원해 드리며, 가정생활 전반에 관한 문제를 함께 고민합니다.

• 가족의 건강한 변화와 성장을 돕습니다!
가족도 변화하고 성장해 갈 수 있습니다. '가정경영 아카데미'를 통해 가족 누구나 가족성장을 위해 필요한 교육을 받을 수 있습니다. 가족형태에 따른 편견을 없애고, 지역 내 이웃 간의 돌봄영역을 확대하여 가족이 건강하게 성장하도록 돕습니다.

• 가족친화사업환경을 만들어 갑니다!
가족이 함께 활동하고 봉사하며 지역사회를 아름답게 가꾸어 갑니다. 건강가정지원센터는 지역주민 모두 커다란 의미의 한 가족을 이루어 살 수 있도록 '이웃가족' 및 사회에 관심을 두고 가족친화 사회 환경조성에 앞장섭니다.

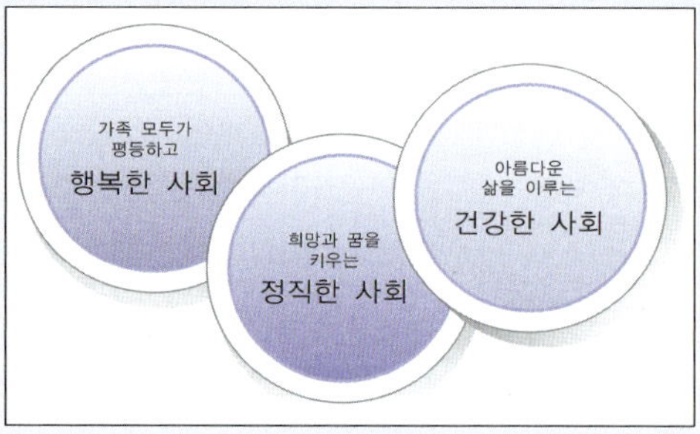

출처: 건강가정지원센터 홈페이지(2012. 12. 30).

이상과 같은 논의과정 중에 중앙-광역-기초의 건강가정지원센터가 갖는 역할과 기능에 대하여 선행연구와 전문가와 실무자 의견을 종합하여 제시한 연구의 내용(송혜림·라휘문, 2009)은 다음과 같다.

1) 중앙건강가정지원센터

① 건강가정지원센터의 방향 설정과 연구개발

- 건강가정지원센터 운영의 연간 방향 제시
- 가족정책사업 발굴과 시범사업 시행
- 전국 단위 조사와 연구
- 여성가족부와 함께 건강가정정책의 틀 마련: 가족정책 연계와 조정
- 건강가정지원센터가 해야 할 사업의 구체적인 내용 제시

- 시·군·구 건강가정지원센터가 실시할 건강가정사업의 프로그램 연구개발 등
- 가족정책 성과 보급 및 홍보
- 건강가정정책 관련 조사연구와 홍보출판
- 가족지원 관련 기초 통계 산출 및 연구, 가족실태조사
- 건강가정사업 프로그램 및 콘텐츠에 대한 R & D 역할

② 건강가정지원센터 지원

- 가족프로그램 개발과 보급
- 구체적인 운영가이드라인 마련
- 건강가정 포털시스템 관리와 운영
- 기업 파트너 발굴 및 확산, 각 센터와의 연계지원
- 유관기관과의 네트워크 구축
- 전산 지원: 전국 지역센터의 단일 전산망 관리(홈페이지, 실적, 성과 등), 전국 센터 사업과 연결시킬 E-Familynet 운영
- 건강가정사업공모
- 홍보
- 전국 사업보고대회, 세미나, 토론회 등 개최
- 지역센터 프로그램의 표준화 모델 작업(프로그램 개발, 동영상, 표준교안 마련 등)
- 전국 센터 표준사업계획서(전국 센터가 일부사업 동시·동일 진행 시 홍보를 위해)
- 센터에서 시행되는 단위사업(아이돌보미, 한부모사업 등)에 대한 관리

③ 연계: 여성가족부와 시·도 및 시·군·구 건강가정지원센터 간의 연계

- 개별 센터의 운영현황과 실태의 체계적 보고를 통한 중앙 부처와 개별 센터의 연계와 소통

④ 광역/시·군·구 건강가정지원센터관리와 평가

- 전국의 센터 실적 총괄 관리, 활용, 홍보와 평가
- 광역과 자치구 센터 평가 지표 개발, 광역센터 평가

- 광역, 시·군·구 건강가정지원센터 평가시스템 관리, 평가위원관리
- 광역 센터 운영지원과 공동사업 주관

⑤ 건강가정사 관리체계 운영

- 양성과 파견
- 자격관리
- 종사자 인적자원역량강화(교육, 워크숍)
- 질 관리를 위한 재교육
- 종사자 간 네트워크 구축
- 건강가정사협회 구축과 지원
- 건강가정사에 대한 권익옹호와 복지증진

이상과 같은 내용을 종합하면, 중앙건강가정지원센터의 핵심 기능은 여성가족부와의 가족정책 기획 협의 아래 건강가정지원센터의 발전방향 정립, 연구개발, 광역과 지방자치단체 건강가정지원센터에 대한 지원과 평가, 연계, 건강가정사 관리체계 운영 등이다.

2) 광역 건강가정지원센터

① 광역 단위 정책개발과 연구조사

- 광역 지역 가족정책 수립 지원(연구 기능)
- 광역 공동 사업 개발과 시행
- 자치구 정책 조정
- 광역 지역의 가족실태조사(이슈 제기형)와 욕구조사
- 광역 지역 건강가정 관련 기초 통계 산출과 연구

② 자치구 건강가정지원센터 지원

- 시·군·구 센터 프로그램 발굴과 벤치마킹 유도
- 시·군·구 센터 공동사업 발굴과 수행

- 중앙건강가정지원센터에서 개발한 사업과 프로그램의 보완 적용: 지역 특성을 고려해서 실시될 수 있도록 광역 지역 내 개별 기초자치단체에 대한 기본 정보 제공, 사업 결과물을 응용하여 건강사업 및 프로그램을 수정, 보완하는 역할
- 시·군·구 센터 운영지원과 공동사업 주관
- 프로그램 강사 양성 교육과 강사 데이터베이스(database: DB) 구축
- 홍보
- 실무자 교육과 간담회(시·군·구센터별 특징 사업 발표 및 사업개선안 논의, 수퍼비전 등을 통한 사업경험 공유)
- 단위사업 시행을 위한 시·군·구 센터 교육지원(예: 아이돌보미 양성교육, 가족봉사단 교육, 전화상담봉사자 교육 등): 이를 통해 시·군·구 건강가정지원센터의 업무 완화에 이바지
- 시·군·구 센터 동향과 현황 관리, 현장방문
- 시·군·구 센터 사업지원(사업설명회 개최, 사업보고대회)
- 신규 센터 지원방문(재위탁 등으로 말미암은)

③ 연계

- 중앙건강가정지원센터와 시·군·구 건강가정지원센터의 연계
- 중앙센터에서 연구, 개발한 사업을 광역시의 특성을 반영한 사업으로 지역화 작업
- 중앙센터 평가지표 개발과정에 시·군·구 센터의 의견 전달

④ 시·군·구 센터의 거점 혹은 선도기관의 기능

- 지역 내 개별 센터들의 구심점 역할
- 비용, 역량상 개별 센터가 개발하지 못하는 프로그램을 공동으로 개발
- 서비스 범위와 시·군·구 센터 역할에 대한 중재와 통합의 역할
- 시·군·구 센터의 공통된 애로사항을 공유, 그 공동 해결방식 모색
- 광역 지역 단위 행사 기획과 운영: 문화사업 공동운영, 광역 단위 프로그램 진행(캠페인, 시민축제, 봉사단 축제 등), 가족친화문화조성사업 진행(공

무원, 기업대상 가족친화 교육, 문화프로그램 진행)
- 아이돌보미, 가정봉사원 등 전문 인력 교육과 재교육 사업
- 시·군·구 내 프로그램별 강사 통합 관리

⑤ 종사자 관리, 네트워크 구축과 활성화
- 시·군·구 건강가정지원센터 종사자들 간의 모임, 네트워크 구성: 직위별, 팀별, 담당 업무별 담당자 모임
- 정보 공유와 연계
- 시·군·구 센터 근무자 재교육

⑥ 유관기관과의 네트워크 구축
- 파트너 기업 발굴과 연계 사업 시행
- 관련 전문가 집단(단체)과 기업과의 네트워크
- 광역시 내 시·군·구 센터와 기업, 학교 등과의 양해각서(memorandom of understanding: MOU) 체결 지원

이상과 같은 내용을 종합할 때, 광역 건강가정지원센터의 핵심기능은 광역단위 정책개발과 연구, 지자체 건강가정지원센터에 대한 지원, 연계, 지방자치단체 건강가정지원센터 선도 및 거점, 종사자 관리, 네트워크 구축 등이라 할 수 있다.

3) 시·군·구 건강가정지원센터

① 주민에 대한 건강가정 교육·상담·문화·가족지원 프로그램과 정보의 제공, 유관기관과의 연계를 통한 서비스 제공
- 주민에 대한 각종 서비스의 일차적 제공
- 가족문화 활동
- 공통필수사업 실시
- 특화사업 실시
- 아이돌보미 사업

- 육아정보나눔터, 방과 후 등 돌봄지원 사업
- 결혼이민자사업
- 한부모사례관리 사업
- 조손가족 지원사업
- 이혼가족 지원사업
- 가족친화마을 만들기 사업
- 기업을 연계한 가족친화경영 관련 사업(가족친화문화조성법에 의한 사업)

② 시·군·구의 특성과 주민의 요구도 파악

- 사회인구학적 특성, 관련 기관의 위치와 시행하는 사업의 내용 파악, 건강가정 사업에 대한 홍보, 주민의 요구도 파악을 위한 조사
- 시·군·구 가족 단위 가족실태조사

③ 지역사회 관련 전달체계 협력체계 구축

- 지역 부문 및 다양한 자원들의 연계를 통한 돌봄 네트워크 구축
- 지역 내 전문 기관과의 연계

④ 실적 보고와 상부기관 협조

- 연간 사업계획 및 월간 사업계획을 작성해서 보고
- 월별, 분기별, 상하반기별, 연간 실적을 구청, 중앙센터와 광역센터 등에 보고
- 동향보고
- 사업 실시 후 중앙과 광역 센터에 결과 피드백
- 상부기관(구청, 시청 등)에서 요청하는 정보 제공과 사업 시행
- 상부기관에서 요구하는 각종 자료를 작성하여 제출

이상과 같은 내용을 종합하면, 가족정책 전달체계의 계층 중 마지막 단계인 시·군·구 건강가정지원센터의 가장 핵심적인 기능은 주민을 대상으로 한 직접적인 건강가정사업의 수행이며, 그 밖에 해당 지역 실태와 요구조사, 네트워크 구축, 실적보고와 상부기관 협조 등이라 할 수 있다.

02 사업주체별 기능과 역할

일반적으로 기능은 특정조직에 부여된 임무를 달성하기 위한 과업의 총체적 집합을 의미하는 것으로, 더 구체적으로는 일련의 동질적 또는 유사한 사무의 집합단위를 기능으로 간주하고 있다. 이러한 기능은 조직의 기구편제와 인력수요량을 결정하는 기초자료의 특성을 보유하고 있는 바, 기능의 성격에 따른 분류결과가 기구편제로 나타나고, 기능의 양적 규모가 인력수요의 결정요인이 된다는 점에서(송혜림·라휘문, 2009), 전반적인 조직관리에 상당히 큰 영향을 미친다고 볼 수 있다. 이러한 맥락에서, 앞에서 다룬 계층별 건강가정지원센터의 역할과 기능을 다시 한 번 인식할 필요가 있다.

기능에 따라 조직이 구성되면, 각 조직에 따른 인력 배치가 이루어지며, 유기적으로 업무를 처리하게 되는 일련의 질서와 위계 등이 창출된다. 이는 나아가서 예산의 배정과 자원 배분 등과도 연결되기 때문에, 조직의 구성은 매우 신중하게 이루어질 필요가 있다. 이를 조직화라 할 수 있는데, 조직화란 일정한 단위의 활동 체계가 그 목표를 최상으로 실현할 수 있도록 하기 위해 어떠한 형태로 조직을 구성할 것인가를 결정하고 업무를 분배하며, 업무의 수행을 위해 자원을 할당하고 조정하는 활동을 총체적으로 지칭하는 말이다(지호준, 2003). 따라서 조직은 곧 업무분담과 직결되며, 전체 체계의 목표 달성을 위해 어떤 부서에서 어떤 업무를 수행할 것인가를 결정하는 일이 핵심이라고 할 수 있다. 또한, 부서 간 업무분담의 조정과 통제를 위한 방안도 함께 마련해야 할 것이다. 이를 건강가정지원센터에 적용하면, 건강가정지원센터의 합리적인 운영방안을 모색하기 위해서 센터의 업무를 명확히 규정할 필요가 있으며, 업무를 수행할 부서를 결정해야 할 것이다(송혜림·장진경, 2004).

1) 중앙정부(여성가족부)

여성가족부는 여성정책뿐만 아니라 청소년 육성과 복지 및 보호, 여성·청소년·아동에 대한 폭력피해 예방 및 보호, 가족과 다문화가족 정책의 수립·조정·지원 등 가족에 관한 전반적인 업무를 담당하고 있다([그림 8-1] 참조). 건강가정지원센터와 관련된 여성가족부의 주요 업무는 다음과 같다.

- 건강가정지원센터 기본운영계획 수립
- 「건강가정기본법」 관련 법규 제정과 정비
- 건강가정지원센터 설치 계획 수립과 지원
- 건강가정지원센터의 관리 감독과 지도
- 건강가정지원센터 사업비의 교부와 정산, 평가

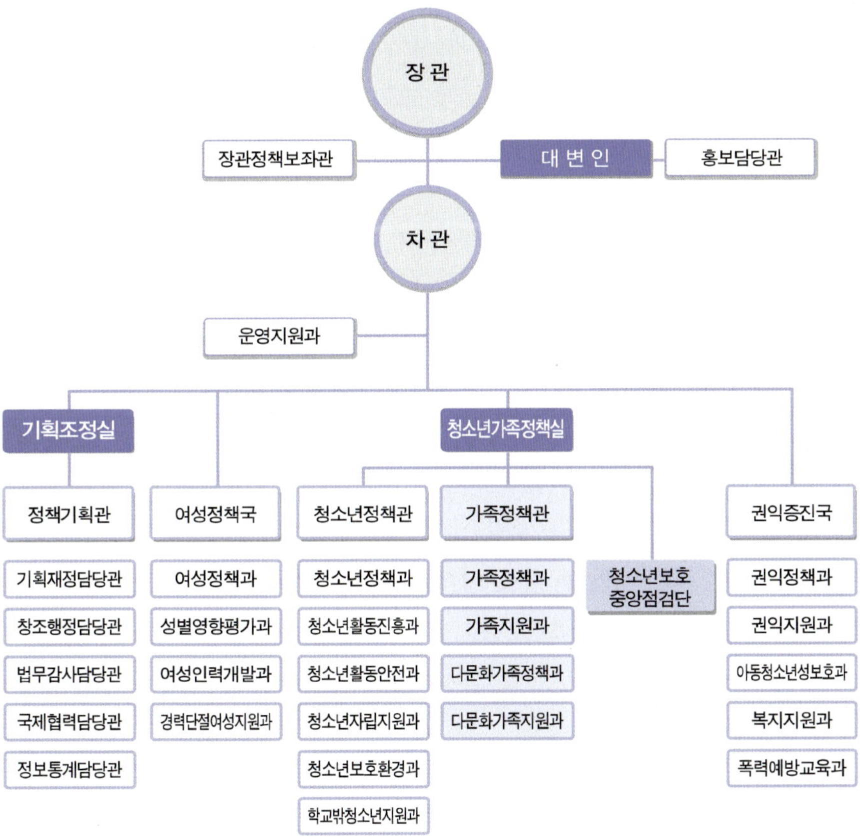

출처: 여성가족부 홈페이지(www.mogef.go.kr, 2015. 12. 30).

[그림 8-1] 여성가족부 조직도

2) 지방자치단체

지방자치단체는 여성가족부와 시·도 및 시·군·구 간의 연계 역할을 한다. 서울을 제외한 지역의 건강가정지원센터 재원은 국비와 지방비 각각 50%이다. 따라서 지방자치단체의 재정 상태는 건강가정지원센터의 설치·운영에 큰 영향을 미친다. 시·도 및 시·군·구의 주요 업무는 다음과 같다.

- 중앙정부, 시·도 및 시·군·구 간 연계, 시·도 및 시·군·구 내 연계
- 「건강가정기본법」 관련 조례 등 제정과 정비
- 시·도 및 시·군·구 건강가정지원센터 설치와 지원
- 시·도 및 시·군·구 건강가정지원센터 사업비의 교부와 정산
- 건강가정지원사업의 운영현황과 사업결과 보고
- 건강가정지원센터의 관리 감독과 지도

3) 한국건강가정진흥원

한국건강가정진흥원(구, 중앙건강가정지원센터)은 시·도 및 시·군·구 건강가정지원센터의 사업을 총괄 지원하고, 이들을 평가하는 역할을 담당하는 기관이다. 한국건강가정진흥원의 주요 업무는 다음과 같다.

- 가족지원 프로그램의 개발과 보급
- 주요 가족정책 관련 시범사업 시행
- 교육·상담·문화활동 등 각 분야 전문인력 양성
- 직원 전문성과 역량강화 교육
- 시·도 및 시·군·구 건강가정지원센터의 사업지원과 평가
- 통합정보시스템 관리·운영
- 관련 기관 네트워크 구축과 홍보사업

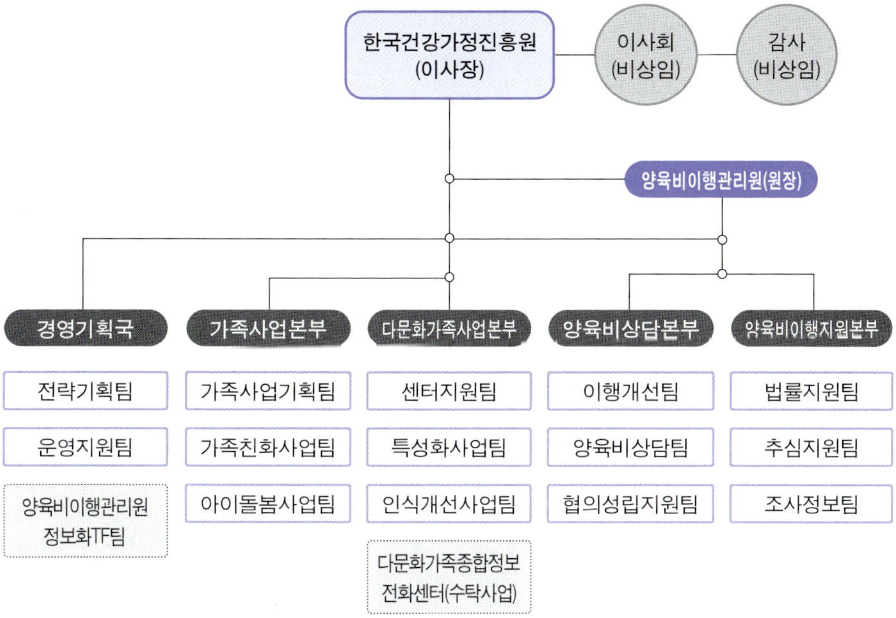

출처: 한국건강가정진흥원 홈페이지(www.kihf.or.kr, 2015. 12. 30).

[그림 8-2] 한국건강가정진흥원 조직도

4) 시·도 건강가정지원센터

시·도 건강가정지원센터는 시·군·구 건강가정지원센터가 늘어나면서 한국건강가정진흥원이 담당하던 역할을 분담하고 있다. 즉, 주민을 위한 일차적인 서비스 기관이 아니라 관할 시·군·구 건강가정지원센터 사업을 지원·관리하고 있다. 또한, 그 특성에 맞는 가족지원 프로그램을 개발·보급하는 등 한국건강가정진흥원과 시·군·구 건강가정지원센터의 연계 역할을 담당하고 있다. 시·도 건강가정지원센터의 주요 업무는 다음과 같다.

- 한국건강가정진흥원과 시·군·구 건강가정지원센터와의 연계
- 시·도별 특성에 맞는 가족지원 프로그램 개발·보급
- 시·군·구 건강가정지원센터 사업지원과 관리
- 시·도 단위의 가족실태조사와 주민욕구조사

- 시·도 가족 관련 정보와 데이터베이스 구축·보급
- 관할 시·도 단위 자체사업 평가, 전국 단위 건강가정지원센터 평가 지원

5) 시·군·구 건강가정지원센터

시·군·구 건강가정지원센터는 서비스를 필요로 하는 가족에게 건강가정지원 서비스를 직접 제공하는 기관이다. 지역사회 내의 보건소, 종합사회복지관, 인근 학교 등과의 연계를 통해 가족에게 통합적인 서비스를 제공한다. 시·군·구 건강가정지원센터의 주요 업무는 다음과 같다.

- 지역사회 내 가족구성원을 위한 일차적 가족지원 서비스 제공
- 가족단위 가족생활 교육·상담·문화사업 시행
- 지역사회 유관기관과의 연계를 통한 통합적 가족지원 서비스 제공
- 시·군·구 단위의 가족실태조사와 주민욕구조사
- 지역사회 내 가족구성원을 위한 가족생활 관련 정보 제공

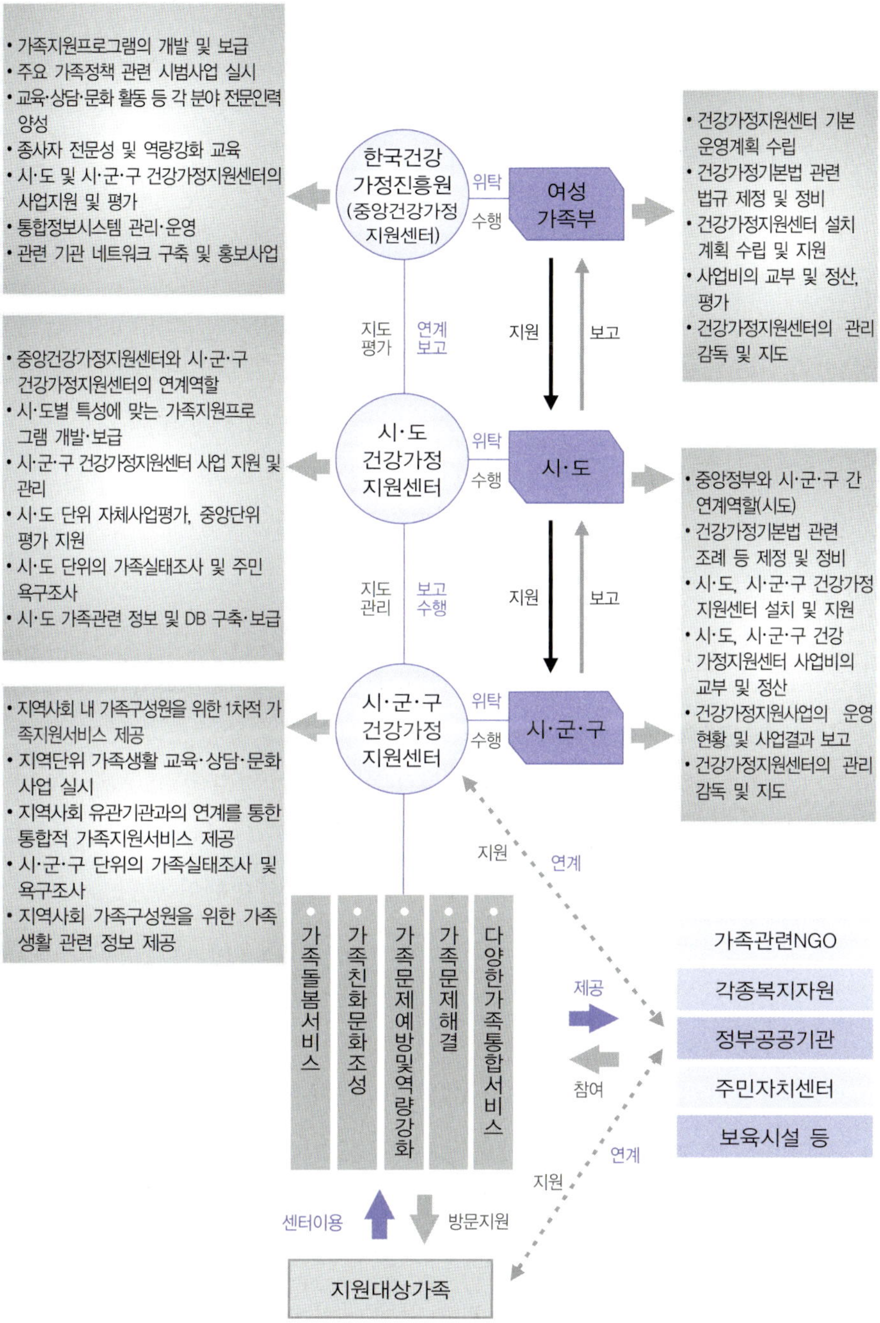

출처: 한국건강가정진흥원 홈페이지(www.kihf.or.kr, 2012. 12. 30).

[그림 8-3] 건강가정지원센터 전달체계도

03 건강가정지원센터의 설치와 운영

1) 건강가정지원센터의 설치

건강가정지원센터 사업안내(여성가족부, 2012)에서 제시한 건강가정지원센터의 설치기준은 다음과 같다.

- 지역 주민의 접근이 편리한 곳에 설치한다. 특히 지역 주민의 접근성이 떨어지는 학교 내부, 도심 외곽 지역 등에 건강가정지원센터를 두지 않는다.
- 공공성이 화보될 수 있도록 시·군·구청, 동사무소 등 지방자치단체 내 건물 혹은 지방자치단체가 소유·관리 및 확보한 공공시설 내부에 설치하는 것을 원칙으로 한다.
- 별도의 사무공간을 확보하고, 건강가정지원센터의 기능을 효율적으로 수행할 수 있도록 전화상담실, 면접상담실, 교육실, 자료실 등 필요한 공간을 충분히 화보하여야 한다.
- 상담실은 전화상담실과 면접상담실을 별도로 분리하여 설치해야 하며, 이밖에 집단상담실 등을 둘 수 있다.
- 이용자의 안전과 편의에 적합한 규모와 구조로 설비해야 한다.
- 화재와 시설이용 관련 사고 등으로 말미암은 손해배상 책임의 이행을 위해 책임보험에 가입해야 한다.
- 건강가정지원센터 운영에 필요한 기자재 등을 비치하여야 한다.
- 건강가정지원센터에 관한 홍보자료, 진행 중이거나 계획 중인 사업 등의 관련 자료를 이용자가 열람할 수 있도록 항시 비치하여야 한다.
- 건강가정지원센터 신규 설치 시 다문화가족지원센터가 설치된 지역에는 독립형 건강가정지원센터 신규 설치를 배제하고 다기능화센터를 우선 설치해야 한다. 전액 지방비로 신규 설치 시 여성가족부로 설치현황을 통보한다.

2) 건강가정지원센터의 운영

(1) 기본 방향

- 국가와 지방자치단체는 건강가정지원센터를 설치·운영하되 필요하면 비영리법인 혹은 학교에 센터 운영에 관한 업무를 위탁할 수 있다.
- 국가와 지방자치단체는 예산 범위 내에서 센터 기능의 수행에 필요한 운영비를 보조한다.
- 여성가족부장관, 시·도지사와 시·군·구청장은 건강가정지원센터의 원활한 운영을 위해 사업과 보조금 집행실적 등을 보고받아 지도·감독해야 한다.
- 지방 건강가정지원센터는 한국건강가정진흥원이 시행하는 공모사업 등에 참여하여 사업비를 지원받을 수 있다.

(2) 조직

시·도 건강가정지원센터는 시·도와 협의하여 센터장 외 교육지원팀, 사업지원팀, 홍보협력팀 등 사업수행을 위해 필요한 팀을 둘 수 있다. 시·군·구 건강가정지원센터(독립형)는 센터장, 가족상담팀, 가족교육팀, 가족문화팀을 두고, 그 이외 사업수행을 위해 필요한 팀을 둘 수 있다. 건강가정지원센터 내 조직을 변경할 필요가 있을 때 관할 시·도지사 혹은 관할 시·구청장의 사전 승인을 받은 후 변경이 가능하다. 조직도와 담당 업무표를 건강가정지원센터 내에 게시하여 방문자가 알 수 있도록 한다. 지역사회 내 유관기관과의 네트워크 구축과 정보를 교류할 수 있도록 운영위원회를 구성·운영한다.

(3) 종사자 수와 자격

한국건강가정진흥원은 16인 이상, 독립형센터는 4인 이상, 다기능화센터는 2인 이상의 상근 직원을 두어야 한다. 직영센터는 직원 중 건강가정사를 2인 이상 두어야 하는데, 센터에 근무하는 공무원이 건강가정사 자격을 갖춘 때에는 건강가정사를 둔 것으로 본다. 또한, 직영센터에서 비전임 공무원 혹은 비상근 직원을 둘 때, 비전임 공무원 혹은 비상근 직원을 상근 직원의 1/2인으로 본다(센터 전담업무가 아닌 업무를 중복해서 맡고 있는 경우는 비전임으로 인정한다). 센터 직원은 건강가정사 자격이 있는 사람이어야 하며, 자격증소지자의 비율은 건강가정지원센터의 평가 시 반영된다.

(4) 국고보조 건강가정지원센터 지원

- 한국건강가정진흥원의 운영예산은 국비 100%를 지원한다.
- 시·도와 시·군·구 센터 운영예산은 대부분 국비 50%, 지방비 50%를 지원한다.
- 지원금은 인건비(사용자 부담금 포함), 운영비, 사업비 등에 사용된다.

3) 건강가정지원센터 운영관리의 과제

건강가정지원센터는 제한된 자원으로 목표를 달성하기 위해 관리활동을 수행하는 조직체계이다. 그동안 운영이나 관리 혹은 경영은 보통 기업이나 대규모의 조직에 적절한 개념으로 이해되어 왔다. 왜냐하면, 이윤추구를 하는 대규모 조직은 어떻게 하면 많은 영리를 창출할 것인가를 목표로 하기 때문에, 매우 적극적인 경영원리를 도입, 적용하고 있기 때문이다. 반면, 공공기관이나 비영리단체, 복지시설과 같이 이윤추구보다는 공공의 복지나 이용자의 요구에 더 관심을 갖는 단위에서는 마케팅, 기획관리, 재무관리 등의 운영관리기법을 적극적으로 도입하지 않았던 것이 사실이다. 이러한 조직은 주어진 예산을 계획경제에 따라 운용하고 규정이나 지침을 정확히 지키는 것에서 운영관리의 기본을 추구해 왔다고 할 수 있다.

그러나 최근 들어 비영리단체의 경영을 중심으로 이윤추구 경영체가 아니더라도 효과적이고 합목적적인 경영이 매우 중요하며, 따라서 다양한 시설과 기관을 위한 경영원리의 개발이 필요하다는 논의가 활성화되고 있다. 이는 다양한 사회경제적 환경으로 말미암아 비영리 조직의 활성화가 필요한데도, 이를 위한 재원은 충분하지 않고 동시에 기업과 다른 비영리 조직에 대하여 경쟁적인 환경에 직면해 있기 때문이다(이주희, 2004). 또한, 공적기금으로 운영되는 조직이 갖는 사회적 책무성의 차원에서 투명한 경영이 요구되는 상황이며, 이용자에 대한 서비스의 질적 향상, 정보 공개 등의 차원에서도 그러하다. 이로써 비영리단체나 조직이 경영, 마케팅, 자원개발 등에 대해 관심을 기울이고 있다.

궁극적으로 건강가정지원센터의 운영관리는 주어진 조건 속에서 이용자와 근무자의 만족도를 향상시킬 수 있는 효과적인 방안을 마련하고 적용하는 과정 속에서 이루어진다고 할 수 있다. 전국에 걸쳐 건강가정지원센터가 설치되고 있는 현 시점에서는 건강가정지원센터가 각 지역사회에서 가족과 건강가정 관련 사업의 거점으로 신속히 자리 매김하고 확산되기 위한 다양한 운영의 과제를 점검하고 실천해야 할 것이다. 이러한 맥락에서 선행연구에서는 현재가 여전히 건강가정지원센터 설치 초기라는 점을 감안하여 홍보, 지역사회 유관기관과의 네트워킹과 자원개발, 사업의 차별화 등을 관건으로 제시하여 왔다(송혜림·장진경, 2004; 이기영 외, 2004; 송혜림, 2005, 2006). 즉, 지역사회 후발주자로 참여하는 건강가정지원센터의 위상 정립을 위해서는 홍보가 무엇보다 우선시되어야 하며, 동시에 지역사회에서 이미 운영 중인 다른 유관기관과의 효과적 네트워킹과 지역사회 자원개발을 통하여 지역주민의 요구에 부응하는 기관으로 견고히 자리 매김하여야 한다는 것이다. 이러한 맥락에서 건강가정지원센터의 효과적인 운영관리를 위해 몇 가지 직면한 과제와 방안을 다음과 같이 제시한다.

(1) 홍보

2004년 시범사업으로 출발한 건강가정지원센터는 아직도 초기 단계에 놓여있다고 할 수 있다. 또한, 기존에 지역사회에는 가족뿐 아니라 아동, 여성, 노인, 청소년 등 다양한 대상에게 서비스를 제공하는 공적/민간 전달체계들이 활동하고 있기 때문에, 이러한 상황에서 건강가정지원센터가 견고히 위상을 정립하기 위해서는 홍보를 운영관리의 우선적인 과제로 삼아야 한다. 건강가정지원센터의 홍보는, 처음에는 이름 알리기와 건강가정지원센터가 어떤 서비스를 제공하는 전달체계인지를, 그 다음에는 가족과 가정생활과 관련되어 건강가정지원센터를 통해 모든 요구를 충족시킬 수 있다는 설득으로까지 이어지도록 구상하여야 한다.

홍보를 통해 후원자 개발, 자원봉사자 양성과 유지 등이 가능하며, 동시에 지역사회 유관기관과 협력적 네트워크를 구축하기 위해서도 홍보는 매우 중요한 역할을 한다. 홍보는 건강가정지원센터의 이미지를 개선하며 이용자 확보와 이용만족도에 영향력을 지니는 당사자(actor)의 만족을 파악하여 다른 기능영역으로 전달하는 중요한 기능을 수행한다(송혜림, 2001). 또한, 주민 참여와 지역사회연대를 위해서는 대상자들에 대한 홍보가 어떤 방식으로든 반드시 선행되어야 한다. 결국, 공공기관의 활성화와 효율적 운영을 위하여 홍보는 매우 중요한 요건이 된다. 공공기관의 홍보와 마케팅은 지역사회 자원 활용, 지역사회와의 연계로 이어질 수 있다는 점에서 그 중요성을 더한다.

선행연구가 밝힌 건강가정지원센터의 홍보 전략은, 센터 관련 팸플릿, 포스터, 스티커, 기념물을 제작하여 배포하거나 정기적으로 소식지를 발간하여 센터의 존재를 지역주민에게 인식시키는 것을 보편적으로 제안하고 있다. 예컨대 건강가정지원센터를 알게 된 경로에서 동사무소, 시·구청 홈페이지 등이 우선순위를 차지하고 있는 것을 보면, 지역사회 공적 전달체계를 통해 센터를 홍보하는 방법이 효과적이라고 할 수 있다. 특히 센터의 개소식이 센터를 홍보할 수 있는 좋은 기회가 되는 만큼, 사전에 센터의 사업을 홍보할 수 있는 동영상물을 제작하여 발표하거나 지역주민에게 알맞은 기념품을 제공하는 것도 좋은 효과를 줄 수 있다. 또한, 언론에 소개되는 건강가정지원센터 관련 소식은 그 자체로 훌륭한 홍보의 효과를 발휘할 수 있다. 건강가정사업에 대한 홍보의 방안으로, 연초에는 건강가정지원센터의 연간사업 스케줄을 보기 쉬운 표로 만들어서 소식지 등의 형식으로 지역주민들에게 배포하는 것이 필요하다. 또한, 가정의 달이나 명절 등 특별한 행사가 있을 때에는 사업의 브로슈어를 특별 제작하여 반상회 등을 통해 배포하는 것도 필요하다(조희금 외, 2007, 2010).

(2) 지역사회 자원 개발

지방분권화의 추세와 맞물려 지역사회 문제를 지역사회 스스로 해결해야 하는 지방화가 진행되고 있는 현 상황에서 지역사회 주민조직의 중요성은 한층 더 높아지고 있다. 지방화시대를 맞이하여 각각의 지역사회 주민의 욕구를 출발점으로 하여 지역주민 스스로가 자신들의 욕구를 해결해 나감으로써, 전체 사회의 발전에 이바지하는 방식이 강조되어 왔다. 주민 스스로가 중심이 되어 자기들의 욕구를 통합·조정하고, 이를 위해 노력하는 과정은 바로 주민조직화의 과정이라 할 수 있다(곽현근·유현숙, 2005). 이와 같이 지역사회는 이제 복지공급의 주체로, 동시에 자원으로 그 기능을 확장시키고 있다. 이에 따라 지역주민의 참여, 자율성 등이 강조되고 주민과 주민집단 자체가 하나의 자원으로서의 역할을 수행해야 할 시점이다(송혜림·김소영, 2006).

선행연구에서 지역사회 자원개발이 필요한 이유는 다음과 같이 정리되고 있다. 첫째, 지역사회를 구성하는 주민들의 욕구와 문제는 매우 다양한데, 이때 다양한 자원을 조직하고 상호 교환과 분배가 이루어짐으로써 해결되는 것이 더 효과적이며 효율적이기 때문이다. 특히 다양한 욕구를 충족시키고 문제 해결에 개입하기 위해 자원을 공유함으로써 서비스의 중복을 피하고 그 범위가 확장될 수 있기 때문이다. 둘째, 지역사회실천에 있어 네트워크는 긴급한 지역사회문제를 해결하기 위해 대처능력을 발휘할 수 있고 특정한 시기와 사안에 더욱 견고하게 조직되는 것을 의미하기 때문이다. 셋째, 네트워크 형성과정에서 다양한 자원이 개발되고 참여를 활성화시킬 수 있기 때문이다. 특히 지역사회 주민들이 서비스의 공급 주체로 참여할 수 있는 기회가 확장될 수 있다는 이점도 있다. 넷째, 서로 다른 욕구를 지닌 자원이 서로 욕구와 자원을 교류하고 상호관계 형성을 통해 공통의 욕구를 해결하는 것이 보다 효과적일 수 있기 때문이다(한재랑, 2000).

따라서 지역사회 자원개발에 대한 관심도 높아지고 있으며, 이는 건강가정지원센터가 주력해야 할 주요 과제라고도 볼 수 있다. 지역사회 자원개발은 건강가정기본법의 이념과도 맥을 같이 하고 있기 때문이다. 건강가정기본법

제10조에는 "국가 및 지방자치단체는 건강한 가정 구현에 기여할 수 있도록 지역사회 자원을 최대한 개발하고 활용하여야 한다."라고 명시되어 있다. 또한, 건강가정기본법은 가정의 자립과 자율성 회복, 다양한 가정 간의 협동을 통한 지역사회 공동체 형성을 지향하고 있으며, 특히 가정 간의 협동에 대한 필요는 가정이 가족 이기주의적인 시각에서 벗어나 지역사회공동체 내에서 이웃이나 다른 체계와 연대할 수 있어야 함을 의미하는 것으로, 가정뿐 아니라 지역사회의 건강성 회복에도 관심을 보이고 있다. 이와 관련한 내용은 법 조항에도 명시되어 있는데, 건강가정기본법 제27조에서 국가는 가족이 시민으로서의 역할을 증진할 수 있는 기회와 서비스를 제공해야 하며, 나아가 가족 단위의 자원봉사 참여가 확대되도록 노력할 것을 명시하고 있다. 또 제33조에서도 건강가정과 관련된 자원봉사활동 사업을 육성 장려하도록 규정하고 있다(송혜림 외, 2006).

앞으로 더욱 효과적인 지역사회 자원개발을 위해 건강가정지원센터가 검토해야 할 방안을 정리하면, 주민들의 자발적 참여와 지속적 활동을 이끌어 내기 위해서 적절한 동기를 부여해야 할 필요성이 있다. 또한, 건강가정지원센터의 운영과 관련한 의사결정에 주민이 직접 참여하는 방안이나 주민조직 구성 시 조직 내에서의 활발한 의사소통과 민주적인 의사결정이 가능한 구조와 체계를 만들어야 할 것이다. 특히 조직 구성과 그 지속에 있어서 주민의 자발성을 충분히 담보할 수 있는 방안이 마련되어야 할 것이다. 지역주민 간 친밀감과 결속력이 있을 때 지역사회 자원개발과 조직화 등이 활성화될 수 있을 것이라는 점에서, 다양한 문화사업과 교육사업 등에 참여한 지역주민 간의 자연스런 모임, 동아리 등이 보다 공식적인 조직으로 발전할 수 있도록 기회를 제공할 필요가 있다.

(3) 관련 기관과의 네트워크 구축

지역사회 네트워크는 특정 목적을 달성하기 위해 지역사회 내 관련 기관 간에 협력적 관계를 형성하는 것을 의미한다(박경숙, 1966). 특히 건강가정지원센터와 같이 지역사회에서 후발주자로 출발하게 된 전달체계는, 기존의 관련 기관과 협력적 네트워크를 구축하는 것이 매우 긴급하고도 중요한 운영의 과제라고 할 것이다. 현재 건강가정지원센터의 위상과 입지를 고려할 때, 지역사회 내 여러 기관과 시설, 즉 주민자치센터와 보건소, 사회복지관, 보육시설, 민간단체, 대상별 시설 등에서 이미 건강가정지원센터와 부분적으로 중복되거나 유사한 내용의 사업을 제공했다는 상황에 주목할 필요가 있다. 따라서 이러한 기관들과 어떠한 관계를 설정할 것인가, 어떤 네트워크 구축의 틀과 방향이 필요한가? 등을 점검할 필요가 있다. 따라서 건강가정지원센터를 둘러싸고 있는 환경 속에서 지역사회 관련 기관, 영리/비영리경영체, 민간기관, 공적 전달체계, 학교 등과 어떠한 협업체계를 구성하여 건강가정지원센터의 입지를 공고히 하며, 사업의 효과성을 극대화할 것인가에 대한 방안을 모색할 필요가 있을 것이다. 이러한 맥락에서 중앙건강가정지원센터는 건강가정지원센터의 네트워킹을 두 가지로 구별하고 있는데, 첫째는 관련 기관과의 네트워킹으로서, 유관기관 리스트와 사업실적, 관련 기관과의 네트워킹 방향과 실천방안, 관련 기관으로부터의 지원체계 구축을 위한 방안을 강구하여 실행하는 것이고, 둘째는 사적·공적 전달체계와의 협업체계 구성으로서 기업체·행정기관·대학 등 산·관·학 연계사업을 수행하는 것이다.

앞으로 더욱 효과적으로 네트워크 구축의 과제를 실현하기 위해서 어떤 기관과의 연계를 우선적으로 고려하고 선택할 것인가에 대한 논의와 모색이 우선되어야 하며, 건강가정지원센터가 다른 기관과 연계를 구축하거나 협력 사업을 할 때, 제공할 수 있는 자원과 필요로 하는 자원은 무엇인지를 명확히 할 필요가 있다. 네트워크 구축의 효과 중 하나가 자원의 제한이라는 조건에서 지역 내의 자원을 적절히 분배해 효율적으로 사용한다는 점임을 생각할 때, 주고받을 수 있는 부분을 명확히 하는 것은 네트워크 활성화에 도움이 될 수 있다. 또한, 장기적으로 관련 기관과의 지속적인 네트워크 구축을 위한 사업 영역을 모색하는 것이 필요하다. 아울러 소극적인 이용자 의뢰, 정보의 교환 수준을 뛰어 넘어 적극적이고 역동적으로 네트워크 구축의 체계를 마련하고 실현해야 할 것이다. 이를 위한 구체적 방안은 네트워크 구축의 활성화를 위해 건강가정지원센터에 이 기능을 담당하는 조직을 별도로 구성하여야 한다. 네트워크 구축을 정례화하는 방안은 현재 여러 건강가정지원센터에서 수행하고 있는 교류의 기회를 더욱 확장해야 할 것이다. 나아가 네트워크 구축을 건강가정지원센터의 필수사업 혹은 핵심사업으로 지정하는 방법도 고려할 수 있다.

(4) 표준화된 사업 모델과 적정한 비용 산출

2004년 시범사업으로부터 2011년 현재 8년째 접어든 건강가정지원센터의 운영에 있어서, 특히 건강가정사업에 주목할 때, 매년 정부로부터 주어지는 지원금 대비 적정 사업을 위한 표준화 작업이 필요한 시점이라고 할 것이다. 이는 현장 근무자들의 불필요한 작업을 감소시켜 업무의 능률을 향상시키려는 방안이기도 하며, 초기 단계를 벗어나 어느 정도의 성과를 가시화시키고 있는 건강가정지원센터의 지속적 성장과 발전, 사업의 품질 개선을 위해서도 시급한 사안이다.

이를 위해서는 각 사업 영역별로 소요되는 적정한 비용, 비용 대비 효과, 이용자 수 등 다양한 요소를 고려하여, 사업영역별·프로그램별 적정한 비용을 산출하여야 한다. 또 전체 지원금 대비 적정 비용을 고려하여, 1년 동안 수행할 수 있는 적정 사업의 수와 규모 등에 대한 표준화 작업이 진행되어야 할 것이다. 결국, 이러한 작업은 중앙건강가정지원센터가 전국 건강가정지원센터의 사업 실적 보고 자료, 전문가로부터의 컨설팅 등에 기초하여 추진해야 할 작업이라고 할 수 있다. 결과적으로 국가가 지급하는 총 비용 대비 사업 규모와 이용자 수의 적정성을 통해 건강가정지원센터의 성과를 측정할 수 있으며, 이러한 자료를 기초로 정부의 예산 편성, 건강가정지원센터 지원금, 적정한 전문인력의 확보, 적절한 사업 규모 등에 대한 기준이 산출될 수 있다(송혜림·김소영, 2006; 조희금 외, 2010).

학 / 습 / 과 / 제

① 한국건강가정진흥원의 핵심기능을 설명하시오.

② 시·도 건강가정지원센터의 핵심기능을 설명하시오.

③ 시·군·구 건강가정지원센터의 핵심기능을 설명하시오.

④ 건강가정지원센터(시·도, 시·군·구)의 조직도를 확보하여 설명하시오.

⑤ 시·도 건강가정지원센터 중 1곳을 선정하여 운영 실태를 설명하시오.

⑥ 시·군·구 건강가정지원센터 중 1곳을 선정하여 운영 실태를 설명하시오.

⑦ 건강가정지원센터의 더욱 나은 기능 수행을 위한 새로운 사업을 제시하시오.

Healthy Family

CHAPTER 09

다문화가족지원센터

학·습·목·표

- 다문화가족의 지원 필요성을 설명할 수 있다.
- 여성가족부의 다문화가족 지원사업 추진체계도를 이해한다.
- 다문화가족지원센터의 조직을 이해한다.
- 다문화가족 관련 새로운 지원사업(안)을 제시할 수 있다.

다문화가족지원센터는 다문화가족지원정책의 시행을 위하여 여성가족부 장관이 지정한 지원센터를 말한다. 여기서 다문화가족이란 다음의 어느 하나에 해당하는 가족 —'재한외국인 처우 기본법 제2조 제3호의 결혼이민자와 국적법 제2조부터 제4조까지의 규정에 따라 대한민국 국적을 취득한 자로 이루어진 가족, 국적법 제3조 및 제4조에 따라 대한민국 국적을 취득한 자와 같은 법 제2조부터 제4조까지의 규정에 따라 대한민국 국적을 취득한 자로 이루어진 가족(다문화가족지원법 제2조)' — 을 말한다.

국제결혼가정과 우리나라에 체류하는 이주노동자 수가 늘어남에 따라 우리 사회는 다인종·다문화 사회로 재편되는 과정에 있다. 다문화 사회는 필연적으로 여러 가지 사회문제가 발생한다. 이에 따라 다문화가족지원법을 2008년 3월 21일 제정하여 9월 22일부터 시행하기에 이르렀다. 다문화가족지원센터는 동법에 의거, 종전의 결혼이민자가족지원센터에서 다문화가족지원센터로 그 명칭을 변경하였다. 다문화가족지원센터는 2012년 12월 현재 전국에

199개소가 설치되어 있으며, 앞으로 더욱 확대될 예정이다. 이 장에서는 여성가족부(2011)의 '2011년 다문화가족지원센터 운영가이드북'을 살펴본다.

01 사업주체별 기능과 역할

다문화가족지원센터의 사업 추진체계는 2008년도까지 보건복지부에서 중앙건강가정지원센터로 다문화가족 지원사업을 위탁했던 것과는 달리, 2009년 1월부터는 중앙건강가정지원센터 대신에 '전국다문화가족사업지원단'이, 2011년 8월부터는 '한국건강가정진흥원'이 그 역할을 대신하게 되었다는 점이 큰 변화라 할 수 있다. 2009년부터 시행된 다문화가족지원센터의 사업 추진체계도([그림 9-1] 참조)를 살펴보면, 다문화가족 지원사업을 총괄하는 여성가족부를 중심으로 시·도 및 시·군·구, 한국건강가정진흥원, 거점센터 그리고 지역 다문화가족의 욕구조사 결과 및 특성을 고려한 서비스를 제공하는 지역센터로 이루어져 있다. 각각의 기능과 역할은 다음과 같다(여성가족부, 2011).

- 여성가족부
  - 다문화가족 지원사업 총괄
  - 센터 지정 및 운영관련 사업 안내 마련
  - 시·도별 국비 배정 및 센터 설치 시 시·군 선정
  - 센터 관리 및 거점센터 지정과 관리
- 시·도
  - 거점센터 추천, 운영 지원
  - 센터 설치 시·군 추천
  - 센터 지정 또는 지정권한 재위임
  - 센터 운영 시·도비 및 운영 지원

- 시·군·구
  - 센터 지정(시·도에서 권한 위임 시)
  - 센터 운영(시·군·구비 및 운영 지원)
- 한국건강가정진흥원
  - 거점센터, 지역센터에 대한 업무 및 지원 및 사업연계 도모
  - 업무 매뉴얼 개발 및 보급
  - 센터 사업 평가
  - 사업 종사자 또는 다문화가족 지원 활동가 등 교육
  - 지역센터 실적관리
  - 사업 홍보, 정보제공 사업, 관련 홈페이지 운영 및 관리
  - 기타 여성가족부에서 센터지원단에 요구하는 사항
- 거점센터
  - 다문화가족 방문교육사업(한국어교육 및 아동양육 지원), 지도사 교육(양성·보수 교육) 지원
  - 신규 센터 사업 및 운영 지원
  - 센터 기본·특화 사업의 지역별 우수모델 개발 및 보급
  - 거점지역 내 센터와 관련 기관 간의 네트워크 구축 및 운영
  - 기타 여성가족부와 센터지원단이 방문교육 및 신규 센터 사업지원과 관련하여 요구하는 사항 등
- 지역센터
  - 지역 다문화가족의 욕구조사 결과 및 지역 특성을 고려한 서비스 제공
  - 방문교육 지도사 모집·파견·관리, 방문교육 대상자 시·군·구 추천

이상의 다문화가족 지원사업 주체들을 포함하여 다문화가족지원센터를 최종 전달체계로 한 다문화가족 지원사업의 추진체계도는 [그림 9-1]과 같다.

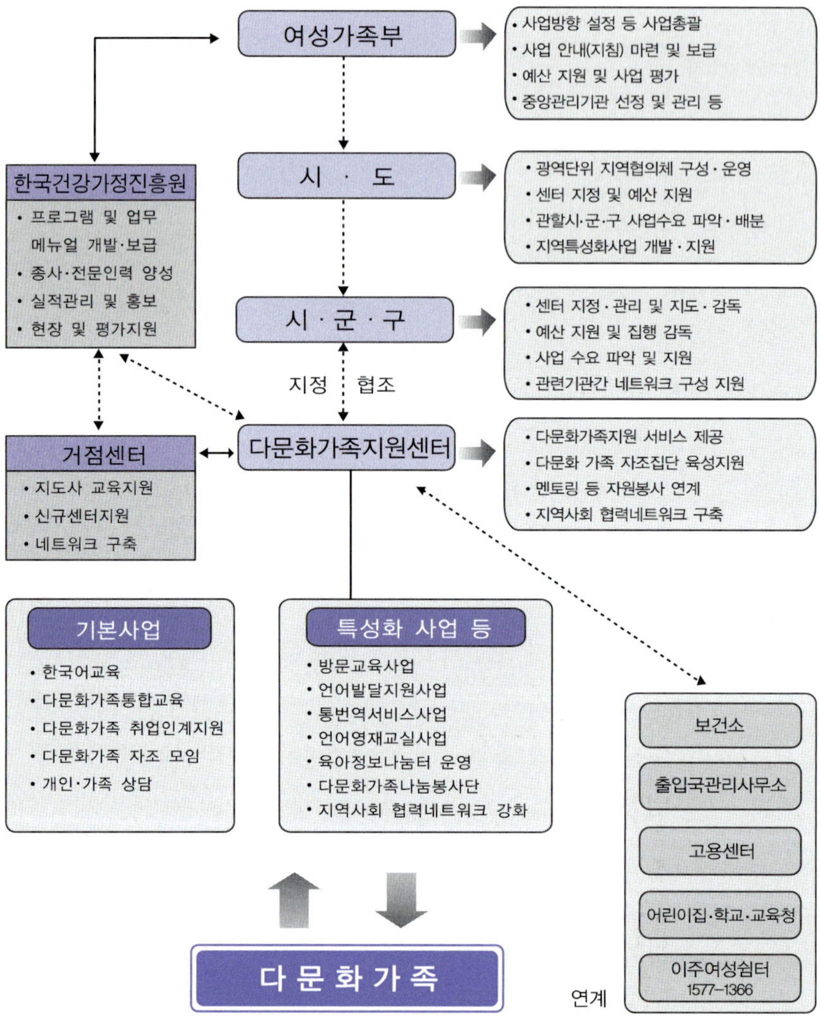

출처: 여성기족부(2011), 2011년 다문화가족지원센터 운영가이드북, p. 4.

[그림 9-1] 다문화가족 지원사업 추진체계도

02 다문화가족지원센터의 운영

1) 다문화가족지원센터의 조직

다문화가족지원센터의 조직은 센터장과 전담인력 2명으로 구성되며, 거점센터에는 전담이력이 1명 추가된다. 센터장은 센터 운영과 사업을 총괄한다. 전담인력은 센터장의 지시를 받아 센터를 운영하고 사업을 담당하는데, 1명은 교육과 상담 등의 사업을 담당하고, 다른 1명은 홍보, 회계, 네트워크, 육아정보 나눔터 등을 담당 운영하게 되어있다.

2) 시설기준

다문화가족지원센터의 시설기준은 우선적으로 공공 또는 법인·단체 소유의 시설을 활용하되 이용자 접근성을 고려해야 한다. 다문화가족지원센터에 필요한 시설로는 사무실(최소한의 전용공간 확보 33㎡)과 상담실 및 교육장, 그리고 육아 상담·교육, 육아정보 제공, 센터 이용 시 자녀 일시 보호 등을 위한 육아정보 나눔터가 있다. 2009년부터 다문화가족지원센터는 육아정보 나눔터 공간을 반드시 확보해야 한다.

3) 종사자 자격기준

다문화가족지원센터에서 근무할 수 있는 종사자는 센터장과 전담인력으로 나누어 볼 수 있는데, 그 자격기준은 다음과 같다.

- 센터장
  - 관련 학과 석사학위 이상 소지자로서 실무경력 2년 이상인 자
  - 관련 학과 학사학위 이상 소지자로서 실무 경력 3년 이상인 자
  - 실무경력 5년 이상인 자
  - 자치단체 소속 5급 이상 공무원(직영에 한함)

(여기서 관련 학과란 가정학, 사회복지학, 여성학, 상담학 등 센터 운영과 관련이 있는 학과를 말하고, 실무경력이란 관련 업무인 사회복지, 가족지원, 가족상담 등에서의 종사 경력을 말한다.)

- 전담인력
  - 건강가정사, 사회복지사, 가족상담사 자격요건을 갖춘 자
  - 유사 자격요건(가족상담사를 제외한 상담사, 보육교사, 교원자격, 가정복지사 등)을 갖춘 자로서 실무경력 1년 이상인 자

03 다문화가족지원센터의 사업

2011년도 다문화가족지원센터의 운영지침이라고 할 수 있는 '2011년 다문화가족지원센터 운영가이드북'(여성가족부, 2011)에 의하면, 다문화가족 지원사업을 최일선에서 담당하는 지역센터인 다문화가족지원센터의 사업은 크게 서비스 대상인 다문화가족을 발굴하여 관리하는 시스템을 구축하는 사업과 다문화가족지원센터가 직접 시행하는 사업으로 나누어 살펴볼 수 있다.

1) 서비스 대상 발굴·관리 사업

이 사업은 지역사회 내 서비스를 필요로 하는 다문화가족을 적극적으로 발굴하여 지속적으로 관리하고, 정보를 제공하기 위한 목적으로 다문화가족 지원 시스템을 개발·구축하며, 파악된 다문화가족에게 방문교육사업을 비롯하여 한국어교육, 건강관리 교육, 양육지원 등 필요한 서비스를 제공한다.

2) 다문화가족지원센터 사업

2011년도 다문화가족지원센터의 사업은 크게 기본 사업과 홍보 등 운영 사업으로 구분된다. 기본사업은 센터에서 수행해야 할 필수 사업으로 한국어교

육, 다문화가족 통합교육, 다문화가족 취업연계 지원, 다문화가족 자조모임, 그리고 개인·가족상담 사업 등이 해당된다. 홍보 등 운영 사업은 기본 사업 이외에 각 지역센터의 특성이나 수요, 필요에 의해 실시되는 사업이다. 이 사업은 육아정보 나눔터, 다문화가족 나눔봉사단, 다문화 인식개선 및 홍보, 그리고 지역사회 네트워크강화 사업 등이 해당된다. 모든 사업은 사업 종료 후에 사업 프로그램마다 만족도를 조사하여 추후 프로그램 운영에 반영해야 하며, 사업계획을 수립할 때 사업별 목표를 제시하고 이를 달성할 수 있도록 추진해야 한다. 다문화가족지원센터의 2011년도 기본사업과 홍보 등 운영사업의 구체적인 내용은 〈표 9-1〉과 같다.

〈표 9-1〉 다문화가족지원센터 기본사업 및 홍보 등 운영사업

구분	영역 1	세부영역	운영시간	내용	대상
기본사업(필수)	한국어교육	1단계	40시간×연간 2번	• 기초적인 단어 및 문장, 간단한 표현	결혼 이민자 및 중도 입국자녀
		2단계	40시간×연간 2번	• 기초적인 단어 및 문장, 다양한 표현	
		3단계	40시간×연간 2번	• 일상생활에 필요한 표준어교육 등 일상적인 의사소통 가능하도록 교육	
		4단계	40시간×연간 1번	• 구체적이고 폭넓은 의사소통 가능 수준의 교육	
		특별반(선택)	교재에 맞게 설정	• 한국어능력시험 대비반 등	
		※1개반은 6~20명 이내로 구성(인원수 등에 따라 분반 가능) ※개별반 개설 기준인원(6명 이상)이 달성되지 않았을 경우 타 단계와 통합반 운영 가능(단, 2개 단계 이내에서 통합)			
	다문화가족통합교육	가족통합교육	연간 45시간 이상	① 다문화이해교육, ② 법률과 인권교육, ③ 결혼과 가족의 이해, ④ 한국사회적응교육, ⑤ 가족의사소통 프로그램, ⑥ 가족관계 향상 프로그램, ⑦ 가족의 의미와 역할, ⑧ 기타	다문화 가족
		배우자·부부교육	연간 5시간 이상	① 배우자이해 프로그램, ② 부부관계향상 프로그램	부부
		자녀지원	연간 30시간 이상	① 자녀교육 프로그램, ② 부모역할교육, ③ 부모-자녀관계 관계 및 자긍심 향상 프로그램, ④ 아버지교육, ⑤ 자녀건강지도, ⑥ 자녀생활지도 등 기타	부모/자녀

구분	영역 1	세부영역	운영시간	내용	대상
기본사업(필수)	다문화가족취업연계지원	다문화 가족 취업능력 향상교육	연중	① 직업기초소양교육: 직장문화안내, 직장예절·이미지메이킹, 컴퓨터교육, 지역 내 취업기관견학 등 지역특성 및 대상자 역량에 적합한 직업교육실시	다문화 가족
		취업연계	연중	① 결혼이민자 취업처 발굴 및 관리 ※ 워크넷 설치 기관(143개센터)은 구직상담, 취업알선, 취업정보 제공 등에 동 시스템을 적극 활용	
	다문화가족자조모임	결혼 이민자	연중	① 결혼이민자 출신국별 자조모임, ② 결혼이민자 통합국적 자조모임, ③ 통번역사 자조모임, ④ 기타 자조모임	결혼 이민자
		가족	연중	① 가족통합 자조모임, ② 부부 자조모임, ③ 배우자 자조모임, ④ 시부모 자조모임	다문화 가족
	개인·가족상담	개인/가족	연중	① 각종법률문제 / 부부문제 / 부모문제 / 자녀문제 / 성문제 / 경제문제 / 취업문제 / 심리치료 및 기관연계 / 온라인상담 / 기타, ② 집단상담 / 사례회의 / 상담슈퍼비전	다문화 가족 등
홍보 등 운영	육아정보 나눔터		연중	① 센터이용시간 동안 다문화가족 자녀 일시보호 및 육아 관련 서비스 제공	다문화 가족 자녀
	다문화가족 나눔봉사단		연중	① 결혼이민자가 필요로 하는 멘토링·자원봉사 인적자원 풀 구성, ② 센터별로 지자체 및 민간단체 등과 협력하여 다문화가족 자원봉사단 구성·운영	다문화 가족, 지역 주민
	다문화 인식 개선 및 홍보		연중	① 다양한 문화 체험 기회를 통한 다문화감수성 증진 활동 *프로그램전시, 음식체험, 캠페인, 교육	다문화 가족, 지역 주민
				① 사업 관련 현수막 게시, 홍보지, 센터 리플렛 제작 배포, ② TV, 신문, 라디오 등 방송매체를 활용하여 정보제공 활성화, ③ 외국인 남편 대상 정보제공사업 활성화, ④ 다문화가족포털 홈페이지 이용 및 지역센터 홈페이지 관리 등	
	지역사회 네트워크 강화		연중	① 서비스 전달체계 구축 및 서비스제공기관 연계, ② 관련기관-민간단체-기업 간 협력 네트워크 구성	

출처: 여성가족부(2011), 2011년 다문화가족지원센터 운영가이드북, pp. 40-41.

04 다문화가족 방문교육사업

다문화가족 방문교육사업은 다문화가족지원센터 현장에서 직접 시행하는 사업은 아니지만, 다문화가족지원법 제6조 제①항과 동법 시행령 제2조 제②항에 근거하여 다문화가족지원센터에서 담당해야 하는 사업으로, 다문화가족지원센터의 확대와 더불어 강조되고 있는 사업이다. 이 사업의 목적은 경제적 어려움과 지리적 접근성의 문제로 집단교육에 참석하기 어려운 결혼이민자와 그 가족을 대상으로 하는 한국어, 아동양육 지도사와 같은 전문지도사를 양성하여 서비스를 제공하는 것이다. 주요 서비스는 한국어교육과 12세 미만의 아동을 양육하는 결혼이민자에게 아동양육 교육과 상담을 해 주는 아동양육 지원, 그리고 임신과 출산 준비를 도와주는 임신·출산 지원 서비스가 있다. 이러한 방문교육사업과 가족상담 등을 지원하기 위해 일정한 시간의 양성교육을 이수하고 센터에서 파견되는 사람을 방문교육지도사라 한다.

방문교육사업의 추진체계는 다문화가족 지원사업 추진체계와 유사하나, 방문교육지도 서비스 대상 가정을 선정하고 방문교육 서비스를 제공하며 방문교육 지도자를 선정·관리하는 업무 내용에서 차이가 있다. 한국어교육 서비스 대상은 언어소통이 어렵고 입국한 지 3년 미만의 결혼이민자 가정이다. 아동양육지원 서비스 대상은 한국어 사용과 문화 차이로 어려움을 겪는 만 1세에서 12세 미만의 자녀를 양육하고 있는 다문화가정이다. 임신·출산 지원 서비스 대상은 임신 8개월부터 출산한 결혼이민자 여성이다. 우선적으로는 국민기초생활보장 대상, 저소득 한부모가정(한부모가족지원사업 안내에 따른 지원대상 가정) 및 차상위계층(소득인정액이 최저생계비의 120% 이하인 자), 부모 중 장애인이 있는 가정, 자녀수가 많은 가정, 센터 회원등재 가정, 기타 읍·면·동장 및 관련 민간단체가 추천하는 가정이 서비스를 받을 수 있다. 다문화가족지원센터에서 1년 동안 시행되는 방문교육사업은 사업의 효과성을 높이기 위해 실적 평가를 통해 센터별 예산을 차등 지원하고 있다.

자료 9-1

경상남도 이동다문화가족지원센터, 전국 최초 도서지역 찾아가는 서비스 실시

경상남도 다문화가족지원센터(운영법인 경남대학교) 이동다문화가족지원센터는 경남 도내 다문화가족지원센터 부재 지역 및 센터와 지리적으로 멀어 서비스에 소외된 다문화가족을 찾아가 가족교육, 자녀지원교육, 법률상담, 가족상담, 통·번역서비스, 이동도서관 등의 프로그램을 진행하고 있다. 이동다문화가족지원센터는 전국 최초이며 전국 유일한 센터이다.

이동다문화가족지원센터는 2010년 8월 개소 이후 경남 도내 다문화가족에게 다양한 서비스를 진행하고 있으며, 시범적으로 2011년 4월부터 매월 1회 통영시 섬지역인 한산면에 찾아가는 서비스를 제공하고 있다. 통영시는 섬이 많은 도서지역으로 거주하고 있는 결혼이민자 및 다문화가족들이 교육의 사각지대에 놓여 있어 다문화가족 서비스에 소외되었으며, 이에 이동다문화가족지원센터가 찾아가는 서비스를 실시하게 되었다.

이동다문화가족지원센터는 매월 1회, 한사면사무소 2층 회의실에서 한산면에 거주하는 결혼이민자 8명과 남편 및 가족들이 교육에 참여하고 있다. 적은 인원이지만 도서지역의 다문화가족이 지리적 접근성의 문제로 서비스에 소외되는 것을 최소화하며 다문화가족의 건강한 삶과 행복한 가족생활을 위해 앞으로 계속적으로 이동다문화가족지원센터에서 찾아간다.

출처: 경남우리신문(2011. 7. 13.).

05 다문화가족지원센터의 사업 방향

2007년도 다문화가족지원센터의 운영결과를 보면(중앙건강가정지원센터, 2007), 센터를 이용한 결혼이민자의 국적은 베트남, 중국, 필리핀, 일본 순으로 이 4개국 출신 참가자들이 총 이용자 수의 80%를 차지하였다. 기타 출신국은 카자흐스탄, 말레이시아, 인도, 호주, 캐나다, 미국 등으로 나타났다. 그리고 상담사업을 제외한 사업별 만족도는 다문화 인식개선사업이 가장 높았으며, 다음으로 한국어교육, 가족 통합교육과 문화정서사업, 자녀지원사업, 찾아

가는 서비스 순이었다.

2008년도 다문화가족지원센터의 운영결과(보건복지가족부·중앙건강가정지원센터, 2008)를 보면, 연 인원 60만 7,361명이 센터를 이용하였으며, 센터 사업 이용자의 약 51%가 한국어교육에 참가하여 모든 센터에서 한국어 교육이 가장 비중 있게 진행되었다. 그다음으로는 정서지원, 역량강화, 상담, 가족교육, 자조모임, 우리 사회 이해교육 사업 순으로 사업을 이용하였다. 센터를 가장 많이 이용한 사람은 결혼이민자들이었으며, 다음으로 배우자, 자녀, 시부모 순이었다.

2009년에서 2015년까지 다문화가족지원센터의 중장기 발전 방향에 대하여, 보건복지가족부와 중앙건강가정지원센터(2008)는 다음과 같은 의견들을 제시하였다(이선형·임춘희, 2009).

- 다문화가족지원센터의 위상 제고를 위한 홍보활동, 정부부처 간의 업무 통일을 통한 일원화된 사업지침 마련 및 언론 홍보
- 도시 및 농촌 등 지역에 맞는 직업훈련 및 기술교육 실시, 역량강화를 통한 창업 및 취업 지원
- 결혼이민자 대상의 일회성 프로그램을 탈피하고 가족단위의 프로그램으로 특화사업 시행
- 다문화가족지원센터 중심의 지역사회 기관과의 네트워킹으로 대상자 요구에 맞는 전문 기관으로 연계해 주는 역할 정립
- 결혼이주여성 자녀의 체계적인 이중언어 교육 활성화를 통한 다문화가족 자녀의 사회성 증진
- 일선 현장 실무자들의 사업의 비전과 목표에 근거한 분명한 역할 정립을 통해 지역주민들을 대상으로 하는 인식개선사업과 네트워크 형성의 활성화
- 센터의 특색과 다문화가족의 특성에 맞는 서비스 지원, 장기적인 사업진행을 통한 서비스 지원

자료 9-2

EBS, 다문화가족 위한 한글교육사이트 개설 : 한국어, 영어, 중국어, 베트남어 서비스

EBS가 15일 다문화가족을 위한 무료 한글교육사이트 '두리안(durian.ebs.co.kr/www.ebsd.co.kr)'을 개설한다. 한국어, 영어, 중국어, 베트남어 등 4개 국어로 서비스되는 이 사이트에서는 한국어 강의 프로그램을 비롯해 '뽀로로' 등 유아교육 애니메이션과 '최고의 요리비결', '지식채널e', '세계테마기행' 등 문화교양프로그램을 통해 한국어와 한국문화를 배울 기회를 제공한다. 사용자가 별도의 로그인이나 회원가입 절차 없이 다시보기 이용이 가능하며 사이트 이용안내도 다국어로 탑재해 놓았다. 또한, 사이트 자체에 사전기능을 실어 모르는 낱말도 사이트 내에서 의미를 찾아볼 수 있도록 편의를 제공한다.
두리안의 메뉴는 한국어를 공부할 수 있는 '한국어 배움터', 아이와 함께 영어를 공부할 수 있는 '우리 아이 놀이터', EBS의 교양프로그램을 시청할 수 있는 '문화나눔터', 나라별 소통을 할 수 있는 '커뮤니티', 한국 거주에 필요한 생활정보 등을 공유할 수 있는 '자료실' 등으로 구성된다. EBS는 14일 "두리안은 한국에 살고 있는 다양한 국적의 외국인과 귀화자들이 언어소통의 어려움으로 인해 한국사회에 적응하기 어려웠던 점에 착안해 그들에게 도움을 주고자 오픈하게 됐다."라고 밝혔다.
이어 "사이트의 이름인 '두리안'은 동남아시아를 대표하는 과일로, 겉모습은 울퉁불퉁하지만 맛은 일품이라 '과일의 왕'이라는 별명을 갖고 있다."라며 "무료 한글교육 사이트 두리안도 겉모습과 상관없이 누구나 교육을 통해 알찬 지식을 담고 꿈을 키워나갈 수 있다는 의미를 담았다."라고 전했다.

출처: 연합뉴스(2011. 7. 14).

다문화가족지원센터는 정책 담당자와 센터 종사자들의 헌신적인 노력에 힘입어 비교적 단기간에 많은 사업성과를 내었다. 앞으로도 센터는 결혼이민자를 대상으로 한 한국어교육과 다문화사회 이해교육을 기본으로 하여 다문화가족을 대상으로 한 가족 교육과 상담, 그리고 다문화가족을 위한 직업교육을 지속적으로 수행해 갈 것으로 예상한다. 또한, 2011년 8월에 발족한 한국건강가정진흥원을 본부로 하여 다문화가족을 위한 지역사회의 핵심적인 지원 전달체계로 자리 잡아 가면서 다문화가족의 적응과 안정을 돕고 우리 사회가 건강한 다문화 사회로 나아가는 데 디딤돌이 될 것으로 전망된다.

학/습/과/제

① 다문화가족지원센터의 시설기준을 설명하시오.

② 다문화가족지원센터의 자격기준을 설명하시오.

③ 다문화가족지원센터의 한국어교육 사업을 설명하시오.

④ 다문화가족지원센터의 다문화가족 통합교육 사업을 설명하시오.

⑤ 다문화가족지원센터의 다문화가족 취업연계 지원사업을 설명하시오.

⑥ 다문화가족지원센터의 다문화가족 자조모임 사업을 설명하시오.

⑦ 다문화가족지원센터의 개인·가족상담 사업을 설명하시오.

⑧ 다문화가족지원센터의 육아정보 나눔터 사업을 설명하시오.

⑨ 다문화가족지원센터의 다문화가족 나눔봉사단 사업을 설명하시오.

⑩ 다문화가족지원센터의 다문화 인식개선 및 홍보 사업을 설명하시오.

⑪ 다문화가족지원센터의 지역사회 네트워크강화 사업을 설명하시오.

Healthy Family

CHAPTER 10

한부모가족지원센터

학·습·목·표

- 한부모가족의 개념을 설명할 수 있다.
- 한부모가족 지원의 필요성을 이해한다.
- 한부모가족의 개념과 관련 시설에 대해 설명할 수 있다.
- 한부모가족의 현황과 문제점 등에 대해 설명할 수 있다.

건강가정사업에서의 한부모가정에 대한 실천적 접근은 대단히 중요하다. 따라서 정부는 '한부모가족이 건강하고 문화적인 생활을 영위할 수 있도록 함으로써 한부모가족의 생활 안정과 복지 증진에 이바지함을 목적(한부모가족지원법 제1조)'으로 한부모가족지원법을 제정하였다. 증가하는 한부모가족을 지원하기 위해서는 가족정책을 시행하는 전달체계의 활성화가 요구된다. 현재 한부모가족 지원사업은 다양한 복지지원체계를 통해 행해지고 있다. 한부모가족을 위한 서비스 및 프로그램을 제공하는 기관으로 한부모가족지원센터, 건강가정지원센터, 한부모가정지원센터, 한부모가족희망센터, 가족관련 연구소, 지역사회복지관, 여성단체, 종교단체, 자활후견기관, 모자보호시설, 모자자립시설 등이 있다. 이 장에서는 한부모가족을 위한 전달체계 중 한부모가족(가정)지원센터에 대해 살펴본다(이만수·김익균, 2008; 윤경자 외, 2009: 214-218).

01 한부모가족 지원의 필요성

한부모가족은 부모 중 한 사람의 사망, 이혼, 유기, 별거로 말미암아 모가 세대주인 모자가족 및 부가 세대주인 부자가족을 말한다(한부모가족지원법 제4조 제②~④항). 우리 사회에서 이혼이 급증하고 중년남성의 사망률과 미혼부모 등의 발생 증가로 빠르게 늘어나고 있으므로 앞으로 더 증가할 것으로 예측된다. 특히 한부모가정 가구에서 모자가정과 부자가정이 차지하는 비율 중 1995년 이후 모자가정의 비율은 줄어들고 있지만, 부자가정의 비율은 점차 증가하고 있어(통계청, 2005) 우리 사회의 다양한 가족 중 하나의 가족유형으로 자리 잡고 있다. 한부모가족은 구조적인 결손과 더불어 경제적 빈곤과 자녀양육 문제, 역할과중, 심리·사회적 문제 등의 가족기능상의 결손으로 많은 어려움을 내포하고 있다(윤경자 외, 2009).

한부모가족을 지원하기 위해 1989년 모자복지법이 제정되었고, 2002년에 모자가정에 대해서만 행하던 경제적, 사회적 지원을 부자가정에게도 확대 실시하는 모·부자복지법으로 개정되었다. 2006년에 국내 체류 외국인 중 대한민국 국적의 아동을 양육하는 자도 보호대상에 포함하였다. 또한, 미혼모 시설을 미혼모자시설로 변경하여 지원대상을 확대하였다. 2007년에는 조손가족을 보호대상에 포함시키고 취학 중 아동의 보호연령을 20세 미만에서 22세 미만으로 확대하였다. 2008년 고용촉진을 위한 취업지원사업을 추진하는 내용을 포함하는 한부모가족지원법으로 시행 중이다(윤경자 외, 2009).

02 한부모가족지원센터의 설치근거

한부모가족지원센터의 설립근간은 한부모가족지원법 제7조(한부모가족복지상담소)와 제9조(한부모가족복지단체의 육성)에서 찾을 수 있다. 한부모가족지원법 제7조에는 '한부모가족복지에 관한 사항을 상담하거나 지도하기 위하여 특별시장·광역시장·도지사와 시장·군수·구청장(자치구의 구청장을 말함)은 관할구역에 한부모가족복지상담소를 설치할 수 있다. 이 경우 시장·군수·구청장은 시·도지사의 승인을 받아야 한다. 한부모가족복지상담소의 조직과 운영 등에 필요한 사항은 대통령령으로 정한다고 명시'하고 있다. 또한, 제9조에도 '국가나 지방자치단체는 한부모가족복지단체를 지원·육성할 수 있다고 명시'하고 있다. 그러나 동법 제7조는 법률 제10582호(2011. 4. 12)에 의거, 삭제되어 2012년 1월 1일 자로 시행될 예정이다

현재 우리나라에서 한부모가족지원사업은 건강가정지원센터에서 시행하고 있고 전국적으로 한부모가정지원센터는 약 8개소에 불과하다. 이 중 정부나 지방자치단체의 지원을 받는 곳은 인천광역시 한부모가족지원센터 한 곳에 지나지 않는다. 그러나 인천시는 한부모가족지원센터와 건강가정지원센터의 기능이 중복된다고 판단하여, 2008년 건강가정지원센터에 흡수·통합해서 건강가정지원센터의 한부모가족지원사업을 강화하고 있다. 중앙건강가정지원센터에서 추진하는 한부모가정지원사업은 가족생활교육, 가족상담, 문화 프로그램 등 통합서비스로, 전국센터 공동 프로그램을 개발하여 '당당한 나, 행복한 우리 가족'이라는 통합 서비스 프로그램을 제공하고 있다. 시·군·구 건강가정지원센터 중 건강가정지원센터와 한부모희망센터통합형인 B형과 기존의 한부모희망센터인 C형의 경우, 한부모가족 생활안정지원사업을 수행해야 한다.

한편, 외부노출을 꺼리는 한부모가족의 특성과 건강가정사들이 다루기 힘든 대상인 경우가 많아 독자적인 한부모가정지원센터 설립과 전문가 양성이 필요하다는 주장이 제기되고 있다. 예컨대 양혜경(2000)의 연구에서도 한부모가족의 심리·사회적, 정서적 지원을 위해 한부모가정을 지원하는 센터의 설립이 우선되어야 한다고 지적하였다(황은숙, 2006; 윤경자 외, 2009).

03 한부모가족지원센터의 업무

한부모가족지원센터는 한부모가족의 기능을 회복하고 가족구성원 모두가 건강한 사회의 구성원으로 살아갈 수 있도록 지원함을 목적으로 하는 지원체계라고 할 수 있다. 한부모가족지원센터의 업무를 크게 여섯 가지로 나누어 살펴본다(윤경자 외, 2009: 216-218).

① 한부모가족 상담

전화나 면접, 온라인 상담 등을 통해 한부모가족의 심리치료, 자녀문제, 법률, 취업, 의료 등에 대한 각종 상담사업을 실시한다. 특히 위기기간 동안 집중적인 상담지원을 통해 심리적인 혼란과 자녀양육의 어려움, 경제적인 궁핍 등의 발생에 따른 여러 가지 문제를 상담하고 지원할 수 있도록 한다.

② 한부모가족에 대한 교육과 지원

한부모가족을 바르게 이해하고, 자립할 수 있는 교육에 힘쓰고 자녀양육과 부모-자녀관계 개선을 위한 싱글맘 부모교육, 싱글대디학교, 한부모가족의 스트레스 해소나 심리·정서 지원교육 프로그램 등을 개발하고 제공한다. 한부모가 경제적 활동으로 말미암아 자녀교육에 관심이 소홀하거나, 경제적 어려움으로 자녀교육을 적극적으로 실시하지 못하는 한부모가정에 학습도우미 연계사업을 시행하여 자녀교육에 관한 경제적 부담감을 줄인다. 또한, 한부모가족 자녀의 실제적인 학습능력 향상을 위한 학습도우미 서비스를 시행한다.

③ 한부모가족 문화사업

한부모가족 간의 관계 개선과 가족통합을 지원하기 위해 여행, 캠프, 요리 등의 다양한 문화체험의 기회를 제공하고 건강한 대안문화를 발굴하도록 한다.

④ 한부모지원 관련 조사연구

한부모가족에 대한 지원과 총괄적인 조사연구를 통하여 더욱 체계적이고 조직적인 사업 추진의 기반을 조성한다. 이를 위하여 가정생활 실태 파악, 전국적인 가정 관련 통계, 실태 자료 수집과 DB화 제공, 한부모지원사업과 프로그램 개발 연구, 한부모가정의 요구도 조사와 척도개발, 분석관리 등의 업무를 추진한다.

⑤ 한부모가족지원단체 네트워크 구축

한부모가정지원센터를 구심점으로 한부모가족을 지원하는 의료, 법률, 관공서, 서비스 기관 등 다양한 기관과의 네트워크를 구축하여 지역자원을 체계화하고 전국적인 네트워크를 구축한다. 이를 통해 목표지향적이고 효과적으로 사업을 수행하여 한부모가족의 건강성을 증진시키는 방안을 고려한다. 한부모가족에 대한 현실을 파악하여 정부지원 정책의 문제점, 법과 제도개선 등을 알려 한부모가족의 복지증진에 이바지할 수 있도록 힘쓴다.

⑥ 한부모가족 자조모임 활성화

한부모가족이 갖는 문제와 욕구는 매우 다양하고 복잡하므로, 자조모임을 형성하여 정서적 지원과 사회적 지지, 문제해결전략을 위한 상호정보교환 등으로, 한부모가족의 적응과 건강성을 강화하도록 자조모임을 활성화하는 방안을 마련한다. 그러나 복지지원체계로서의 자조집단의 효과는 생계유지를 위한 취업으로 말미암은 참여시간과 공간의 제약성, 노출에의 꺼림 등의 한계를 가진다. 이를 극복하기 위한 방안의 하나로 웹의 특성을 활용한 가상공동체를 구축하여 한부모가족을 대상으로 각종 정보제공과 지원으로써 실질적인 도움을 줄 수 있을 것이다. 그러나 저소득 한부모가족에게 웹사이트가 보급되고 활용되기에 많은 어려움이 있을 것이다. 따라서 인터넷 무료설치나 사용료 감면, 무료교육 등의 정책적 지원이 마련되어야 한다(강기정 외, 2002).

자료 10-1

한부모가족 통합 서비스란?

서울특별시 한부모가족지원센터에서는 다양하고 복합적인 어려움을 겪고 있는 한부모가족의 실제적인 어려움에 대하여 대상자의 강점을 활용하여 문제를 해결하고 대상자의 자립능력을 향상시키는 등 실천적 통합지원서비스를 제공하고 있다.

- 단기상담 서비스
  - 심리적 지지·정보제공·자원연계 등 다양한 어려움에 대하여 상담을 필요로 하는 한부모가족에게 서비스 제공
  - 상담내용: 경제적 문제, 취·창업 지원 연계, 자녀양육, 가족갈등, 주거, 법률, 건강 등
  - 방법: 유선, 내방, 방문, 온라인
- 지속사례관리 서비스
  - 대상: 서울시 내 거주하는 저소득 한부모가족
  - 문제해결을 위한 지속적인 상담
  - 경제적·사회적·심리적 자립을 위한 자원연계
  - 우울감·자존감 향상을 위한 전문상담가 연계
  - 긴급 상황에 대한 위기지원서비스(의료비, 심리치료비, 자녀 생필품 등) 제공
  - 지역사회 지지망 확대를 위한 지역 네트워크 형성

출처: 서울특별시 한부모가족지원센터 홈페이지(2011. 6. 30)에서 발췌하여 구성.

04 한부모가족 지원사업과 내용

정부는 저소득 한부모가족, 미혼모·부가족, 조손가족 등의 가족기능 유지와 건강한 생활을 영위할 수 있도록 각종 지원 사업을 수행함으로써 한부모가족의 생활안정과 자립기반 조성과 복지증진에 이바지하고 있다(여성가족부 홈페이지, 2011). 여성가족부에서 제시한 주요 사업을 소개하면 다음과 같다.

① 한부모가족 아동양육비와 교육비 지원

세대주인 모 또는 부와 그에 의하여 양육되는 만 18세 미만(취학시 만 22세 미만)의 자녀로 이루어진 가정을 대상을 지급한다. 소득인정액 기준 최저생계비 130% 이하의 한부모가족 만 12세 미만 아동에 대하여 월 5만 원의 아동양육비를 지원한다. 소득인정액 기준 최저생계비 130% 이하의 한부모가족 고등학생 자녀에 대해 입학금과 수업료를 지원한다.

② 한부모가족 복지자금 대여

저소득 한부모가족으로서 근로능력 및 자립자활 의지가 뚜렷하고 현실성 있는 사업계획을 제시하는 자(다른 기관과의 중복융자 불가)를 대상으로 복지자금을 대여한다. 1인당 대여 한도액은 2,000만 원 이내이고 대여이율은 연리 3%의 고정금리이며, 대여기간은 5년 거치 5년 분할 상환이다.

③ 한부모가족복지시설 기능보강 사업

한부모가족복지시설 신축과 노후시설의 증·개축 등 환경개선으로 무주택 저소득 모·부자가족을 일정기간 보호하여 생계를 지원하고 퇴소 후 자립기반을 조성하도록 지원한다. 2010년 6월 현재 117개소(모·부자보호시설 42, 모자자립시설 3, 일시보호시설 15, 미혼모자시설 32, 미혼모자 공동생활가정 24, 미혼모 공동생활가정 1개소)를 운영하고 있다.

④ 한부모가족복지시설별 지원

모자보호시설(41개소), 부자보호시설(1개소), 모자자립시설(3개소), 일시보호시설(15개소), 미혼모자시설(32개소), 미혼모자공동생활가정(24개소), 미혼모공동생활가정(1개소) 등을 지원하고 있다.

⑤ 미혼모·부 지원 거점기관 운영

서울 등 전국의 7개(2010년) 거점기관(건강가정지원센터)을 통해 자녀양육과 경제자립을 위한 포괄적이고 종합적인 지원서비스를 제공하고 있다.

⑥ 취약가족 역량강화 사업

국민기초생활보장 수급자, 최저생계비 이하 비수급 빈곤층, 저소득 여성가장, 가족역량이 부족한 부자, 미혼모·부자, 조손가정 등을 대상으로 역량강화 사업을 하고 있다.

⑦ 한부모가족 자녀양육비 이행확보 무료 법률 구조지원

아동을 양육하고 있는 이혼가족, 별거가족, 미혼모·부가족 등 한부모가족과 조손가족을 대상으로 자녀양육비 이행확보 무료 법률 구조지원을 하고 있다. 단, 소득, 개인재산 정도 등에 상관없이 지원하되, 승소금액이 2억 원 초과할 때는 지원대상에서 제외한다.

⑧ 조손가족통합지원 프로그램 운영

65세 이상의 가구주 또는 그의 배우자와 18세 미만(고등학생 이하 학생)의 손자녀로 이루어진 조손가구를 대상으로 가족통합지원 프로그램을 운영하고 있다. 단, 지방자치단체장(시·군·구청장, 읍·면·동장), 학교장, 사업수행기관장 등이 특별한 보호와 지원이 필요하다고 인정할 때는 55세 이상 조손가구도 포함한다. 주요 지원내용은 아동학습 지원, 생활가사 돌봄 지원, 문화 프로그램 지원, 심리건강 서비스 등이다.

자료 10-2

월간 '이혼이야기' 5월호 발간 … 한부모가정 특집호

한부모가족? 그럼 부모가 둘인 가족도 있었나? 물론 법적으로 하나의 가족에 부모라 불리는 단위는 하나다. 한부모란 서로 배우자를 가진 형태, 즉 페어런츠(parents)가 아닌 싱글 페어런트(single parent)의 개념으로 오랫동안 한국인의 정서 안에 존재해 온 편부·모라는 용어의 차별성을 깨뜨리고자 고안된 공식 법률용어이기도 하다. '한' 부모란 배우자 중 한쪽이 자녀를 양육하는 형태의 가족이라도, 엄연한 한 단위의 완전한 가족임을 강조하는 용어이다. 그러나 이 한부모가족이 맞닥뜨리는 어려움도 엄연한 실재다. 심리·경제·편견·양육이라는 과제는 이들에게 고충으로 다가온다. 많은 한부모가족이 사회 보장, 보호 법률에 의거한 혜택의 사각지대에 놓여 있고, 실질적인 도움을 받지 못하고 있는 실정이다.

… 중략 …

통권 4호 째를 맞는 〈이혼이야기〉 5월호는 이러한 한부모가족의 의미 고찰과 이들을 둘러싼 이슈를 이 달의 스페셜로 논의를 전개한다. 한부모가정 문제의 여러 이슈에 대해 각계 전문가의 제언을 인터뷰 형식으로 들었다. 오프닝 인터뷰에서는 대중 매체와 HR 컨설팅 등으로 활발한 활동을 펼치고 있는 최창호 박사(사회심리학)로부터 듣는 한국 사회에서의 관계 맺기 일면에 대한 진단을 실었다. 또한, 한부모가정연구소로 출발하여 10년째 그 활동을 이어가고 있는 사단법인 한부모가정 사랑회의 황은숙 박사로부터 현장 활동을 통해 본 한국 한부모가정에 대한 정부 정책 및 개선점에 대한 제언을 듣고 소개한다.

이 외에 법무법인 나우리의 이혼 및 양육권 전문 변호사 이명숙 변호사의 이혼 법률 제반 절차에 대한 실질적 정보와 아동심리 전문가 함우정 연구원의 한부모가정 자녀의 불안 예방법도 실려 있다. 또한, 본 호에서는 본지 에디터가 직접 한부모 가정의 부모가 되었다는 가정 하에, 실제 한부모가정의 부모가 겪게 되는 차별이나, 현실적 어려움 등을 소개한다. 동사무소, 법원 등 관계 기관에서 겪는 편견의 시선과 그 속에서도 꺾여선 안 될 희망의 존재를 발굴하는 작업의 경과를 소개한다.

월간 〈이혼이야기〉는 이혼을 둘러싼 법률과 사회적 이슈를 다루는 전문지이나, 결혼한 사람, 이혼한 사람, 혹은 결혼을 꿈꾸는 사람이나 이혼을 준비하는 사람 모두의 삶을 풍요롭게 하는 데 큰 목적이 있다. 이러한 의도를 반영하는 라이프스타일 코너에는 친환경 스포츠인 자전거, 봄맞이 인테리어 제품, 그리고 싱글족이나 매일의 점심이 고민인 직장인들의 좋은 요깃거리인 편의점 도시락 등 현대인의 활력소를 소개한다. 또한, 부부이건, 연인이건, 이혼 후 새 출발을 꿈꾸는 이들 이건, 그 누구에게도 매력적인 데이트 코스에 대한 이야기도 수록했다. 이 코너는 앞으로도 기존 매체의 데이트 코스 소개와 달리, 기자가 직접 목적지를 찾아가는 과정에서의 좌충우돌 상황을 실을 예정이다. 내비게이션, 스마트폰에 의존하는 현대인의 만남에서 점점 사라져가는 아날로그적 여유와 전인격적인 인간관계를 찾는 과정을 공유하고자 한다.

출처: 뉴스와이어(2011. 4. 25).

학 / 습 / 과 / 제

① 모자가정의 문제점을 나열하여 설명하시오.

② 부자가정의 문제점을 나열하여 설명하시오.

③ 한부모가족을 위한 실천적 접근에 대한 자신의 생각을 제시하시오.

④ 한부모가족을 위한 정책적 접근에 대한 자신의 생각을 제시하시오.

⑤ 서울특별시 한부모가족지원센터의 비전과 목표를 설명하시오.

⑥ 서울특별시 한부모가족지원센터의 지원사업에 대해 설명하시오.

CHAPTER 11

건강가정지원센터의 프로그램

학·습·목·표

- 프로그램의 개념을 이해한다.
- 프로그램 개발의 원리를 설명할 수 있다.
- 기존의 건강가정사업 실천프로그램에 대해 설명할 수 있다.
- 새로운 건강가정사업 실천프로그램을 설계할 수 있다.

사회는 가정생활의 지혜와 경험을 한 세대에서 다음 세대로 전해 주는 발전된 방법을 이미 가지고 있다. 이러한 전수는 사춘기나 성년식 같은 공식행사를 통해 일어나기도 한다. 하지만, 많은 부분은 가정생활 속에서 학습된다. 가정은 행복하기 위해 세대 간 혹은 남녀 간 더욱 특별한 노력이 필요하게 되었다(도미향 외, 2009). 개별 가정의 행복과 안정성을 지원하기 위하여, 건강가정지원센터는 다양한 사업을 실시하고 있다. 가정의 건강성 증진을 위한 건강가정사업이 실천 현장에서 효과적으로 구현되기 위해서는 구체화된 프로그램의 구성이 중요하다. 건강가정사업을 건강가정 실현을 위한 다양한 조치와 대안이라고 한다면, 건강가정사업 프로그램은 그러한 목적을 달성하기 위한 실천적인 소프트웨어를 의미한다.

01 프로그램의 개념

건강가정사업을 효과적으로 수행하고 제반 목표를 달성하기 위한 방법은 무엇일까? 그렇게 하기 위해서는 구체적이고 효율적인 다양한 프로그램이 개발되고 실행되어야 한다. 최근 들어 가정기능 강화와 안정화를 위해 개발된 프로그램은 그 양이나 종류에 있어 증가 추세에 있으나, 프로그램의 효과성이 뚜렷이 검증되고 폭넓게 사용되고 있지는 않은 실정이다. 그러한 의미에서 프로그램이란 용어의 개념을 먼저 정의해 볼 필요가 있다.

좁은 의미의 프로그램이란 특정 교과과정(curriculum)이나 특별한 주제에 관련된 학습과정(성교육 과정, 부부대화 프로그램 등)으로 정의될 수 있다. 그러나 넓은 의미의 개념으로 보면, 특정한 시설이나 기관의 후원으로 참여자들이 경험하는 모든 것, 즉 지역사회의 기관이나 학교에서 제공하는 모든 종류의 코스 또는 교과과정으로 정의할 수 있다(Thomas et al., 1993). 즉, 평생교육 차원에서 프로그램이란 일정한 기간 동안 사전에 계획했던 학습 결과를 성취하기 위해 체계적으로 설계한 조직화된 일련의 학습내용, 학습활동, 학습방법의 통합된 실체를 의미한다(김진화, 2001). 한편, 정무성과 정진모(2001)는 사회복지 프로그램을 '사회복지 조직에서 사회복지의 목표를 달성하기 위한 활동들의 집합체'로 정의하고 있다.

이상의 개념 정의를 통해 볼 때, 교육뿐만 아니라 생활복지의 측면에서 서비스를 제공하는 건강가정 프로그램은 교육이라는 한정된 개념보다는 상담, 문화, 집단활동 등의 과정을 포함하는 더욱 광범위한 다양한 활동을 모두 포괄한다고 볼 수 있다. 따라서 프로그램은 어떠한 목적을 달성하기 위해서 선택된 활동에 관해 누가, 무엇을, 어떻게, 왜, 언제, 어디서, 누구와 행할 것인가를 종합적으로 묶어서 더욱 구체적으로 일목요연하게 제시한 활동지침이라고 볼 수 있다.

교육 프로그램에 관한 초기 연구들은 대부분 내용으로서의 교과과정 수립이나 프로그램 개발에 관심을 기울였다. 즉, 무엇을 어떻게 가르쳐야 하는지를 중시하였고, 이에 관련된 연구가 집중되었다. 그러나 점진적으로 내용으로서의 교과과정에서 계획으로서의 교과과정으로 관심이 이동했으며, 이후 프로그램이 실질적으로 어떻게 사용되었는지에 대한 시험과 프로그램 효율성에 대한 연구로 방향이 전환되었다. 특히 1970년대 이후 많은 프로그램 평가가 이루어지고 동시에 새로운 프로그램의 효과에 대한 관심이 제기되면서 경험으로서의 교과 과정이 주목받게 되었다.

이러한 프로그램의 개념 설정은 이후 프로그램의 개발, 수행, 평가 과정에까지 영향을 미치게 된다. 교과과정이 단순한 계획으로서 이루어질 때 프로그램 자료는 기술적이고 내용 중심적이 되기 쉽다. 반면, 교과과정이 경험적인 과정으로 이루어질 때 자료는 프로그램 사용자의 의도와 해석에 따라 달라질 수 있다. 비슷한 이치로 실행에 있어서도 교과과정이 계획 중심보다 경험 중심적일 때, 적용 범위는 다양해질 수 있다. 평가에서도 계획 중심적 교과과정은 사전에 정해진 기준에 의하여 제한적으로 평가가 이루어진다. 반면, 경험 중심적일 때는 프로그램의 결과에 미치는 영향이 무엇인가에 초점을 두게 된다.

또한, 그 정의가 어떠하든 프로그램이 가져야 하는 기본적인 요소로 대략 네 가지를 들 수 있다. 그 첫째는 프로그램의 목적이나 목표가 되는 의도, 두 번째는 참여자들이 프로그램의 의도를 성취하기 위해 행하는 활동, 세 번째는 참여자들이 계획된 프로그램 목표를 실행하기 위해 상호작용하는 데 사용되는 도구로서의 자원이나 재료, 그리고 네 번째는 평가요소이다(Thomas et al., 1993; 조희금 외, 2010).

02 프로그램의 개발 원리

김진화(2001)는 프로그램의 개발 원리, 즉 창조성, 현실성, 논리성의 원리에 충실할 때, 더욱 좋은 프로그램을 기대할 수 있다고 주장한다.

1) 창조성의 원리

창조성은 프로그램 내용과 방법의 혁신성 및 독특성과 관계된다. 혁신성 및 독특성이란 프로그램의 내용과 방법이 다른 기관의 프로그램과 비교하여 독특한 차별성이 있어야 함을 의미한다. 그러므로 프로그램 개발 전문가가 프로그램을 개발함에 있어 보다 더 혁신적이고 독특한 프로그램의 내용과 방법을 창출해 내야 할 책무를 갖는 것은 당연하다. 한편, 이러한 창조성의 속성은 완성된 프로그램의 품질을 판단하는 중요한 준거가 되기도 한다.

2) 현실성의 원리

현실성이란 계획된 결과물(내용)의 실현가능성 차원을 말한다. 무슨 계획이든지 그 결과가 주어진 자원과 여건을 고려할 때 실현가능한 것이어야 한다. 따라서 실제 프로그램을 개발하는 과정에서 현장경험이 많은 사람을 참여시키는 것은 이러한 원리에 충실하려는 노력이라 할 수 있다.

3) 논리성의 원리

논리성이란 계획행위의 체계성과 합리성 차원을 말한다. 이는 프로그램의 전문성뿐만 아니라 프로그램 수행 과정의 효과성 등을 갖추기 위해 필요하다. 따라서 프로그램 개발은 다양한 절차와 단계를 체계적이고 합리적으로 진행시켜야 전문성을 인정받을 수 있고 프로그램의 구조가 짜임새를 갖출 수 있다.

03 건강가정사업의 실천프로그램

1) 가족지원 프로그램

(1) 가족지원 프로그램이 의의

전통적인 의미의 가족지원은 주로 가족복지란 용어로 자주 사용되었고, 아동이나 부모, 성인 등 개인에 대한 서비스를 뜻하였다. 이때 가족은 매우 추상적인 대상으로 정서적, 경제적 지원프로그램이 가족지원 프로그램으로 간주되었을 뿐이다. 그리고 서비스의 대상은 아동 또는 성인의 가족생활에 있어 특별한 문제가 있는 가족이 관심의 대상이 되었다.

이처럼 가족은 가족지원의 직접적인 대상이 아니고, 가족이 서비스의 대상으로 결정되었을 때는 이미 그 가족에 특수한 문제가 발생했을 때이므로, 가족지원 활동의 내용은 치료적 활동에 국한되는 경우가 많았다. 그러나 또 다른 관점에서 본다면, 가족지원은 기존의 아동이나 성인을 대상으로 한 개인 중심의 프로그램이 아니라 용어 그대로 가족 중심 프로그램을 의미한다. 그리고 치료적 지원보다는 가족의 발달을 지원하고, 가족의 위기를 미리 예방하기 위한 자원의 제공에 중점을 둔다.

가족지원 프로그램은 프로그램 활동을 주관하는 서비스 기관 또는 사회가 개인의 목표를 달성하도록 돕기 위하여 이에 필요한 모든 지역사회자원을 동원해야 한다. 또한, 가족지원 프로그램은 개인에게 가장 중요하고 효과적이며 이용 가능한 자원 중에서 가장 기본이 되는 것이 바로 가족이라는 신념에 기초하고 있다(김익균, 2008). 가족지원 프로그램의 목적은 가족구성원의 건강한 발달을 도모하기 위해 양질의 경험을 제공하는 것이다. 즉, 가족구성원들에게 유효한 서비스를 전달하려고 할 때, 가족과 관련한 지원서비스를 활성화하지 않는 것은 무의미하다고 볼 수 있다.

건강가정사업에 있어서 부모의 역할은 매우 중요하며, 생태학적 측면에서 부모 자신을 지원하고 부모-자녀 간의 관계를 증진시키며, 부모와 자녀의 관계를 밀접하게 해주어 가족문제를 감소시킨다는 의미에서 중요하다. 부모가 프로그램에 참여하게 되면, 가족에 대한 이해가 높아질 수 있을 뿐만 아니라, 자녀를 어떻게 가르치는지와 문제사항을 어떻게 긍정적으로 처리하는지 알 수 있다(이만수·김익균, 2008).

(2) 가족지원 프로그램의 기본원칙

가족지원 프로그램은 서비스 기관이 속해 있는 지역사회와 서비스 기관 자체의 특수한 성격에 따라서 프로그램 활동의 독특한 특징을 가지고 다양하게 운영될 수 있다. 가족지원 프로그램이 다양하게 운영된다 하더라도 이들 프로그램이 성공적인 결과를 낳기 위해서 고려해야 할 기본원칙은 다음과 같다.

첫째, 가족지원 프로그램과 가족의 관계는 평등과 상호존중의 관계이어야 한다. 가족의 성장과 변화는 바로 양자의 평등과 상호존중의 관계를 통해 일어나므로, 프로그램 활동이 실제에서 이러한 관계를 수립하고 유지하는 일은 가족지원 프로그램의 가장 우선적인 과제이어야 한다. 따라서 프로그램 운영자들과 가족(특히 부모) 사이에 온정적이며 상호 반응적 관계를 발달시키고, 프로그램을 찾는 사람들에게 항상 격려와 지원을 할 수 있도록 운영자들이 훈련되어야 한다.

둘째, 프로그램 참여자들 자신이 중요한 자원이다. 프로그램 활동은 참여자들이 서로에게 중요한 자원이 되고 프로그램 운영과 관련된 의사결정 과정에 참여하도록 격려해야 한다. 나아가 참여자 스스로 더 넓은 지역사회를 대표할 수 있도록 도와야 한다.

셋째, 가족지원 프로그램은 지역사회 서비스 프로그램이다. 따라서 그 활동들이 지역사회 가족들에게 문화적, 사회적으로 적절히 맞아야 한다. 이를 위해 운영자는 가족이 속한 지역사회의 요구와 관심, 문제에 대한 깊은 이해가 필요하며, 가족과 지역사회의 문화와 전통, 가치관, 생활양식을 이해하고 존중해야 하고, 가능하다면 프로그램 활동 참여 가족들과 지역사회를 직접 대표할 수 있어야 한다.

넷째, 어떠한 가족지원 프로그램을 막론하고 부모교육과 부모를 대상으로 한 인간발달 교육, 각종 생활기술 훈련은 가족지원 서비스 활동의 핵심 요소이다. 따라서 부모들의 특별한 관심과 흥미, 문제 등에 부응하는 활동이 계획되어야 하며, 이 과정에 반드시 부모가 참여하도록 노력해야 한다.

다섯째, 모든 프로그램 활동은 자발적 참여가 강조된다. 가족이 도움을 청하고 정보를 찾는 행동은 그 가족의 어려움이나 문제를 나타내는 것이 아니라, 그 가족의 강점으로 이해되어야 한다.

여섯째, 가족지원 프로그램은 해당 프로그램의 활동 범위 밖에 있는 활동을 제공하고, 지역사회의 다른 서비스 프로그램과 가족들을 연결하는 교량역할을 할 수 있어야 한다. 가족들에게 필요한 자원을 최대로 조성하고 활용하기 위해서는 지역사회의 기관, 단체들과 우호적이며 실질적인 협력 관계를 수립·유지해야 한다. 이러한 활동을 통해 가족지원 프로그램은 가족들에게 긴요한 자원을 더 많이 제공할 수 있다.

2) 부모교육 프로그램

(1) 부모교육 프로그램의 의의

가족과 부모는 분리될 수 없기에 부모의 문제가 해결되어야 가족의 문제도 해결될 수 있다. 따라서 부모교육 프로그램은 부모의 역할을 조성하는 사회적 조직을 유지하고, 부모가 가지는 환경의 긴장을 완화시켜 문제 발생을 예방하는 측면에서 접근하는 것이 바람직하다. 즉, 부모에게 자녀에 대한 책임을 일깨우고 역할 수행을 촉구하는 계획과 교육이 필요하다. 자녀에 대한 지나친 기대와 보호, 간섭, 편애 등 아동문제의 원인이 되는 그릇된 부모의 가치관과 태도, 행동특성을 수정하기 위한 프로그램이 필요하다. 우리는 흔히 "문제아 뒤에는 반드시 문제부모가 있다."라는 말을 듣는다. 아동에 있어서 강제적이고 몰이해한 부모는 오히려 부모가 없는 경우보다 아동의 성격발달에 더 불리하게 작용한다고 학자들은 말한다.

아동은 문제에 부딪히면 자칫 악에 물들기 쉬워서 순간적으로 반사회적 행동을 할 가능성도 없지 않다. 그런데 그렇게 되는 근본을 따져 보면, 어려서부터의 성격형성 혹은 적응기에 어딘가 결함을 쌓아온 결과라고 보겠다. 하지만, 아무리 환경이 나쁘더라도 아동의 능력이 이를 극복할 수만 있다면, 아동문제, 청소년문제, 가족문제는 한층 감소할 것이다. 이러한 능력, 즉 어릴 때의 성격에 가장 큰 영향을 끼치는 부모 역할의 바람직한 수행을 위한 프로그램은 곧 건강가정사업의 실천이다.

(2) 부모교육 프로그램의 필요성

가족에서의 부모교육의 역사적 고찰을 통해 볼 때 자녀를 양육하거나 가족기능을 활성화하는 데 어느 사회를 막론하고 그 필요성이 인정되고 있다. 또한, 급변하는 현대사회에 효과적으로 적응하기 위해서는 전문적이고 체계적인 부모교육의 필요성이 대두하고 있다. 구체적으로 부모교육의 필요성을 살펴보면 다음과 같다.

① 부모자세의 변화에 대한 이해

지금까지 결혼하면 자녀를 갖고 부모가 되는 것은 당연하고 정상적이었다. 그러나 최근에는 부모 역할에 대한 가치에 대해 논란이 일고 있다. 부모 역할은 부모 자신의 개인적인 발달과업을 충족시키면서 동시에 자녀의 욕구를 충족시켜 줄 수 있어야 하며, 부모가 일방적으로 자녀에게 해주는 의무만을 강조하는 것은 아니다. 그러므로 가족 역할에서 서로의 문제점을 이해하려는 쌍방적인 접근이 필요하다. 그러므로 부모교육을 통해 부모-자녀 간의 관계에 대한 접근을 통해 부모자세의 변화에 대해 인식할 수 있다.

② 가족에 대한 전문적 지식의 습득

부모가 가족에 미치는 영향은 매우 중요한데, 자녀양육에 대한 지식이 부족하고 부모로서의 전문적 역할에 대한 인식이 부족하다. 그러므로 부모교육을 통해 현대사회에서 필요한 정보를 획득하고, 현대사회의 변화와 더불어 가족환경의 변화에 대해서도 고찰해 볼 수 있는 기회를 갖는다. 즉, 현대사회에서 증가하는 약물남용, 음주와 가정폭력 등 가족 관련 문제의 원인과 문제해결 접근방향 등에 대한 지식도 습득하게 된다.

③ 다양한 가족문제의 해결과 예방

부모교육을 통해 빈곤가족, 한부모가족, 청소년비행가족, 음주가족 등의 다양한 가족에서 발생하는 가족문제를 해결할 수 있다. 그리고 문제해결과 동시에 부모교육을 통하여 이런 다양한 문제를 예방하는 기능도 있다. 그러므로 부모교육은 가족복지에서 다양한 역할과 기능을 한다고 볼 수 있다.

(3) 부모교육 프로그램의 목표

부모교육의 궁극적인 목표는 가족생활을 돕고 지도하는 데 필요한 지식과 능력, 태도 등을 습득하는 것이다. 부모교육의 목표를 구체적으로 살펴보면 다음과 같다(Fine & Henry, 1989; 정옥분, 2004; 정옥분·정순화, 2008).

① 정보교환을 통한 부모능력의 강화

부모교육의 목표는 자녀의 발달과정이나 양육방법에 대해 정보를 받고 교환하는 것이다. 그리고 이러한 정보 이외에도 가족에 대한 일반적인 정보도 교환한다. 이러한 정보는 강연, 토론, 집단모임, 독서 등을 통하여 부모 상호간에 혹은 집단지도자로부터 다양한 가족정보를 획득할 수 있다.

② 신념과 통찰력의 변화

부모교육의 목표는 부모 자신의 가치관이나 신념에 대해 확신과 통찰력을 갖고 이를 변화시킬 수 있도록 돕는다. 부모 자신에 대한 지각은 다양한 방법으로 접근하여 자신의 양육태도, 가족에 대한 가치관, 부부관계 등의 문제에 대해 새로운 사실을 통찰하게 한다. 이러한 과정을 통하여 자신의 태도와 신념 등을 변화시켜 가족문제 해결에 많은 도움을 준다.

③ 가족에 대한 기술습득

부모교육에서 단순한 정보교환과 획득만으로는 가족문제를 해결하기에 어려움이 많다. 그러므로 부모교육의 목표는 가족에 대한 새롭고 전문적인 기술을 습득하게 하는 것이다. 자녀양육과 관련된 기술, 부모-자녀와 가족 내의 의사소통 기술, 가족역동관계, 가족구조의 특성, 가족문제의 유형과 접근방법 등 다양한 기술을 습득할 수 있다. 이러한 부모교육은 전문적으로 이루어지기 때문에 교양 차원의 부모교육이 아니고, 전문적인 부모교육 프로그램을 통하여 접근해야 한다.

④ 가족문제 해결능력의 강화

부모교육의 목표는 가족 발달과정에서 발생하는 가족문제를 이해하고 문제해결능력을 강화시켜 주는 것이다. 그리고 이러한 목표의 달성은 앞에서 지적한 가족에 대한 다양한 기술을 습득한 후에 가능할 것이다. 또한, 가족문제 해결능력을 강화하기 위해서는 정보제공과 기술습득도 중요하지만 부모 자신의 인식변화도 중요하다.

(4) 행동주의에 입각한 부모교육 프로그램(주장훈련)

행동주의적 접근방법에 입각한 주장훈련은 초기에는 주로 대인관계에서 불안을 해소시키기 위해서만 사용해 왔으나, 점차 개인의 권리를 강조하는 방향으로 사용하고 있다(정옥분, 2004; 정옥분·정순화, 2008). 주장훈련의 목표는 부모-자녀 간의 상호작용을 성공적으로 이끌어나가기 위하여 부모로 하여금 자녀에 대해 분명한 양육의 필요성을 인식시키고, 자녀의 행동에 대처하도록 하는 것이다. 주장훈련에서 일반적으로 사용되는 기법은 소극적 행동과 주장적 행동, 공격적 행동을 구분하고, 다양한 주장훈련을 통한 행동으로 가족문제를 치료하는 것이다. 구체적인 행동단계는 다음과 같다.

- 주장행동을 잘하지 못하는 장면에 대한 주장행동 모델의 관찰
- 운영자나 보조자의 도움을 받아 주장행동이 어려운 장면에 대한 연기행동의 연습
- 주장행동이 어려운 실제 장면에서 실행연습
- 훈련과 유사한 장면에서 주장

(5) 부모교육 프로그램의 활성화 방안

① 전문적 부모교육의 시행

현재의 부모교육은 사회교육 차원의 교양적인 내용이 주류를 이루고 있다. 그러나 앞으로 발생하는 다양한 가족문제는 전문적인 부모교육이 아니면 쉽게 해결될 수 없는 분야가 많다. 그러므로 부모교육의 내용을 좀 더 전문적으로 개발할 필요성이 있다. 그리고 전문성을 확보하려면 일회적이고 일시적인 부모교육이 아니라 체계적인 프로그램을 개발해야 한다.

② 부모교육의 인식변화와 홍보

아직도 많은 부모가 부모교육의 필요성을 잘 인식하지 못하고 있다. 그러므로 국가에서는 체계적인 홍보를 통하여 부모교육의 필요성과 중요성에 대해 알려야 할 것이다. 그리고 부모들이 부모교육을 받고 싶어도 구체적인 절차를 모르는 경우가 많으므로 부모교육의 일정, 부모교육의 내용에 대한 광범위한 홍보가 이루어져야 할 것이다.

③ 부모교육 주체와 대상의 확대

부모교육을 체계적으로 실시하려면 부모교육의 주체와 대상이 정확해야 한다. 그러나 아직도 부모교육이 단편적으로 이루어지기 때문에 부모교육에 대한 정확한 주체와 대상이 없다. 부모교육의 주체는 국가를 비롯하여 다양한 사회단체가 포함되어야 한다. 즉, 학교, 보육시설, 유치원, 사회복지기관, 사회교육기관, 지역사회단체 등이 중심이 되어 부모교육을 하여야 한다. 부모교육의 대상은 원칙적으로는 부모들이다. 그러나 부모 중에서도 어머니의 참여율은 높은 편이나, 아버지의 참여율은 여러 가지 이유로 말미암아 낮은 편이다. 그러므로 아버지의 부모교육 참여율을 높일 수 있는 각종 프로그램이 개발되어야 할 것이다.

④ 사회지원체계의 확립

부모교육을 효과적으로 하기 위해서는 다양한 사회지원체계가 이루어져야 한다. 예를 들어, 아버지의 부모교육 참여율을 높이려면, 아버지가 다니는 직장의 지원이 있어야 할 것이다. 즉, 부모교육 참여를 위해 휴가를 인정하든지, 회사 내에서 정기적으로 부모교육을 실시하는 방법도 가능할 것이다. 그리고 범국가적인 차원에서 부모교육기관에 대한 재정적 지원을 통해 부모교육의 전문성을 높여야 할 것이다. 또한, 전문 부모교육기관을 지정하고, 대학을 비롯한 전문교육단체에서도 부모교육을 위탁하여 시행하는 체계를 구축해야 한다.

⑤ 부모교육 프로그램의 개발

지금까지 부모교육 프로그램은 주로 아동과 관련된 프로그램이 주류를 이루고 있다. 그러나 다양한 가족문제 해결을 위해서는 다양한 계층을 위한 부모교육 프로그램이 개발되어야 한다. 예를 들어, 청소년의 약물남용 프로그램은 청소년에게만 초점을 맞추어 접근하지 말고, 부모가 함께 참여하여 문제를 해결하는 방향으로 접근해야 한다. 그러므로 부모교육 프로그램은 영유아, 아동, 청소년, 노인, 장애인 등으로 세분화시켜 접근해야 할 것이다. 그리고 정부에서는 체계적인 부모교육 프로그램 개발을 위해 부모교육자료집을 개발하여 보급해야 할 것이다.

⑥ 부모교육 전문가의 양성

앞으로 발생하는 다양한 가족문제로 말미암아 부모교육 분야는 확대될 것이므로, 부모교육을 담당해야 할 전문가도 다양하게 구성해야 할 것이다. 그리고 학계, 의학계, 사회단체인사, 공무원, 가족복지 관련 종사자 등에서 부모교육 전문가를 확보하여 지원해 주어야 할 것이다. 부모들이 부모교육에 잘 참여하지 않는 이유 중의 하나가 전문가에 의한 전문적인 부모교육이 잘 이루어지지 않기 때문이다. 따라서 장기적으로 다양한 부모교육 전문가를 양성해야 한다.

자료 11-1

김천, 부모교육 통해 성장하는 공동교육과정 1친구

공립단설김천유치원과 김천중앙초등학교병설유치원은 지난 6월 28일에 금릉초등학교 강당에서 '자녀를 꽃피우게 하는 부모역할'이라는 주제로 부모교육을 개최하였다. 이번 부모교육은 공동교육과정 1친구인 공립단설김천유치원과 김천중앙초등학교병설유치원 학부모 60여 명이 한자리에 모여 자녀교육에 대한 정보를 공유하고 함께 고민했다는 데 큰 의의가 있다.

두 유치원은 평소에도 "유아교육의 성공은 가정교육에 있다."라는 교육적 신념을 바탕으로 부모교육을 자주 실시하고 있지만 특히 이번 부모교육은 유아교육 전문 강사 정욱호 교수를 초청하여 학부모들로 하여금 '자녀를 꽃피우게 하는 부모 역할'이라는 질 높은 강연을 들으면서 다시 한 번 자녀교육에 대한 교육철학을 정리할 수 있는 시간을 갖게 했다는 점에서 참여한 학부모들로부터 큰 호응을 얻을 수 있었다.

또, 강연회가 끝난 후 2부 행사는 '도자기 만들기' 체험행사로 자연물인 흙을 만지고, 두드리고, 모양을 만들어가면서 학부모들은 동심으로 돌아간 듯, 여기저기서 웃음소리가 끊이지 않아 연수회장은 연일 화기애애한 분위기를 유지할 수 있었다.

이번 부모교육을 주최한 공립단설김천유치원 원장 김귀희는 "부모님의 절대적인 사랑으로 아이는 자랍니다. 자라야 할 것은 아이만이 아니라 부모님도, 부모로서 성장하는 것이 필요합니다. 그건 바로 오늘 이 자리에 오신 학부모님들처럼 공부하고, 자녀교육에 대한 정보를 얻고자 하는 마음가짐과 행동에서부터 시작됩니다."라는 축사를 통해 한자리에 모인 학부모들을 격려했다. 부모교육에 참여한 학부모는 "유치원에서 이렇게 좋은 강연회를 개최해 주셔서 자녀 교육에 큰 도움이 되었습니다. 공립유치원에서 질 높은 유아교육을 실천해 주셔서 감사하는 마음과 우리 아이가 참 행복한 유치원 생활을 하겠구나…. 라는 생각이 들었습니다. 감사합니다." "내 아이를 한 번 더 새롭게 생각할 수 있던 시간이었고, 도자기 체험도 아이들만 할 수 있는 체험이라고 생각했는데 막상 해보니 어렵네요. 앞으로 아이가 집으로 가져온 결과물은 소중히 다루어야겠다고 생각했습니다." 등의 소감을 밝혔다.

부모교육을 통해 공립단설김천유치원과 김천중앙초등학교병설유치원은 김천지역 유아교육을 선도하는 공립유치원으로서의 역할과 입지를 더욱 굳힐 수 있는 계기가 되었다. 한편, 두 유치원은 공동교육과정 1친구로서 평소에도 교육활동 및 각종 행사를 함께 추진하여 교육의 효과를 배가시키는 것은 물론 교사들도 연수 및 교육 서적 탐독 등을 함께 하며 유아 교육의 질을 높이고자 부단히 노력하고 있다.

출처: 김천신문(2011. 7. 1).

3) 가족생활교육 프로그램

(1) 가족생활교육의 의의

가족생활교육 프로그램의 목적은 모두 하나의 체계로서의 가족 능력을 향상시키고, 가족체계의 각 구성원의 심리적 안녕을 증진하는 것이다. 현재 실시되는 가족생활교육 프로그램에는 예비부부를 대상으로 하는 결혼준비교육 프로그램, 신혼부부교육 프로그램, 부부관계 향상 프로그램, 부모교육 프로그램, 부모-자녀관계 프로그램, 재혼준비교육 프로그램, 노부모부양가족을 위한 교육 프로그램, 노년기 준비교육 프로그램, 고부관계 향상 교육 프로그램, 치매노인부양가족 프로그램 등이 있다.

결혼준비 프로그램은 신혼부부와 예비부부에게 부부와 가족의 안정성과 만족도를 증가시키고, 부부문제를 사전에 예방하며 부부와 가족관계의 질을 향상시키는 프로그램이다. 따라서 가족생활교육에서 가장 많이 다루는 영역이다. 부부관계 향상 프로그램은 만족하고 기능적인 부부체계 형성을 위해서 변화하는 가족생활에 더 기능적으로 적응하고, 가족문제에 적극적으로 대처하도록 하며 가족의 전성을 더욱 강화·향상시킨다.

그리고 부모교육 프로그램은 부모를 대상으로 하여 자녀의 발달과 성장을 도모하고, 부모역할을 효율적으로 수행하도록 도움을 주고 있다. 치매노인부양가족 프로그램은 치매노인이 경험하는 부양의 현실적인 이해를 가능하게 하여 부양상황의 어려움에 더욱 효과적으로 대처함으로써 가족들이 겪는 고통을 완화해 주도록 도움을 주고 있다.

그러나 학교수업 이외의 평생교육과 지역사회교육 등은 잘 이루어지지 않고 있는 실정이다. 최근에 노인들의 평생교육이 활성화되고 있지만, 일반국민들의 재교육 또는 평생교육이 이루어지지 않고 있다. 그러므로 정부에서는 평생교육을 포함한 가족생활교육의 중요성을 인식하고 다양한 프로그램을 개발해야 할 것이다.

(2) 가족생활교육의 활성화와 프로그램의 개발

① 가족생활교육의 활성화

가족생활교육은 가족구성원으로서 개인과 가족 전체가 행복한 삶을 영위할 수 있는 능력을 배양하여 변화하는 사회에서 겪을 수 있는 가족문제를 예방하기 위한 교육적 활동이다(최경석 외, 2003). 또한, 가족구성원 개개인의 성장발달과 가족발달에 필요한 지식과 기술을 습득하여 각 발달단계에서 직면하는 다양한 문제상황에 대처할 수 있도록 도와준다. 이렇게 함으로써 가족문제를 예방하여 현재와 앞으로의 가족생활을 개선하는 잠재력을 개발하게 된다(이만수·김익균, 2008). 이처럼 모든 가족생활교육 프로그램은 하나의 체계로서의 가족 능력을 향상시키고, 가족체계의 각 구성원의 심리적 안녕을 증진하는 것이 공통 목적이다.

가족생활교육은 세 가지 목표인 문제해결, 문제예방, 잠재력 개발에 초점을 두며, 프로그램 개발 초기에는 문제해결에 더 중점을 두었다. 반면, 최근에는 문제예방과 잠재력 개발을 강조하는 경향이다. 1970년 미국 가족생활교육위원회가 발표한 가족생활교육의 목적은 '건강한 가족을 형성하고, 개인과 가족이 생애주기 전반에 걸쳐 가정에서 인간의 성장·발달과 행동에 관한 지식을 배우도록 돕는 것이며, 현재와 미래의 가족역할에 대한 개인의 잠재력을 발달시키는 것'이다. 가족에 대한 이해, 개인과 가족의 발달에 관한 이해, 대처과정에 관해 배우기, 인지능력과 행동평가능력 발달시키기, 그리고 새로운 행동방식을 추구하기 등이다. 가족생활교육의 접근은 평생교육적 접근, 주제중심적 접근, 통합적 접근으로 분류될 수 있다(이만수·김익균, 2008).

② 가족생활교육 프로그램의 개발

가족생활교육의 실천적 차원은 교육주체와 객체, 교육내용의 다양성, 교육방법과 실천에 있어서의 융통성, 개념과 유형분류가 복잡하다는 특징을 가지고 있다. 넓은 의미에서 가족생활교육을 사회교육의 한 영역으로 본다. 하지만, 가족교육의 특성 역시 다양성, 융통성, 복잡성을 가진다는 점에서 사회교육과는 차이가 있다. 가족교육은 학교교육과 사회교육이 함께 추구해 나가야 한다.

가족생활교육 프로그램을 작성할 때는 많은 가족이 참여할수록 바람직하다. 일반적으로 계획과정에 가족들을 참여시킴으로써 얻을 수 있는 이점으로는 ① 프로그램 계획수립에 있어서 가족의 지원을 확보할 수 있고, ② 민간지도자로 하여금 그들의 잠재된 지도력을 발휘할 기회를 제공할 수 있으며, ③ 참여한 가족들의 욕구와 필요를 발견하고, ④ 참여가족들에게 학습경험을 제공할 수 있으며, ⑤ 프로그램이 가족들의 것이라는 신념을 제공할 수 있으며, ⑥ 프로그램 계획에 관련된 사람들의 협동과 조정의 기회를 제공할 수 있다.

한편, 프로그램 개발은 프로그램 그 자체가 목적이 되기보다는 가족생활교육의 목적달성을 위한 매개수단이 되도록 하는 것이 중요하다. 또한, 프로그램 계획은 반드시 지역사회 교육기관의 여건, 즉 지도력, 시설과 재정 등을 감안하여야 한다. 프로그램을 계획하는 일반적인 과정은 다음과 같다.

- 프로그램 시행의 목적과 목표, 방법 등에 대한 개략적인 방향을 설정한다.
- 가족들의 교육욕구조사를 수행한다.
- 가족교육기관의 전년도 활동을 평가하거나, 인근 지역사회 교육기관의 프로그램을 평가한다.
- 위 단계의 분석결과에 기초하여 가족프로그램 분야별, 대상별, 내용별로 항목을 설정한다.

4) 부부관계 향상 프로그램

(1) 부부관계 향상 프로그램의 의의

가족관계와 가족주기 등에서 부부관계가 차지하는 비중과 중요성은 매우 높다. 그리고 가족 내에서 부부관계를 어떻게 유지하느냐는 가족 전체의 관계에 영향을 미친다. 그러므로 다양한 부부관계 향상 교육과 프로그램을 통하여 부부관계를 향상시켜야 할 것이다. 그러나 현실은, 예방이라는 차원보다는 부부관계가 악화하였을 때, 부부관계의 문제를 해결할 수 없을 경우가 되었을 때에 부부관계의 심각성을 인정하는 경향이다. 최근 우리 사회에서 이혼율이 급증하는 것도 이와 같은 현상과 밀접한 관계가 있을 것이다.

(2) 부부관계 향상 프로그램의 접근방향

한국가족관계학회(1998)에서 제시하는 부부관계 향상의 전제조건은 다음과 같다(이만수·김익균, 2008).

① 건강한 부부관계는 문제가 전혀 없는 상태가 아니라 문제해결 능력을 갖추고 있는 관계이다.
② 기능적인 부부관계는 우연히 이루어지는 것이 아니라 부부의 성장 잠재력을 개발함으로써 부부가 함께 성장할 수 있다.
③ 대부분 부부가 부부관계 향상에 대한 강화방법을 잘 모르고 있으며, 건강하고 기능적인 부부생활을 위한 기술과 정보의 필요성을 인정하고 있다.
④ 건강하고 기능적인 부부관계의 향상과 유지는 한 가지 방법만으로는 불가능하다.

(3) 부부관계 향상 프로그램의 목표

부부관계 향상 프로그램의 구체적인 목표를 살펴보면 다음과 같다(최경석 외, 2003).

① 건강하고 기능적인 결혼생활을 유지하기 위하여 건전한 부부관계의 유지와 부부관계에서 숨겨져 있는 잠재력 개발을 지원하여 부부관계 향상의 기회를 제공한다.
② 부부의 원만한 적응을 위하여 부부 상호 간의 유사점을 인정하여 서로 문제점을 인식하고 해결하도록 한다.
③ 부부관계 향상의 장애요소를 감소·제거하여 부부관계의 심리사회적 독립성과 상호성을 증가시킨다. 여기에서는 부부관계에서 자아존중감과 의사소통기술을 강화시킨다.
④ 부부관계 향상에 필요한 여러 가지 정보와 기술을 제공하고, 필요하다면 교육을 통하여 습득하도록 한다.

⑤ 가족체계에서 중요한 구심점이 되는 부부관계를 강화시켜서 전체 가족 구성원의 기능화를 촉진·강화시켜 준다.

자료 11-2

부부가 서로 만져야 가정이 행복

사랑이 시작될 때 연인과의 스킨십은 누구에게나 가슴 떨리는 추억이다. 부부간의 스킨십은 시간이 지나면서 점점 줄어드는 것이 현실이다. 실제로 얼마 전 '듀오'에서 진행된 설문조사에는 결혼 연차와 부부간의 스킨십 빈도는 반비례하는 것으로 밝혀진 바 있다. 스킨십은 신체에 긍정적 호르몬 분비를 도와 건강은 물론 부부관계 향상에도 도움을 준다. 한 연구결과에 따르면 100세 이상의 노인들의 장수 비결로 꼽히기도 했다. 부부상담·교육기관 듀오라이프컨설팅은 다양한 상담사례와 연구결과를 토대로 행복한 결혼생활에 활기를 더할 수 있는 '부부 스킨십 가이드라인'을 다음과 같이 발표했다.

❤ 스킨십은 사랑의 비타민, '매일매일' 챙겨라

많은 부부가 신혼시절 뜨거운 부부애가 저절로 유지될 것이라고 착각한다. 사랑의 화학적 반응은 길지 않기 때문에, 부부간의 스킨십은 일상적으로, 습관적으로 '훈련'되어야 한다. '부부 스킨십 가이드라인'은 부부들이 '아침저녁으로 포옹하며 인사하기', '굿 모닝·나이트 키스' 등의 규칙을 정해 두고 습관처럼 스킨십할 것을 권한다. 건강을 위해 비타민을 챙겨먹듯 매일 노력하는 스킨십은 부부생활에 지속적인 활력을 불어넣어 준다.

❤ 스킨십은 끊임없는 탐색전

스킨십은 평생을 두고 탐구해야 할 연구대상이기도 하다. 왜냐하면, 상대방과 하는 교감이므로 때와 장소, 시간, 상대방의 기분을 고려해 상대방이 좋아하는 스킨십을 해야 하기 때문이다. 사람의 기분이 늘 변할 수 있듯 배우자가 원하는 방식도 늘 변할 수 있으므로 항상 탐구하는 자세가 필요하다. 내가 선호하는 스킨십 방식만을 고집하는 것은 대화에서 상대방의 이야기를 경청하지 않고 나만의 이야기를 이어가는 일방향적 커뮤니케이션과 같다.

❤ 스킨십에는 자녀교육 효과까지

자녀의 지적 능력 향상만큼이나 중요하게 대두되고 있는 것이 바로 인성교육이다. 전문가들은 애정을 자녀에게 쏟는 것만큼 부부간의 애정을 자녀에게 보여주는 것도 중요하다고 말한다. 매일 다투거나 서로에게 막말을 하는 부부의 자식은 인성적으로 부정적인 영향을 받을 수 있다. 부부의 관계가 좋아 서로 대화하는 시간과 붙어있는 시간이 많아질수록 자녀들은 가정 안에서 안정감을 느낀다. 이런 관계 속에서 부부와 자녀 간의 관계도 향상될 수 있는 것이다. 아이를 위해 주는 고액의 용돈보다 부부의 당당한 애정표현과 스킨십이 자녀의 건강한 인성교육에 더 효과적임을 인식하자.

❤ 스킨십도 '새 것이 좋아'

연애시절의 스킨십에 '떨림'이 있었던 것은 '처음' 만나는 사람과 '처음' 해보는 행동이기 때문이다. 인간을 비롯한 모든 동물은 새로운 것에 흥분을 느낀다. 매일 똑같은 스킨십만 한다면 '떨리는 흥분'은 지속되기 힘들다. 때로는 남편이 제공하는 전신 오일마사지와 같은 이색적인 스킨십을 통해 풋풋했던 연애시절로 돌아간 것 같은 설렘을 경험할 수 있다. 이러한 건강한 설렘이야말로 부부관계를 더욱 긴밀하게 해주는 에너지로 작용한다.

❤ 스킨십은 최고의 정력제

많은 남편이 부인의 성적 만족의 비밀이 시간이나 발기력 등 물질적인 것에서 나온다고 착각한다. 여성은 '사랑 받고 있다'는 느낌에 매우 민감하기 때문에 감성적인 테크닉에 더 많은 만족을 느낀다. 배우자를 아끼는 마음을 담은 정성스런 스킨십이야말로 잠자리에서 최고의 정력제임을 잊지 말자. 때로는 충분한 스킨십만으로 아내는 오르가즘을 느낄 수 있다. 이미경 듀오라이프컨설팅 총괄팀장은 "부부관계를 단순히 몸에 의존한 신체적 흥분에 초점에 맞춘다면 서로 생물학적인 성숙과 노화가 이뤄짐에 따라 만족도는 당연히 떨어질 수 있다."라고 전했다. 이어"부부의 성(性)은 신체적 결합뿐만 아니라, 정서적 결합이라는 사실을 인지해야 한다."라고 조언했다.

출처: 한국경제(2011. 8. 1).

(4) 새로운 관계의 형성

결혼의 중요한 발달과업 중의 하나는 가족 이외의 다른 사람과 친밀한 관계를 형성하는 것이다. 친밀감의 형성은 능동적인 과정으로서 자신의 정체감을 잃을지도 모른다는 두려움 없이 다른 사람과 개방적이고 지지적이며 조화로운 관계를 형성하는 능력이다. 다른 사람과 친밀한 관계를 형성한 사람은 자신의 견해나 계획을 다른 사람과 의논할 수 있으며, 감정이입능력, 욕구조절능력, 자기통제능력 등을 갖추고 있다. 친밀감의 형성은 자아정체감을 확립한 후에 이루어지는 것으로, 자신을 가치 있고 유능하며 신뢰할 수 있는 사람으로 지각할 수 있을 때 가능하다(김태련·장휘숙, 1996; 이만수·김익균, 2008).

친밀감은 결혼상대와 애정을 나눌 수 있으며, 사회생활에서 우정을 나눌 수 있는 관계를 포함한다. 친밀감은 대개 결혼관계에서 형성되지만, 결혼초기의 상호적응, 첫 자녀의 출산, 부모와 친척의 기대 등이 부부의 친밀감 형성을 방해할 수 있다. 그러나 결혼생활을 통하여 서로의 욕구를 만족시키고 약점을 수용하면서 친밀감이 형성되면, 인간관계는 점차 성숙해진다. 친밀감의 형성에는 성별로 차이가 존재한다. 장년기의 남성은 친밀하고 상호의존적인 관계 형성에 저항하는 경향이 있기 때문에 친밀감의 형성에 어려움이 존재한다. 그러나 여성은 친밀감 형성의 요구를 충족시킬 준비가 되어 있으며, 자신의 문제에 관심을 두고 지지해 주는 사람들과 친밀한 관계를 형성할 수 있다.

결혼에 앞서 친근감을 획득하지 못한 사람은 지나치게 자기의식적이고 자신의 사회적 행동과 적응에 대해 걱정하고 불안해하기 때문에 원만한 사회적 상호작용을 하지 못하여 고립감에 빠져들게 된다. 그들은 친근감의 형성이 자신의 정체감 확립을 손상한다고 생각하여 자신과 다른 사람과의 관계 형성을 제한한다.

(5) 결혼준비 프로그램

예비부부와 신혼부부를 위한 결혼준비 프로그램은 원활한 결혼생활과 결혼하고 나서 건강하고 안정적인 가족관계를 유지하기 위한 과정이다. 아직 우리나라에서는 결혼준비 프로그램과 교육이 부족한 실정이지만, 선진국은 결혼준비 프로그램이 매우 다양하다. 이러한 현상은 우리는 결혼준비를 양가 부모가 주로 책임지고 있지만, 선진국은 예비부부가 직접 준비하는 경우가 많기 때문이다. 그러나 어떠한 형식을 통하여 결혼을 하더라도 결혼에 대한 교육과 프로그램을 개발·시행하여야 한다. 결혼은 단순한 남녀의 만남이 아니라 가족과 가족의 만남인 동시에 다른 가족체계에서 생활해 온 남녀가 만나기 때문에 결혼에 대한 준비는 매우 중요하다.

우리의 과거 결혼준비 프로그램은 주로 예비신부의 몫으로서 요리, 살림살이, 가정교육 등을 부모로부터 직접 교육받는 경우가 많았다. 특히 신부는 결혼생활에 있어 친정부모의 영향을 많이 받아왔다. 그러다가 1990년대에 와서 전문적이고 체계적인 결혼준비 프로그램이 도입되기 시작하였다. 주된 프로그램의 내용은 부부간의 이해, 부부간의 의사소통기법, 성숙한 사랑과 성에 대한 내용, 가족생활의 운영 등이다.

자료 11-3

미혼남녀 대상 결혼준비교육

김천시건강가정지원센터(센터장 진오스님)는 지난 6월 18일 센터 2층 대교육장에서 20~30대 미혼남녀 20여 명을 대상으로 결혼준비교육 "특별한 인연! 미래를 꿈꾸다" 프로그램을 진행했다. 이번 프로그램은 결혼생활의 부작용을 예방하고 바람직한 결혼생활을 설계하기 위해 마련됐다. 이날 'FunFun한 연애Feel살기', '커플매니저가 알려 주는 연애와 결혼', '성에 대한 남녀차이' 등을 주제로 5시간에 걸쳐 진행됐다.

특히 적절한 데이트 장소 및 데이트를 하기에 가장 좋은 요일과 시간대, 데이트 신청 성공률을 높이는 전략 등 미혼남녀가 만나서 연애를 시작해 성공적인 결혼으로 이어질 수 있도록 다양한 연애상식이 소개돼 수강생들로부터 큰 호응을 얻었다. 한편, 김천시건강가정지원센터는 미혼남녀 대상 교육 프로그램뿐만 아니라 다양한 가족 구성원을 대상으로 생활주기별 가족교육 프로그램을 진행하며 지역 내 건강한 가족 친화적 문화를 조성하기 위해 노력하고 있다.

출처: 불교신문(2011. 6. 29).

학/습/과/제

① 프로그램의 개념을 정의하시오.

② 프로그램 개발의 기본원리를 설명하시오.

③ 건강가정지원센터에서 시행하는 프로그램을 열거하시오.

④ 위 ③의 프로그램 중 1개를 골라 평가하여 보시오.

⑤ 프로그램의 개발과정을 설명하시오.

⑥ 결혼준비 프로그램의 중요성을 A4용지 한 장 분량으로 작성하시오.

⑦ 우리나라에서 시행되는 결혼준비 프로그램 한 가지를 조사하여 설명하시오.

Healthy Family

CHAPTER 12

건강가정 현장실습

학·습·목·표

- 건강가정 현장실습의 개념을 이해한다.
- 건강가정 현장실습의 목적을 설명할 수 있다.
- 건강가정 현장실습의 중요성과 실습생의 자세에 대해 설명할 수 있다.

건강가정 현장실습이란 무엇인가? 예비 건강가정사가 건강가정사업에 대한 현장경험을 쌓는 과정을 의미한다. 바꾸어 말하면, 건강가정사업의 철학과 윤리에 근거하여 학교에서 배운 이론과 실천 기술을 건강가정사업 실천 현장에서 적용하는 방법을 배우는 것이다. 전문적인 지식과 실천 능력을 지닌 건강가정사는 이 과정을 통해 태어나게 된다. 이 장에서는 중앙건강가정지원센터의 2008년도 운영가이드북에서 제시한 내용(중앙건강가정지원센터, 2008)을 중심으로 살펴본다.

01 건강가정 현장실습

1) 건강가정 현장실습의 개념

건강가정 현장실습은 건강가정사들이 건강가정사업에 대한 현장경험을 쌓는 과정으로 현장교육, 현장 실습과 훈련, 실습교육 등이 있다. 즉, 학교에서 교과과정을 통해 배운 이론적 지식을 바탕으로 현장의 상황과 현장실습지도자의 실습지도 내용을 통해 이론을 실천에 적용하는 구체적인 방법을 습득하는 기회를 가진다.

2) 건강가정 현장실습의 목적

건강가정 현장실습의 목적을 실습생, 건강가정사업 관련 기관, 학교로 구분하여 살펴보면 다음과 같다(조희금 외, 2002, 2010).

첫째, 실습생은 현장실습을 통하여 학교에서 배운 지식과 기술을 실천에 옮기는 기회를 가지며, 실습 현장에서 새로운 실천기술과 지식을 익히는 기회를 갖는다. 실습생은 건강가정 관련 기관과 시설에 대한 이해를 증진시킬 수 있으며, 실습과정을 통해 건강가정사업의 전반적인 실천 과정을 이해할 수 있다. 또한, 현장에서 일하는 기회를 통해 자신의 능력과 한계에 대해 이해하고, 자기인식을 통해 건강가정사 직무에 대한 적성을 확인해 볼 수 있다.

둘째, 건강가정사업 관련 기관에서는 실습생들이 학교에서 습득한 지식과 기술을 실천 현장에서 연마할 수 있는 기회를 제공한다. 건강가정 서비스 대상자에게 더욱 다양하고 새로운 형태의 서비스를 제공할 수 있으므로, 기관의 특성에 맞는 새로운 영역을 개발하는 계기가 될 수 있다. 또한, 기관에서는 건강가정사업의 개념과 기술, 지식을 접하는 기회로 활용할 수 있으며, 학교와의 지속적인 연계를 통해 이론과 실무에 대한 정보를 교환할 수 있는 기회를 갖게 된다.

셋째, 학교에서는 현장실습을 교육과 학습의 보조역할을 하는 실천의 장(場)으로 활용할 수 있다. 또한, 학생들에게 현장실습을 하게 함으로써 건강가정사 관련 교육과정의 효율성을 평가하는 기회로 삼을 수 있고, 실습생을 통해 다양한 건강가정사업 실천 현장에 대해 간접적으로 접할 수 있다. 아울러 실습생을 받아 준 기관과의 지속적인 연계를 통해 졸업생을 취업시킬 수도 있다.

3) 건강가정 현장실습의 주체

건강가정 현장실습의 주체는 실습을 받는 실습생과 실습을 제공해 주는 센터 또는 실습지도자, 그리고 실습이 이루어지도록 지도하는 학교로 구성된다. 각 주체의 역할은 다음과 같으며, 자격기준은 〈표 12-1〉과 같다.

(1) 실습생

실습생은 센터에서 봉사하는 자원봉사자와 더불어 센터의 직원인 건강가정사와 건강가정사업을 이용하는 이용자 중간에 있다. 여기서 건강가정사의 업무를 수행하는 동시에 자원봉사자의 업무를 수행할 수 있다. 자원봉사자의 업무를 수행하는 경우, 실습생은 자원봉사자와는 달리 업무에 대한 사고, 분석, 비판을 함께하며 업무 수행에 대해 실습지도자와 실습기관의 지도·감독, 평가를 받는다.

한편, 건강가정지원센터에서 현장실습을 하게 되는 실습생으로서 가져야 할 자세로 몇 가지를 생각해 볼 수 있다. 먼저, 실습생은 현장실무를 배우는 학생으로서 최대한 성실하고 겸손하며 책임감 있는 태도로 행동해야 한다. 아울러 학교에서 요구하는 여러 가지 실습과제와 센터에서 요구하는 업무를 충실히 이행해야 한다. 실습생이라 하더라도 학교에서 배운 이론과 자신의 개인적인 능력을 실습 업무에 적용하여, 자신의 능력을 충분히 발휘하는 기회로 실습과정을 활용할 수 있어야 한다.

다음으로, 실습생은 학생이자 예비 사회인, 예비 직장인이라는 자세로 적극적으로 현장실무를 습득하고 자신에게 맡긴 업무를 온 힘을 기울여 완수하며, 실습 센터에서 근무하는 종사자들에게 예의를 지키고 조화로운 인간관계를 맺는 것이 중요하다. 이와 함께 실습생은 실습하는 건강가정지원센터에서 정한 규칙과 질서를 존중하고 업무와 관련된 시간과 일정을 준수해야 한다. 또한, 실습하는 건강가정지원센터에서 외부로 유출하는 것을 금하는 업무와 관련된 사항에 대해서는 약속을 지켜 실습센터에 피해를 주는 일이 없도록 주의해야 한다. 무엇보다 건강가정지원센터는 대민 서비스를 제공하는 기관이므로 실습생이라 하더라도 센터에서 만나게 되는 지역주민들에게 가능한 한 밝고 친절한 태도를 보이는 것이 중요하다.

(2) 실습지도자와 실습기관

실습기관은 원활한 실습 진행을 위해 실습환경을 조성하고, 센터의 실습지도자가 실습 준비와 진행 업무에 최선의 노력을 기울이도록 업무 분담과 협조를 한다. 실습지도자는 건강가정지원센터 팀장급 이상 또는 가족에 관한 연구와 실무 경력 3년 이상의 자격을 갖춘 사람으로 지정한다.

① 실습지도자의 업무

- 실습지도 전반에 대한 관리와 책임
- 실습계획의 수립
- 실습지도일지 작성
- 실습생 출석관리
- 실습에 대한 수퍼비젼을 제공
- 실습과제 수합과 관리

② 실습기관의 역할

- 실습지도의 목표, 방향, 지도방침 결정
- 실습지도를 담당할 실습지도자를 선정하여 사전교육 시행
- 실습생 수용 능력(강의실, 휴게실, 시설 공간과 집기 비품 등)을 확보하고 실

습지도를 위한 사업계획 수립
- 실습지도 내용은 기초적인 이론보다는 실천을 경험할 수 있게 함
- 효율적인 실습이 되도록 해당 대학과 협조체계 유지
- 실습생에게 실습 내용, 실습기관의 특성, 실습생의 역할과 책임 등에 대한 오리엔테이션 시행

(3) 학교

실습지도는 해당 실습기관의 실습지도자를 통하여 일차적으로 이루어지고 있으나, 건강가정 현장실습 교육은 학교에서 실시되므로 학교는 구체적인 실습과제 수행을 지도하고 실습지도자와 실습생의 관계를 조정한다.

〈표 12-1〉 실습생, 실습기관과 실습지도자의 자격기준

구분	자격기준
실습생	• 건강가정 현장실습 과목을 이수하면서 건강가정사 이수 교과목 중 전공과 관련 과목 각각 3과목 이상 이수한 자가 실습을 받는 것을 원칙으로 하나, 실습지도자의 판단에 따라 재량적으로 실습생을 선발할 수 있음
실습기관	• 건강가정기본법 제35조에 따라 건강가정사업을 행하는 건강가정지원센터 • 자격 있는 실습지도자가 있는 기관 • 실습지도자에게 업무 조정과 인센티브를 줄 수 있는 기관
실습지도자	• 건강가정지원센터 팀장급 이상 또는 가족에 관한 연구와 실무 경력 3년 이상인 자

출처: 중앙건강가정지원센터(2008), 2008 건강가정지원센터 운영가이드북, p. 143을 재구성.

02 건강가정 현장실습의 운영

1) 현장실습의 관리

건강가정지원센터에서는 실습생의 현장실습 관리를 위해 실습관리의 과정을 단계별로 파악할 필요가 있다. 실습관리의 과정을 구체적으로 살펴보면

다음과 같다(중앙건간가정지원센터, 2008).

(1) 행정처리

① 실습지도 분야 결정

- 각 부서에 실습지도 협조 구함
- 부서별로 각 업무 상황과 인력을 고려하여 실습 내용과 실습생 인원 책정

② 실습생 모집

- 실습지도자는 건강가정지원센터와 관련 기관 홈페이지 등 매체를 통해 모집 광고
- 각 대학의 관련 학과에 모집 공문 발송

③ 실습생 면접

- 실습신청 접수기간이 종료되면 신청자들에게 면접일자 공고
- 면접은 공개경쟁을 통한 선발의 목적이 아니며, 실습신청자와 실습지도자가 현장실습에 대한 욕구 일치를 확인하는 과정

④ 실습생 확정

- 학생이 제출한 신청서와 면접결과를 종합하여 최종 확정 후 개별통보
- 확정된 실습생의 학교에서 실습 의뢰 공문을 받아야 하며, 이에 대한 회신 공문을 실습생의 학교로 발송해야 함
- 실습을 거절할 때라도 통보하는 것이 바람직함

(2) 실습지도계획서 작성

실습지도를 담당한 센터의 실습지도자가 실습목적과 실습기간, 사업영역별 실습지도계획, 그리고 학교와 실습생의 준비사항을 정리한 실습지도계획서를 작성한다.

(3) 오리엔테이션

- 실습과정 전반에 대한 안내, 직면하게 될 문제점과 어려움, 적절한 행동 지침 등에 대한 교육 필요
- 실습생의 자세와 역할, 기관소개, 프로그램 계획과 평가 등 기본적인 요소 교육

2) 현장실습의 구성과 내용

현장실습의 구성과 내용은 〈표 12-2〉와 같다.

〈표 12-2〉 현장실습의 구성과 내용

<table>
<tr><th colspan="2">구분</th><th>내용</th><th>과제물</th></tr>
<tr><td rowspan="4">필수</td><td>오리엔테이션</td><td>• 기관소개
• 지역소개
• 대상집단의 이해
• 실습생의 자세와 역할
• 실습 일정과 과제 안내</td><td></td></tr>
<tr><td>행정업무</td><td>• 각종 기안서
• 기관 운영과 관련된 규정 검토
• 사업수행 절차</td><td>• 관련 서식 작성과 제출</td></tr>
<tr><td>프로그램 보조진행</td><td>• 가족생활교육 프로그램 보조진행
• 가족문화 프로그램 보조진행
• 기타 센터의 특화사업 보조진행</td><td>• 프로그램계획서
• 프로그램평가서
• 과정일지
• 기타 해당 자료</td></tr>
<tr><td>실습 평가회</td><td>• 과제에 대한 수퍼비전
• 실습생의 자세 등 전반에 대한 수퍼비전</td><td>• 실습평가서</td></tr>
<tr><td colspan="2">선택</td><td>• 지역사회 조직사업(지역사회 자원개발, 주민교육, 건강가정 네트워크 구축)
• 지역사회 홍보활동
• 프로그램 개발과 평가
• 사례관리
• 다른 기관 방문과 지역탐방</td><td>• 프로그램계획서
• 프로그램평가서
• 사례관리기록서
• 기관방문보고서
• 지역탐방보고서
• 기타 해당 자료</td></tr>
</table>

출처: 중앙건강가정지원센터(2008), 2008 건강가정지원센터 운영가이드북, p. 143을 재구성.

3) 현장실습의 단계, 기록과 평가

현장실습은 크게 현장실습 준비단계, 현장실습 단계, 현장실습 종결과 평가단계 등으로 구분할 수 있다. 실습현장에서의 기록은 체계적인 실습의 효과를 극대화할 수 있는 도구다. 따라서 현장에서의 경험을 구체적으로 기록하고 평가하는 것은 중요하다. 현장실습 단계별로 필요한 서류는 〈표 12-3〉과 같다.

〈표 12-3〉 현장실습 단계별 필요한 서류

구분	실습생	기관(실습지도자)	학교(실습전담교수)
현장실습 준비단계	• 실습보고서 • 실습생 계약서	• 실습생 모집공고문	• 실습 의뢰서 • 실습생 명단
현장실습 단계	• 실습일지 • 센터 조사보고서 • 프로그램 분석보고서 • 센터 네트워킹 조사 보고서	• 실습생 출결사항기록부 • 실습 요약서	• 실습일정 기록부
현장실습 종결과 평가단계	• 자기평가서	• 실습평가서 (학교 발송용) • 실습평가 요약서 (학교발송용) • 수료증	

출처: 중앙건강가정지원센터(2008), 2008 건강가정지원센터 운영가이드북, p. 147.

4) 현장실습 관련 보고서 작성에 대한 안내

건강가정 실습생이 현장실습과 관련하여 작성해야 할 보고서는 다음과 같다(문숙재 외, 1999; 조희금 외, 2002; 조희금 외, 2007).

첫째, 실습을 시작하기 전에 실습신청서와 실습계획서를 작성한다. 실습신청서는 센터에 실습을 요청하고자 보내는 서류로, 학교에서 일괄적으로 작성하여 직접 센터에 송부하는 경우도 있고, 실습생이 개인적으로 작성하여 제출하는 경우도 있다. 실습생은 실습센터를 정한 다음 최종적인 결정이 이루어질 수 있도록 실습신청서를 센터에 제출해야 한다. 센터는 실습신청서를 통해 실습생을 파악하고 실습 여부를 결정하기 때문에, 건강가정 현장실습과 관련된 구체적인 정보가 실습신청서에 많이 제시되는 것이 좋다. 따라서 실습신청서에는 실습 신청자의 사회인구학적 정보뿐만 아니라 건강가정사 자격과 관련한 수강 과목이나 자격증 취득 현황을 센터에서 정확히 파악할 수 있도록 제시하는 것이 좋다. 이때 실습생이 실습을 하는 동안 성실히 실습에 임하고 실습생으로서의 책임을 다할 수 있도록 서약서도 작성하는 것이 좋다. 실습계획서에는 나의 실습목표, 실습을 통해서 배우고 싶은 것, 실습 장소와 학교의 실습담당 교수에게 바라는 점 등을 기재한다.

둘째, 실습 중에는 실습일지, 실습중간평가서와 그 이외 실습 관련 각종 보고서를 작성해야 한다. 실습일지는 매일의 실습 진행 일과를 기록하는 것으로, 일반적으로 당일의 실습 일정, 실습 내용, 실습 소감과 평가로 구성되어 있다. 실습 일정은 시간에 따라 간단하게 요약하고 관련 자료는 모두 복사하여 철해 놓는다. 실습 내용은 실습 지도감독이 가능하도록 구체적이고 객관적으로 기술한다. 강의를 들었을 때에는 강의 내용을 요약해 놓고, 이를 실습에 어떻게 적용할지 기록해 본다. 프로그램을 진행하지는 않았지만, 보조진행자로 참여하였거나 관찰만 했을 경우도 프로그램 지도자의 진행 방법 등을 자세하게 기록한다. 매일 반복되는 일과를 기록하는 데 급급하기보다는 이용자 중심의 과정 기록 형식을 취한다. 이때 전공 용어를 사용하고 실습생 자신의 감정이나 의견은 가능한 한 피한다. 기관에 제출한 과제는 복사하여 철해 놓는다. 실습 소감과 평가를 기록할 때는 자신의 소감이나 평가 이외에 기관에서 받은 지도감독 내용도 기록하도록 한다. 실습일지는 단순히 매일의 근무를 기록하는 것이 아니라 실습지도자로부터 실습내용을 피드백 받을 수 있는 서류이며, 실습이 종료된 이후에도 실무능력을 배양하고자 할 때 참고할 수 있는 자료이기 때문에 꼼꼼히 작성하는 것이 필요하다.

실습중간평가서는 실습기간 중반 이전에 자신의 실습과정과 내용에 대해 중간평가서를 작성하고, 이를 토대로 기관 실습지도자와 중간평가를 진행한다. 평가 항목으로는 자기평가, 실습목표 달성에 대한 평가, 전문성 개발에 대한 평가, 기관 이해와 인간관계, 기관과 학교에 대한 건의사항 등이 있는데, 구체적인 양식은 기관마다 약간 다를 수 있다. 어떤 양식을 사용하든 실습 전에 세웠던 목표와 계획에 기초하여 객관적으로 평가해야 하며, 자신의 느낌을 주관적으로 장황하게 기술하지 않도록 주의한다.

셋째, 실습이 끝난 후에는 실습최종보고서를 작성하는데, 여기서는 기관에서의 실습 경험을 종합하여 기관 개요, 실습 기관에서의 활동 내용, 실습 사례 등 실습 전반에 대한 총평을 기재한다. 아울러 현장실습을 할 기관의 이용 대상자를 중심으로 이들의 특정 요구를 파악하여, 이를 충족시킬 수 있는 대안으로 프로그램 개발을 제시해 본다. 또한, 현재 이용되는 기관의 사항 중 이용자의 욕구를 충족시키기 위해 개선시키거나 보충할 점 등을 구체적으로 분석해 본다.

학 / 습 / 과 / 제

① 건강가정 현장실습의 개념을 정의하시오.

② 건강가정 현장실습의 목적을 설명하시오.

③ 실습기관의 역할을 설명하시오.

④ 건강가정사의 직업윤리와 전문성을 설명하시오.

⑤ 건강가정사가 갖추어야 할 의사소통과 상담기술은 무엇인가?

⑥ 건강가정 현장실습의 중요성은 무엇이고, 실습생은 어떠한 자세를 가져야 하는가?

⑦ 건강가정 현장실습 각 단계에서의 실습 주체의 역할을 정리해 보시오.

PART 04 건강가정의 오늘과 내일

CHAPTER 13 건강가정을 위한 과제와 제언

CHAPTER 13

건강가정을 위한 과제와 제언

학·습·목·표

- 우리나라 가족의 현실을 이해한다.
- 우리나라 가족(가정)의 문제점을 정리하여 토의할 수 있다.
- 건강가정을 위한 과제를 가족, 사회, 국가 입장에서 설명할 수 있다.
- 우리나라 가정의 내일을 전망하고, 건강가정을 위한 제언을 할 수 있다.

전통사회에서 인간은 다른 사람들로부터 존경을 받는 일에 삶의 가치를 많이 두었다. 그런데 현대인들은 더욱 내면적이고 자기중심적인 것에서 만족감을 느끼고, 가치의 근원을 찾는 경향이 늘어나고 있다. 즉, 인간이 친밀한 인간관계에서 오는 순수한 기쁨으로부터 인생의 의미를 찾으려는 것이다. 이제 사회적 성공을 위해 비인간적인 삶을 선택하기보다는, 개인의 행복과 보람을 위해 부(富)와 명예 대신 소박한 삶을 선택하는 사람이 늘고 있는 상황이다.

가족이 살아가는 모습은 인간 사회 안에서도 세대별로 다르고, 같은 가족 안에서도 성(性)과 나이에 따라 다양하다. 또한, 가족주기를 거치면서 가족 간의 역동적 관계도 끊임없이 변화한다. 그리고 가족의 사회적 지위에 따라 가족구성원이 누리는 삶의 기회도 달라지며, 가족이 믿는 종교나 가족의 거주 지역 등에 따라서도 가족 경험의 폭이 달라지는 것이 현실이다. 이처럼 가정과 가족 관계는 개인의 삶에 매우 중요한 의미를 부여해 주는 장이 되고 있다. 현대사회로 들어오면서 가정은 인간의 삶에서 더욱 중요하면서 의미 있는 삶의 공간으로 부상하고 있다. 하지만, 이를 건강하게 구축하는 것은 쉬운 일이 아니므로 개인과 국가가 함께 특별한 노력을 기울여야 할 것이다(윤경자 외, 2009).

01 우리나라 가족의 현주소는 어디인가?

몇 년 전 한국방송공사(KBS)와 한국가족학회는 공동으로 '우리나라 가족의 현주소'에 대해서 연구조사를 하였다. 이 연구는 결혼해서 배우자가 있는 전국의 남녀 1,532명을 대상으로 하였다. 이 연구에서 밝힌 우리나라 가족의 현주소를 요약하여 살펴본다(윤경자 외, 2009: 323-328).

① 우리 가족은 산업화, 정보화, 급격한 사회 변화 속에서 정치, 경제 등 여타의 사회제도와 비교해볼 때 심한 문화지체 현상을 보이고 있다. 가족이야말로 이질적 성과 다양한 세대가 충돌하면서 화합과 단결 못지않게 긴장과 갈등을 빚어내는 집단이다.

가장 진보적인 가치관으로 무장한 채 낭만적 사랑을 꿈꾸는 20대 여성과 가장 보수적 가치관을 내면화한 상태에서 현실과 이상 사이의 괴리로 말미암은 갈등과 불만으로 뭉쳐 있는 5, 60대 여성이 가족의 이름으로 생활세계를 공유한 채 부대끼며 살아가고 있다. 이들은 시어머니-며느리로 한집에 동거하는 경우도 있고, 가구를 달리하여 분가해서 사는 경우도 있다. 그러나 어떤 상황이든 20대 여성과 5, 60대 여성은 모든 면에서 이질적인 두 세계에 살고 있기에, 이들의 부딪침은 기본적으로 충돌의 가능성과 불만의 누적을 안고 출발하게 마련이다.

세대뿐만 아니라 남성과 여성도 서로 다른 세계 속에서 살아가고 있다. 직장생활에 전심전력하는 남성은 가족이 자신의 직장생활을 지원해 줄 보조적 역할을 기대한다. 반면, 여성은 가족이 자신의 인생의 주 무대이다. 이러한 상황에서 부부간 틈은 깊어만 가는데, 특히 현재 4, 50대 여성이 가족에 대해 느끼는 불만은 거의 위험 수준에 근접하고 있다.

대개의 여성은 남편을 사랑하기에 결혼을 선택한다. 그러나 막상 결혼생활에 들어가면 여성들은 여전히 전통적 가치관에서 별로 벗어나지 않는 남편에게 실망하게 된다. 점차 어려워져만 가는 자녀양육과 교육문제에서도 부담만 더해 가고, 시댁식구와의 관계에서도 서로에 대한 엇갈린 기대로 말미암아 불만이 누적되면서 배우자는 물론이고, 가족 전체에 대한 불만이 고조됨을 경험하는 것이다.

② 우리 가족은 겉으로는 견고해 보이나 실상은 속이 텅 비어있는 공동화 현상을 보이고 있다. 전통적으로 가족이 담당해오던 기능이 상실된 자리에, 우애적 가족으로서의 전환이 미미한 수준에서 전개됨으로써 우리의 가족은 심각한 아노미(Anomie: 사회적 혼란으로 말미암아 규범이 사라지고 가치관이 붕괴되면서 나타나는 사회적, 개인적 불안정 상태를 뜻하는 말이다. 아노미 상태에 빠지면 삶의 가치와 목적의식을 잃고, 심한 무력감과 자포자기에 이르며 심하면 자살까지 하게 되는 현상이 발생한다)를 경험하고 있다.

가정은 이제 더 이상 식사를 함께하는 공간이 아니다. 이미 4명 가운데 1명은 주말 이외에는 가족과 식사를 하는 경우가 거의 없다고 답하고 있다. 그렇다고 자녀양육과 부부간의 성적 기능이 확고히 유지되고 있는 것도 아니다. 특히 젊은 여성들을 중심으로 부부간의 정서적 유대를 기대하는 우애적 가족 징후가 나타나고 있으나, 이 기대가 현재 충족되고 있는 것 같지는 않다.

남성 5명 중 1명이 집에 들어가기 싫다고 고백하는 상황에서, 그 이유는 주로 '부인의 잔소리가 듣기 싫어서, 술을 먹고 싶거나 놀고 싶어서'로 나타났다. 이는 남편들에게 바깥 사회의 유혹이 강하게 작용함을 의미한다. 반면, 부인들이 집에 들어가기 싫은 이유는 주로 '남편이 싫어서, 자녀양육 역할이 짐스러워서, 집이 답답해서'로 나타났다. 이는 부인들에게도 가정은 더 이상 여성을 끌어당기는 공간이 아니라는 사실을 느끼게 한다.

한편, 10명 가운데 6명이 이혼을 심각하게 고려해 보았다는 답을 하고 있다. "지금까지 이혼을 6회 이상 심각하게 고려했다."라는 경우도 23%로 나타났다. 특히 부인의 약 절반 정도가 이혼을 꿈꾸었다고 답하고 있다. 그럼에도 이혼하지 못한 이유는 자녀 때문이라 답하고 있다.

③ 형태상으로는 핵가족 속에 살고 있지만, 내용적으로는 명실 공히 핵가족화에 이르렀다고 보기는 어렵다.

우리가 생각하는 가족의 범주는 부모를 포함하는 경우가 높은 편이다. 지리적으로도 양가 부모와 가까운 거리에 사는 경우가 많고, 1주일에 1번 혹은 2주일에 1번 정도는 부모를 찾아뵙고, 부모와 경제적, 정서적 도움을 주고받는 경우가 다반사이다. 반면, 부부간 대화는 극히 제한되어 있고, 부부간 애정보다는 자녀가 부부를 묶어 주는 끈으로 작용하며, 부부간 대화내용도 자녀에 관한 것이 주를 이루는 현실을 고려해 볼 때, 우리 가족을 핵가족이라 부르기에는 무리한 감이 많이 든다.

④ 우리 가족은 여전히 자녀가 중심에 있긴 하지만, 과거와 비교할 때 점차 부부중심을 향해 이동해 가는 측면이 보이기도 한다.

우리의 부부는 자녀중심적 생활을 하고 있다. 자녀중심성은 남편보다는 아내에게서 더욱 두드러진다. 많은 아내가 자신은 이혼을 꿈꾸나, 현실에서는 자녀 때문에 결혼생활을 감수한다고 답한다. 그러나 20대 젊은 세대로 갈수록, 배우자와의 사랑에 기대가 높아지면서 자녀보다 배우자를 더욱 중시하는 경향이 높아지고 있다. 이들 세대는 노후 준비도 자녀에게 의존하기보다는 개인적으로 책임질 준비를 하고 있다. 또한, 부부간의 대화 시간과 함께 여가를 즐기는 시간도 다른 연령층에 비해 상당히 늘어났음을 보여주고 있다. 20대 가운데 부부가 함께 여행을 가거나 연극, 영화 등을 관람했다는 비율이 과반수에 이르고 있음은 주목할 만하다.

⑤ 기본적으로는 부계 혈연 중심의 친족제도를 유지하고 있으나, 양계제적 방향으로 변화하는 경향이 여러 곳에서 나타나고 있다.

친족 간 유대의 유형을 보면, 남성 쪽 부모와 가장 빈번한 관계를 맺고 있으나, 최근 들어서는 여성 쪽 부모와도 관계의 빈도가 증가하여 시부모와 비슷한 간격으로 관계를 유지하는 경우가 늘고 있다. 그뿐만 아니라 지리적으로도 양가 어느 편으로든 가까이 거주하는 경우가 늘고 있고, 아직은 남성 쪽 부모님께 드리는 도움이 상대적으로 많으나, 점차 여성 쪽 부모님께 드리는 도움의 폭을 늘려가고 있다. 도움을 받는 경우는 남성 쪽 부모로부터는 주로 경제적 도움을 많이 받고, 여성 쪽 부모로부터는 정서적 도움이나 일손을 도움 받는 것으로 나타나고 있다. 나아가 86%의 응답자가 친정부모를 모실 수 있다는 데 동의하고 있다. 이러한 일련의 변화는 우리 가족의 친족관계에 의미 있는 변화가 진행되고 있음을 상징적으로 보여주는 지표라 생각된다.

⑥ 결혼과 가족 가치관에는 여전히 전통적 고정관념이 강하게 남아 있다. 그러나 남성보다는 여성으로부터, 그리고 젊은 세대로부터 전통적 가족 가치관의 약화현상이 두드러지게 나타나고 있다. 이는 가족 가치관 또한 변화의 무풍지대는 아님을 실감케 한다.

조강지처, 일부일처제 고수와 같은 가족 가치관은 현재도 여전히 강하게 고수되고 있으나, 아들 선호사상과 여성의 직업활동, 이혼과 재혼에 대한 태도에 있어서는 많은 변화가 진행되고 있다. 그러나 자녀가 동성연애자나 장애인과 결혼하는 것에 대해서는 반대율이 매우 높고, 유색인종이나 백인 혹은 이혼 경력이 있는 상대와의 결혼에 대해서도 탐탁지 않게 생각하는 비율이 높다. 반면, 홀어머니의 외아들이라든가 조실부모한 경우, 여성의 조건이 남성보다 좋은 경우, 지역감정과 같이 전통적으로 배우자 조건으로서 꺼려왔던 요인에 대한 고정관념은 상당 부분 완화되고 있는 것으로 나타나고 있다. 특별히 20대 젊은 여성을 중심으로 전통적 가족 가치관이 약화하고 있음은 주목할 만하다.

⑦ 결혼생활의 성문화가 획기적으로 바뀌고 있다.

3쌍 가운데 1쌍이 혼전 성관계를 경험한 것으로 밝혀지고 있고, 특별히

20대 남성은 10명 가운데 7명이 혼전 성관계의 경험이 있는 것으로 나타났다. 결혼생활 중 실제로 외도(혼외관계)를 했다고 응답한 경우가 남성 15%, 여성 3%로 대략 5명 가운데 1명 정도가 외도 경험이 있는 것으로 나타나고 있다. 한편, 배우자의 외도를 알게 될 때 이혼하겠다는 응답은 남성 38%, 여성 19%로 나타났다. 이러한 결과는, 나머지 응답자들은 배우자의 외도가 현재의 결혼생활을 종결시키는 요인은 아니라고 생각하는 것으로 추측할 수 있다.

현재 배우자 이외에 이성친구가 있다는 경우가 17%로 나타나고 있고, 배우자의 이성친구를 허용하겠다는 경우도 10명 가운데 6명에 이른다. 물론 이성친구를 허용하는 폭은, 대부분 직장동료나 여러 사람이 함께 어울릴 수 있는 선으로 규정하고 있다. 한편, 극히 소수이긴 하나 '나만 모른다면 육체적 관계를 해도 상관없다.'(2%)라거나, '어떤 사이라도 상관없다.'(1%)라는 의견도 제시되고 있다.

⑧ 한국 사회 특유의 성(性) 격리 문화가 강하게 남아있는 가운데, 가족 간 정서적 유대와 결속이 여성을 중심으로 강화되고 있다. 이는 다시 여성과 남성을 각기 다른 세계에서도 살도록 강화하는 요인이 되고 있다.

우리 가족은 친족관계에서도 성 격리 문화가 전형적으로 표출되고 있어, 남성들은 형이나 남동생과 빈번한 교류를 하고 있고, 여성들은 언니나 여동생과 가장 자주 만나고 있다. 동시에 친족 가운데 가장 마음이 편한 사람으로는 남녀 모두 어머니를 꼽고 있어, 어머니에 대한 정서적 의존도가 상당히 높음을 엿볼 수 있다. 결국, 우리의 가족은 어머니를 중심으로 엮어 가는 생활세계라 해도 과언이 아닐 것이다. 또한, 가정경제를 둘러싼 역할 분담도 성 격리 문화의 영향 아래 들어가 있어, 남편은 주로 생활비를 벌어 오고, 관리는 주로 부인의 손에 의해 이루어지고 있다. 비자금도 부부가 따로 관리하고 있음은 물론이다.

이처럼 우리나라의 가족생활 모습은 그 기능 면에서 상당한 변화를 겪고 있고, 그 구조 면에서도 다양한 모습으로 변화되고 있다. 즉, 무자녀 가족, 부모-자녀 가족, 한부모가족, 재혼가족, 다문화가족, 미혼모가족, 동거가족, 조손가족, 독신가족, 동성애가족 등 다양한 형태의 가족이 등장함에 따라 이제 우리나라 가정에는 한 형태의 가족(the family)만이 아니라, 다양한 형태의 가족(families)이 존재하고 있다. 한편, 저(低)출산-고령화, 독신가구 증가, 이혼율과 청소년 자살률의 지속적 증가 등으로 우리나라 가족을 걱정하는 담론(談論)이 언론을 장식하고 있다. 이 시점에서, 우리가 해야 할 일이 무엇인가에 대해 진지하게 생각해 보아야 할 것이다(윤경자 외, 2009).

자료 13-1

한국 가족, 과연 행복한가?

2005년 제1차 가족실태조사 후 5년이 지난 지금 한국 가족은 어디에 와 있는가? 2010년 여성가족부의 제2차 가족실태조사 결과에서 사뭇 변화된 인식과 가치를 발견하게 된다. 가족을 인식하는 범주가 좁아졌으며 평등성도 더 높아진 것으로 보인다. 하지만, 민주적으로 변화된 성(性)역할 태도에도 불구하고 현실적으로 가사와 돌봄은 여성에게 집중되는 불공평이 드러난다. 다문화 사회에 살면서도 국제결혼 등에 대해 그리 긍정적이지 않은 인식도 나타난다. 아마도 이 같은 혼란과 불일치가 한국 가족의 현주소일 것이다.

이번 실태조사에선 급속한 변화와 치열한 경쟁, 혼란 속에서도 가족은 여전히 정서적 기능을 담당하고 있다는 사실을 다시 한 번 확인할 수 있었다. 가장 의지가 되는 사람이 배우자·자녀·부모라고 응답한 비율이 절대적으로 많았다. 성인 자녀와 부모의 관계에선 의지 상대와 말벗 등 정서적 기능이 두드러졌다. 대부분 가구가 적어도 한 끼 이상 매일 2인 이상 가족과 식사를 함께하고 있었다. 가족이 함께 참여하는 여가활동은 가족의 결속과 관계의 질을 개선시킬 수 있다는 인식, 즉 '가족여가'의 긍정적 기능이 강조되고 있다. 가계경제 상태의 불안정성과 미흡한 노후 준비에도 불구하고 자신의 가정이 비교적 건강한 편이라고 여기는 비율이 높았다.

한국 가족, 과연 행복한가? 지금까지 대한민국은 빠른 성장으로 인해 경제적 지위는 상승됐으나 삶의 질이나 행복도는 그에 미치지 못했다. 행복은 경제성장과 꼭 일치하지 않는다. 행복은 사랑·신뢰와 같은 '관계'와 밀접하며, 돌봄과 살림의 가장 기본적 단위인 가족을 통해 체득하고 경험하는 것이다. 상호간 관계 맺음을 통한 배려와 협력, 연대와 이타성은 건강한 가정의 상징이며 표현이다. 이는 곧 사회적 자본의 또 다른 이름이다. 사회적 자본이 가족 안에만 머물지 않고 지역·공동체와 유연하게 소통하며 확산되는 수준은 사회에 대한 신뢰 및 참여와 협력에 영향을 미친다. 성숙한 시민들이 만들어가는 행복한 사회의 토대가 된다. 가정의 건강성은 우리의 행복을 결정하는 핵심이 된다고 할 것이다.

이번 실태조사를 통해 사회적 자본으로서의 건강한 가정을 위한 국가적·사회적 지원의 필요성이 명확해졌다. 조사 결과 자녀양육 비용이나 가족친화 생활환경과 관련된 정책적 요구들도 드러났다. 부부가 아이 키우는 부담 때문에 출산을 걱정해선 안 되며, 일과 가정을 병행할 수 있도록 해야 한다. 이웃과의 소통과 교류가 활성화돼 또 하나의 가족, 더 큰 가족을 만들어 갈 수 있어야 한다. 그렇게 가족친화적인 마을이 형성되고 진정한 연대를 경험할 수 있어야 한다.

경쟁과 스트레스, 양극화와 빈부차, 상대적 결핍감 때문에 불안할수록 사람들은 '행복'을 더욱 추구하게 된다. 그래서 가족의 정서적 관계적 역할은 더욱 중요하다. 사랑과 신뢰, 책임을 주고받고 배우고 경험하는 기본적인 생활단위가 바로 가정이기 때문이다.

출처: 중앙일보(2011. 2. 12).

자료 13-2

역기능 가족의 성인아이들 특징 점검하기

	항 목	예	아니오
1	버림받음의 주제		
2	망상과 부인		
3	미분화된 자아 덩어리		
4	외로움과 소외		
5	사고장애		
6	과적인 통제		
7	지나친 경계심(높은 수순의 불안)		
8	내면화된 수치심		
9	경계선의 결여		
10	망가진 의지		
11	민감한 반응과 재연		
12	동일 결과성		
13	무감각		
14	가해자 또는 가해자가 아닌 가해자		
15	고착된 성격		
16	단절된 반응		
17	부모의 따뜻함과 인정(認定)을 갈망함		
18	비밀(어두움)		
19	그릇된 의사소통		
20	과소 개입		
21	발달상 의존 욕구의 무시		
22	강박적·중독적 행동		
23	체면 가족 주문		
24	친밀감의 문제		
25	과잉 개입(외부화)		
26	자기애 박탈		
27	희생자		
28	문제 해결방법의 결여(학습 부족)		
29	거짓 자기-혼란된 정체성		
30	활동을 통한 우울 회피		
31	계산적, 판단적, 완벽주의적		
32	불신		
33	잃어버린 자신의 실체-손상된 혹은 약한 경계선		
34	부풀려진 자기상		
35	감정의 억제(극적인 분출이 있을 수도 없을 수도 있음)		
36	영적 파산		

출처: J. Bradshaw(2006). 가족(오제은 역). 서울: 학지사. pp. 317-318. (원저 출판 1996)

02 건강가정을 위한 과제

가정의 건강성을 향상시키기 위해서는 급격하게 변화하는 현재의 가정과 가족의 특성을 반영하여 미래를 전망하여야 하고, 구체적으로 가족구성원의 욕구와 문제가 무엇인지 파악하여야 한다. 또한, 가정의 진정한 성장과 삶의 질을 향상시킬 수 있는 대안을 모색하고 실천하여야 한다. 이렇게 하기 위해서는 가족과 사회, 국가가 공동 책임이라는 의식을 가지고 상호 노력하여야 하므로, 건강가정의 과제를 가족, 사회, 국가 등 각각의 입장에서 살펴본다(조희금 외, 2010).

1) 가족의 과제

가족은 역동적인 체계로서 스스로 기능할 수 있는 유기체적 특성을 가진다는 점에서, 건강가정을 형성하는 기본 중심은 가족구성원 스스로에게 있다 할 것이다. 특히 가족은 그 주기에 따라 위기와 과업이 주어지고 이의 수행 책임도 뒤따르므로, 건강가정의 형성과 유지를 위해서는 장기적인 노력이 필요하다. 따라서 건강가정의 개념을 숙지하고 이의 추구를 위하여 무엇을 할 것인가에 대한 성찰과 단계적 준비가 필수적이다.

(1) 가족관계적 측면

건강한 가족관계는 가족을 유지하는 핵심적인 통로로서, 부부나 부모-자녀 관계는 개인의 성취 노력으로 얻어진다. 동시에 수동적인 관계 맺음을 가능하게 하는 복합적인 기능을 하게 된다. 특히 부부관계는 가족을 형성하고 이끌어 가는 주체로서 가족의 성공과 실패를 가름하는 잣대이며, 부모-자녀관계를 비롯한 다른 가족관계에 영향을 미치는 가장 중심적인 기능을 한다. 특히 최근 들어 이혼율의 증가 등 부부관계 약화를 보여주는 다양한 신호가 나타나는 만큼, 가족의 건강성을 보장할 수 있는 일차적인 담보는 바로 부부관계라 할 것이다.

부부관계의 건강성을 나타내는 지표로서 흔히 성(性) 평등성을 거론하는데, 우리나라의 전통적인 가부장적 사회에서 부부관계는 남성 위주의 불평등하고 일방적인 속성이 강하였다. 그러나 건강한 가족관계를 만들기 위한 핵심은 가족 안의 성 평등성을 얼마나 확보할 수 있느냐 하는 것일 것이다. 가족의 불안정성 증가나 가족문제의 급격한 증가 현상들 역시 가족 내 여성의 변화에 적절히 대응하지 못한 결과이다. 그러한 의미에서 만약 여성의 문제가 해결되지 못하고 방치된다면, 이러한 가족의 불안정성은 사회불안의 강력한 동인(動因)으로 등장할 것이 자명한 사실이다. 여성이라는 대단위 집단의 문제를 해결하지 못하고 이들의 변화에 탄력적으로 반응하지 못하는 한, 사회의 궁극적인 발전을 기대하기 어렵기 때문이다. 토인비(Toynbee)는 이미 1955년에 여성에 의한 혁명적 사회변화가 시작되었다고 보고, 이에 대해 얼마나 잘 적응하느냐가 그 사회의 발전을 판가름할 것이라고 하였다.

또한, 부모-자녀관계는 혈연으로 맺어진 영속적인 공동 관계로서 사회화의 과정을 통하여 정서적인 관계로 결속되나, 부모의 나이와 자녀의 성장에 따라 변화, 발전하는 관계이기도 하다. 부모-자녀관계는 시대적으로 다른 세대 간의 인간관계이므로 사회적 지위, 권위뿐만 아니라 사상, 가치, 취미 등에 있어서 불가피한 격차가 있게 된다. 자녀가 어릴 때는 부모에게 전면적으로 의존하지만, 시간이 지남에 따라 부모-자녀관계에 변화가 오게 되는데, 가족구성원 간의 상호작용 수준은 감각적인 것에서 정서적인 것으로, 다시 지적인 것으로 진보되어 간다. 자녀가 어릴 때에는 부모의 보존, 양육, 지배관계가 두드러져 자녀는 무조건 부모에게 의존하는 존재이다. 그러다가 청년기가 되면, 심리적 이유를 시작으로 부모-자녀관계는 성장과 갈등 관계로 발전한다. 그러나 자녀가 성숙된 인격을 갖춘 성인이 되었을 때, 부모-자녀관계는 다만 세대를 달리하는 대등한 인간관계로 변하게 된다. 그리하여 어릴 때부터 부모와의 상호작용을 통해서 형성해 온 의존 욕구를 안정성 있게 지속시켜 나가는 것이다. 이처럼 부모-자녀관계는 부부관계 못지않게 가족의 영속적 발전을 위해 기능하므로, 자녀의 성장 과정에 합리적으로 대처하는 부모의 노력은 건강가정의 형성을 위해 필수적이다.

미드(Mead)는 문화의 전승과 전달을 위해서는 양성(兩性) 3세대가 필요하다고 하였는데, 이들 중 어떤 부분의 상호관계가 상실되면 문화의 단절이 오고 갈등이 나타난다. 오늘날 우리나라 사회는 이러한 시각에서 볼 때, 3세대의 관계가 모두 가치와 규범의 단절 상태에 있어 사회적, 가정적 통합성을 약화시키고 있다. 그러한 의미에서 건강가정의 형성과 유지를 위해 가족구성원이 취해야 하는 개인적 과제는 다음과 같다.

첫째, 가족 간의 원활한 대화와 의사소통이 중요하다. 이것은 의사소통을 통해 서로 다른 가족구성원 간의 차이와 입장을 이해할 수 있으며, 각자가 처해 있는 난관을 해결해 나갈 수 있도록 하기 때문이다. 부모는 효율적인 의사소통의 방법을 학습하고, 자녀의 성장 특성에 맞추어 일관된 양육방식으로 행동하여야 한다.

둘째, 중요한 가족구성원의 가치관 형성은 가정 안에서 이루어진다는 측면에서, 부모는 자녀의 가치관 정립에 적극적으로 개입하여야 한다. 특히 자녀세대의 가치관을 인정하고 교육하는 것은 성인 세대의 책임이며 사회적 통합성을 이룩하는 수단이다(유인종, 1985). 따라서 무조건 자녀의 가치관을 미숙함의 표현이라 보고 무시하거나 일시적인 현상으로 치부하는 태도, 자신 세대와의 단절감을 무관심으로 일관하는 태도 등은 바람직하지 못한 부모의 태도라고 볼 수 있다. 적극적으로 자녀의 생각과 태도, 가치관을 학습하고, 수용할 것은 과감하게 수용하면서, 부모가 평소에 신중하게 생각하고 소중히 여겨왔던 나름의 가치체계를 전달하려고 노력해야만 한다.

셋째, 가족구성원은 가족의 잠재력을 총화(總和)시켜야 한다. 한정된 자원을 나누어야 하는 경쟁사회 속에서, 개인의 욕구와 사회의 필요에 잘 적응하고 대처하기 위해서는 가족구성원이 가지는 자원과 잠재력을 최대한 발휘하여야 한다. 개인의 역할기대와 수행, 책임과 의무의 균형을 유지함과 동시에, 경제적, 비경제적 자원의 활성화, 또 이를 위한 준비, 훈련, 합리적 사용 등이 관건이 될 것이다. 그러한 의미에서 가족구성원은 먼저 가족 내에서 문제의 일차적인 원인을 찾아야 하며 이것을 사회와의 공동 노력으로 해결하여야 한다. 사회의 거센 물결로부터 도전받는 가족, 여기에 과감히 자신을 변혁시키며 응전하는 용기 있는 가족구성원을 요구하는 것이 오늘날의 현실이다.

(2) 가족기능적 측면

가정은 가족구성원의 양육과 교육, 사회화 등을 담당하는 최초의 환경으로서 다음 세대가 요구하는 인적자원을 배출하는 중요한 통로이다. 특히 지식기반사회, 정보화 사회에서 인적 자원의 중요성이 증가하면서, 인적자원 개발의 중심지로서 가정의 기능이 더욱더 중요해지고 있는 것이다.

가족이란 개인과 사회의 중간에 있는 체계로서, 전체 사회에 대하여는 하위 체계이고, 개인에 대하여는 상위체계로서의 양면성을 가지고 있다. 즉, 가족 기능은 사회지향적인 면과 개인지향적인 면을 모두 가진 야누스(Janus)인 셈이다. 그러므로 가족을 어떠한 체계로 보느냐에 따라 가족기능의 내용이 대사회적 기능과 대내적인, 즉 가족 내적인 기능으로 분류된다.

그러므로 가족을 사회의 하위체계로 볼 때, 집단 체계로서의 가족은 사회의 유지·존속에 어떤 역할을 하고, 사회변동에 따라 그 내용이 어떻게 달라지며, 현재까지 유지·존속되어 실제로 행해지는 것은 무엇인가라는 문제에 초점을 두어야 할 것이다. 반면, 가족을 가족구성원이 구성하는 상위체계로 볼 때, 개인의 발전, 욕구충족, 자아개념과 자아정체감 형성에 어떠한 역할을 하느냐에 대한 문제와 직결된다. 즉, 가족은 외형적으로는 다른 사회체계와 같은 특성을 갖추면서도 그 목표, 기능, 감정상의 분위기 등에 있어서는 다른 사회체계와 구별되는 특성이 있다(유영주 외, 2008).

이처럼 독특하고 중요한 기능을 부여받고 있음에도 현재의 가정은 현대사회에 와서 여러 가지 위기에 직면하고 있다. 이는 가족구성원에 대한 보호, 부양, 양육, 교육의 기능을 제대로 수행하지 못하고 있어, 이로 말미암아 발생하는 가족문제의 해결과 치료, 그리고 더욱더 장기적으로는 가족문제의 예방,

가정생활의 질적 향상과 가정의 건강성 증진을 위한 대책 마련이 필요해진 것이다. 따라서 가족 내부적으로도 사이버 문화(cyberculture)에 따른 인간애 상실과 소외문제 혹은 개인의 고립화 문제를 해결하기 위한 대책이 절실해지고 있다. 민주적이고 평등한 가족문화 정착, 가족구성원 간의 개방적인 의사소통 확산, 가족 유대 강화 등의 가족문화 조성이 더욱 중요한 과제로 대두되고 있다.

이처럼 쇠퇴하는 가정의 기능을 회복시킴으로써 국가가 당면하는 제반 사회적 문제에 대한 기초 체력을 새로이 다져가려는 노력은, 체계적이고 기술적인 제도와 방법들이 개발되고 응용됨으로써 가능할 것이다. 또한, 이러한 실천적 방법은 제반 가정문제의 해결에 직접적인 영향을 줄 수 있고, 동시에 가족구성원의 안녕감을 증진시킬 수 있는 사명지향적인 효과가 있어야 한다.

(3) 가족구조적 측면

가족구조란 가족의 틀과 패러다임(paradigm)으로서, 역할과 규범, 문화 등 다양한 행위 준거를 가족구성원에게 부여해 준다. 따라서 가족구성원은 그 구조에 의하여 지배되고 복속(服屬)되는 특성을 지닌다. 가족은 그 나름의 구조 원리가 있기 때문에 일정한 유형을 가지며, 거기에는 구조를 만들기 위한 기층(基層)이 되는 개념이 있다. 가족은 구조에 의하여 존재할 뿐만 아니라 구조적 특색에 의하여 가족이 갖는 어떤 속성이 있다. 따라서 가족구조의 건강성은 그것이 총체적으로 가족구성원의 건강성을 규정하고 조정할 수 있다는 측면에서 매우 중요하다.

한편으로 이러한 가족구조는 사회구조와 긴밀한 연결을 가지고 상호작용하므로, 개별 가족구조의 건강성은 전체 사회구조의 건강성으로 확대될 수 있다. 반대로 사회구조의 건강성 역시 개별 가족구조의 건강성에 영향을 미치게 된다. 건강가정사업이나 프로그램도 궁극적으로는 이러한 가족구조의 건강성에 도달하고자 하는 것이며, 이러한 구조적 건강성은 일단 확립되었을 때 사회적 비용을 절약하게 되고 사회구성원의 응집성을 강화시키는 것이다.

예를 들어, 건강하지 못한 사회구조는 가족해체를 양산하게 되는데, 산업화와 함께 가족해체로 말미암은 무의탁 대상이 증가하면서 이에 대한 대안으로 다양한 사회복지제도를 마련해 왔다. 하지만, 그것이 이상적인 모델이 될 수는 없었다. 복지제도란 가족해체의 사후장치에 불과할 뿐 가족해체를 예방하려는 방법이 아니기 때문이다. 바로 이러한 점에서 가족을 더는 사적 생활단위로만 생각할 수 없고, 가족의 변화에 대한 심도 있는 진단과 더불어 우리 사회의 이러한 가족위기에 대한 대안이 가족구조적 측면에서 적극적으로 논의되어야 할 것이다.

2) 사회의 과제

(1) 사회구성원적 측면

사회구성원은 근본적으로 가족구성원으로서 탄생되며 생존함을 거부할 수 없다. 그러한 의미에서 사회구성원은 가족구성원으로서의 의무를 지니며 공헌하게 된다. 그럼에도, 현대사회는 가족이 사회에 이바지하여야 할 규범과 의무를 규정하지 않고 구성원 개인만을 규제함으로써 가족 이기주의가 발생하게 된다. 사회구성원은 가족구성원으로서 살아감에도 다른 가족에게 무관심하며 심지어 경쟁하게 된다. 개별가족의 발전은 전체 사회의 발전에 이어지기도 하나, 다른 개별가족에 대해서는 위협이 되기도 한다. 현대사회의 이러한 경쟁성은 공동체 의식의 상실로 말미암은 구성원 간 갈등과 불안을 가중시킴으로써 궁극적으로 사회발전을 저해한다.

공동체(community*)란 같은 환경을 공유하는 사회집단이며, 보통 같은 관심사를 가지는데, 일정한 공간을 중심으로 구성원들끼리 지속적인 상호작용

* Community는 라틴어로 같음을 뜻하는 communitas에서 왔으며, 이 말은 또한 communis, 즉 '같이, 모두에게 공유되는'에서 나온 뜻이다. Communis라는 말은 라틴어 접두사 con-(함께)과 munis(서로 봉사한다는 뜻과 관련 있다)의 합성어이다. 공동체는 혈연이나 지연에 기반을 둔 전통적인 닫힌 공동체와 공동의 관심사와 목표, 이해를 가지고 구성된 근대적 열린 공동체, 즉 사회나 결사체 등으로 나뉜다. 이는 퇴니스가 분류한 공동사회와 이익사회를 공동체와 결사체 또는 연합체로 다르게 번역하는 이유이기도 하다. 광의의 공동체는 혈연을 넘어선 민주적 공동체로 결사체를 포괄하기도 한다.

을 하며 공동의 유대와 귀속감을 발전시킬 때 존재한다(Almgren, 1992). 공동체의 구성요소는 친숙함, 안정된 관계, 질서, 정서, 의식 등이다. 친숙함이란 공동체 구성원들이 서로 잘 알고 있음을 뜻한다. 안정된 관계란 관계가 지속적이고 안정되어 있을 때 공동체로 볼 수 있다는 것이다. 질서는 구성원들이 공통적으로 추구하는 가치와 규범이 있고, 그것을 실현하기 위한 제재수단을 가지고 있을 때 공동체가 형성됨을 의미한다. 정서적 측면은 소속감을 의미하고, 의식적 측면은 헌신 또는 책임의식을 의미한다. 구성원들은 공동체를 위해 어떤 역할인가를 수행해야 한다는 책임의식을 갖는다. 이러한 점에서 공동체는 구성원들의 주체의식을 필요로 한다. 이러한 요소 위에 공동체가 형성되고, 그것은 곧 유대(solidarity)의 형태로 표현되며, 유대관계는 전(全) 인격적 관계로 발전한다(윤영민, 1999).

건강가정을 형성하고 확대해 나가기 위한 중요한 측면은 네트워킹과 사회적 유대이다. 그러한 의미에서 사회구성원은 누구나 어느 시점에서나 공동체 의식과 활동을 통하여 건강가정의 실현에 이바지하여야 한다.

(2) 사회환경적 측면

인간 소외, 물질만능주의의 사조, 성의 상품화 등 여러 현상은 산업사회에 속하는 대부분의 나라에서 나타나는 보편적인 현상이다. 다만, 나라에 따라 고유한 전통이나 산업화 또는 경제사회 발전단계에 따라 다소 다른 양상으로 전개된다. 1960년대 이후 30여 년간의 급속한 경제성장을 경험한 우리나라에서는 부정적인 측면에서 향락 풍조의 만연과 각종 퇴폐업소의 범람과 같은 문제가 제기되고 있다. 이런 문제는 서구 선진국에서도 부분적으로 나타나는 예가 없지는 않다. 하지만 우리나라는 서구처럼 경제규모에 맞게 적정 성장된 '생산적 서비스산업'과는 다른 양상을 보이고 있다. 시장경제체제가 도입되는 단계나 급속한 성장을 경험하는 경우에 나타나는 혼란된 현상이 지배적이며, 젊은 세대들이 이에 의한 가장 큰 희생양이 되고 있다.

우리나라에서 향락 풍조와 퇴폐업소가 무분별하게 증가한 것은 정부 주도에 의한 고도성장의 부산물이라 볼 수 있다. 구체적으로 살펴보면, 첫째는 정경유착에 따른 접대경제의 만연, 투기 등 불로소득의 증대, 불균등 배분, 건전한 투자기회의 부족, 대기업 중심의 정책 등 향락산업에 대한 수요와 재원 공급이 존재한 결과이다. 둘째는 고도경제성장을 향한 수출주도형 공업화 정책에 따라 농촌을 떠나거나 떠날 수밖에 없었던 이농인구의 도시집중에 의한 과잉도시화가 이루어졌다는 점을 배경으로, 도시의 비공식 부분이 이상 비대해진 결과이다. 셋째는 힘든 노동을 기피하는 편의주의, 수단보다는 목적을 중시하는 도구주의적 성향, 어떤 방법으로든지 돈만 벌면 된다는 비도덕적 사고, 돈이면 다 된다는 황금만능주의 등 부정적인 가치관이 사회에 팽배한 것은 향락화와 수반되어 나타난 문제들이다(김경신 외, 2007).

특히 최근에는 인터넷 등 온라인이 활성화되면서 개인과 개인, 가족과 가족, 가족과 사회의 경계가 급속하게 무너졌다. 이로 말미암아 부모의 역할이나 공동체 집단의 영향력이 무력화되고 있다. 특히 물질만능주의적, 개인주의적, 찰나적인 사조에 의하여 향락적 상업행위가 일반화되면서 판단력이 확고하지 않은 자녀 세대들이 직접적으로 표적(標的, target)이 되고 있다.

따라서 사회적으로 이러한 유해환경을 일소하고 가족구성원 보호를 위한 사회적 책임을 강화하기 위해서는 사회적 감시활동이 더욱 강화되어야 할 것이며, 정부의 정책적 의지뿐만 아니라 민간 활동이나 관련 기관의 적극적 참여, 우리 사회 구성원들의 책임의식 등이 수반되어야 한다.

(3) 사회구조적 측면

사회구조는 한 사회를 정의하는 표상적(表象的)인 틀로서, 가족구조와 마찬가지로 그 구성원의 행위 패턴(pattern)과 사고방식, 문화적 양식 등을 규정한다. 이러한 사회구조는 가족구조와 같은 그 사회 내부의 조직들에 대한 영향력을 가진다.

사회구조는 한번 형성되면 비교적 장기적으로 유지되면서 그 사회의 해석에 유용한 준거를 제공해 주고, 사회적 안정에 이바지하여 왔다. 그러나 최근 들어 이러한 사회구조의 정체성이 빈번히 흔들리고 급격히 변화되면서 개인적, 사회적, 국가적 측면에서 수많은 갈등 상황에 봉착하게 되었다.

사회변동은 사회에 현존하는 질서, 체제, 개념, 가치의 내용이 전체 또는 일부가 변화하는 과정이다. 다시 말해서, 사회변동이란 사회조직, 즉 사회의 구조와 기능에서 발생하는 변모라 하겠다. 한 사회의 구조, 질서, 구성요소가 어떤 내·외부적 요인에 의하여 부분·전체적 또는 단기·장기적으로 변화하는 과정을 의미한다. 이러한 사회변동은 어느 정도 발생할 수밖에 없다. 또한, 이러한 사회변동을 통하여 인류가 발전해 가는 것이 사실이지만, 최근 우리 사회의 급격한 변화와 다양성은 개인과 가족의 적응력과 안정성을 크게 침해하고 있다. 이러한 변동과정에서 사회해체 현상이 나타난다. 사회해체란 사회를 구성하는 여러 요소 중에서 어느 한 요소가 급격하게 발전하고 다른 요소가 뒤떨어지는 불균등한 발전으로, 균형이 깨지고 혼란 상태에 빠지게 되며, 사회 병리적 현상이 나타나는 것을 말한다. 그러나 이러한 사회해체뿐만 아니라 어떠한 사회변동에 있어서도 크든 작든 간에 여러 요소 간의 모순과 대립, 긴장, 불균형이 복잡하게 얽히면서 진행된다.

사회변동의 원인은 외부에서 오는 때도 있고 내부에서 일어나는 때도 있다. 또한, 사회변동은 부분·국부적일 수도 있고, 전체·전면적일 수도 있다. 그러나 이러한 사실들은 서로 밀접하게 작용하면서 사회생활 전 부분에 침투하여 사회변동의 주류를 이루게 한다. 어차피 미래사회의 사회변동이나 안정된 구조의 상실이 예견되는 것이라면, 이러한 사회구조의 변화를 주도하고 만들어 가는 노력도 필요한 것이다. 따라서 여러 과정 하나하나를 독립·단일적으로 파악할 것이 아니라, 사회의 전체 기구와 관련시켜 통일적으로 파악해야 한다. 그러한 의미에서 건강가정을 위한 노력은 사회구성원이나 개별가족의 힘으로만이 아닌, 사회구조의 변동에 대응해 나가는 통합적인 노력이 필요하다. 건강가정기본법의 제정이나 이의 실천 역시 이러한 목적을 위한 하나의 과정이라 할 것이나, 더욱 통합적으로 대처하기 위한 사회 전체의 노력이 요구된다 하겠다(조희금 외, 2010).

3) 국가의 과제

(1) 제도적 측면

가족에 대한 국가의 책임은 명백하게 규정되어야 한다. 지금까지 가족은 가족구성원 각자의 책임으로 막연하게 규정하여 왔으나, 포괄적인 복지의 주체가 국가라는 점에서 가족에 대한 궁극적 책임 역시 국가가 져야 한다.

정부는 지금껏 가족정책 영역에 있어 여러모로 많은 노력을 기울이고 있지만, 환경적 변화가 극심하고 예산 지원 등 실질적 사업 진행이 미미하면서 전체적으로 가족정책의 실효가 높지 않은 실정이다. 특히 개인의 삶에 경제적 가치가 미치는 영향이 증대하고 경기침체 등의 사회변동 요인이 발생하면서 가정의 해체에 따른 가족구성원의 탈선과 가족문제가 증가하고 있다. 그러나 이에 대한 실질적인 대책이 미흡하다고 할 수 있으며, 인터넷 등 정보매체의 공격에도 무방비 상태이다. 또한, 정부의 전형적인 유관 부처 간 상호협조 체제의 미흡과 업무 중복에 따른 정책 혼선도 지적할 수가 있다.

이러한 정책의 문제점을 고려하여 앞으로의 개선방향과 과제를 살펴보면 다음과 같다. 먼저, 가족적 요건의 결손 혹은 가족문제나 불안 요인 등의 예방과 치료에 대한 제도적 체계가 확충되어야 하겠다. 또한, 유해 환경 등 사회적 자극을 최소화하고 차단할 수 있는 장치를 가동함으로써 기초적이고 근원적인 자원들을 정비해 나가야 한다. 그리고 중앙 정부나 지방정부의 행정적 제도도 개선되어 가족 전담 조직이 체계화되어야 하겠고, 이를 통한 가족정책의 통합 수립과 관리가 요청된다. 아울러 건강가정을 지원하는 관계 기관들이 정부의 자원에 의하여 상호 소통체제를 원활히 유지하도록 국가가 포괄적인 서비스를 하여야 할 것이다.

그리고 법과 제도에 있어 가족정책과 관련 사업의 명확한 자리 매김이 이루어져야 한다. 가족 관련 법제는 산발적이어서 주관 부서가 다를 뿐만 아니라 개인과 가족정책이 혼재되어 있어 진정한 가족정책으로서의 기능을 행하지 못하고 있다. 즉, 여성, 노인, 청소년 등 개별적 접근이 아직 주를 이루고 있다. 건강가정기본법도 법이 규정하는 내용은 포괄적임에도 그 해석과 적용은 아직 개별 정책 차원에 머물러 있는 경우가 많다. 따라서 가족정책의 수행을 위한 중요한 근거가 되는 법체계와 관련해서 통합적인 조직화 노력이 이루어지지 못하는 것은 매우 아쉬운 일이며, 관련 법체계 간의 유기적인 연계의 부족과 법조항의 실효성 부족 등도 문제점으로 나타나고 있다.

특히 최근에 나타나는 사회적 문제들 예를 들어, 저출산, 다문화가족 등의 가족문제에 대한 접근은 가족정책적 시각이 좀 더 강화될 필요가 있다. 왜냐하면, 이러한 문제들의 저변에는 과거에 가족적 요구에 대한 대응이 적절하지 못하여 누적된 결과로서 출현한 것이거나, 체계적인 초기 대응이 실패하여 사회적 비용을 가중시키고 있기 때문이다.

(2) 실행적 측면

① 가족사업과 프로그램의 확충

정부 주도의 가족사업은 대부분 저소득계층 등 요보호가족을 대상으로 하고 있다. 이로 말미암아 일반가족에 대한 생활권 단위의 가족정책과 복지사업이 구현되지 못하고 있다. 이를 위해서는 다양한 가족의 기능강화를 위한 사업의 확대가 요구된다. 또 이의 실현이 가능한 시설 등 공간 확대, 더욱 활성화된 프로그램을 운영하고 유지할 전문인력의 투입이 적극적으로 고려되어야 한다. 건강가정지원센터의 사업들도 한정된 재원과 제한된 기준들로 말미암아 포괄적인 가족정책 사업을 충분히 수행하지 못하고 있다. 또한, 일반가족들이 수혜적 의미가 아니라, 더욱 사회친화적으로 사회적 활동에 참여할 기회가 활성화되어야 하겠다. 가족 단위의 민간단체활동, 지역개발활동, 자원봉사활동 사회적 평가와 자문활동 등이 이루어져야 한다. 가족구성원들이 풍부한 상상력과 창조력, 활동력을 발휘할 수 있는 여건을 조성해 줌으로써 가족적, 사회적 응집성을 강화하고 주인의식을 고취시킬 수 있다.

그리고 기존의 가족 관련 시설과 프로그램에 대한 다양화와 전문화가 이루어져야 한다. 현재는 가족의 문제별 접근이 다양하게 이루어지지 못하고 있으나, 가족의 문제와 상황에 맞는 개별화, 전문화된 지도와 보호가 가능하여야 하며, 이에 맞도록 시설이 확대되고 프로그램이 활성화되어야 하겠다.

② 가족문제의 예방과 치료 강화

가족문제 예방과 치료를 위한 사회적 접근은 가족구성원들이 민주 시민으로 성장하며, 자신의 역할을 충분히 발휘할 수 있도록 지원해 준다는 차원에서 매우 중요하다. 그러한 의미에서 가족문제를 예방하고 치료하기 위해서는, 국가 단위의 지원활동뿐만 아니라 지역사회 내 활동을 활발히 전개해 나가도록 하고 이를 국가에서 지원해 줄 필요가 있다. 지역사회조직사업을 통하여 문제가족 예방을 위해 교육기관, 종교 단체, 사회복지 단체, 가족 관련 단체, 경찰, 법원, 지역주민협의회 등이 주체가 되어 가족문제 예방을 위한 활동은 물론 네트워킹을 통하여 건강한 사회문화를 형성하고 전파시키는 역할을 할 수 있다.

또한, 가족문제 해결을 위한 효과적인 보호체계를 만들어야 한다. 예를 들어, 학교사회사업가는 학생들의 문제행동을 통하여 가족의 문제가 노출되었을 때, 가족 관련 정책에 의해 지원을 받도록 해야 하며, 경찰은 위기상황에 처한 가족구성원들에게 전문적인 개입을 할 수 있도록 훈련되어져야 한다. 최근 온라인 문화가 활성화되면서 사회적 유해환경이 폭발적으로 증가하고 있는데, 이러한 환경 변화는 가족을 약화시키는 중요 요인이라는 점에서 적극적인 방어 행위도 필요하다. 국가는 건강한 가족생활을 방해하는 유해환경에 대한 철저하고 지속적인 단속과 처벌뿐만 아니라, 예방과 차단 시스템을 구축하여야 한다.

③ 사회적 자원 발굴과 공급

사회는 기존의 한계 자원을 유용화하는 데 집중하는 것 이외에 새로운 자원을 끊임없이 발굴하여야 한다. 이러한 자원은 인적·물적 자원을 포괄한다. 사회적 자원은 가족에 있어 매우 유용하다. 가족은 이 두 가지 자원을 융합적으로 생산해 낼 수 있는 매우 중요한 터전이기 때문이다. 가족은 사회적 자원 그 자체이기도 하며 동시에 사회적 자원을 개발할 수 있는 근거이기도 하다. 심지어 위기가족이라 할지라도 이러한 위기를 극복해 내기 위해 가족구성원들이 노력하는 모든 행위는 큰 사회적 자원이 될 수 있다. 따라서 사회적 자원의 발굴은 그 유형에 상관없이 지속적으로 개발되어야 하고, 이러한 개발 과정에는 전 사회구성원이 참여할 수 있다. 다만, 이렇게 발굴된 자원을 유용화하는 과정에 정책적인 체계가 관여되어야 할 것이다.

가족이 그 존재를 상실하게 되면, 사회는 자원을 개발·육성하기 위해 많은 비용을 지불하여야 한다. 또한, 새로운 자원의 개발이 없이 가족이 건강하게 생존하기는 점차 어려워지고 있다. 이러한 사회적 자원의 발굴은 창의성과 통찰력을 동시에 요구한다. 다만, 현대사회의 여러 분야별 다각화, 세분화 추세는 자원의 능률화와 기능화를 가능하게 한다. 하지만, 한편으로 가족구성원들의 통합적 능력을 저해하게 된다. 이러한 자원발굴의 한계나 문제에 대한 지각과 개선 노력은 다시 국가와 정부의 의무이기도 하다. 국가는 미래지향적이어야 한다는 의미에서, 구태의연한 과거의 정책에 안주하지 않고 자원개발에 대한 의지와 더불어 이를 수렴하고 과감히 시행하는 노력을 게을리하지 않아야 한다. 이를 위해서는 가족 관련 자원개발과 응용을 위한 전담 체제나 연구조직이 갖추어져야 한다.

④ 가족복지사업과 교육, 상담체제 강화

사회구성원의 안정적 생활과 성장 발달을 위해서는 가정의 안정화가 필수적으로 요구되므로, 국가에서는 건강가정사업을 더욱 강화해 나가야 한다. 한부모가족, 조손가족, 빈곤가족, 소외가족 등에 대한 가족정책을 확대해 나가야 할 것이다. 특히 새로운 가족 유형의 확대는 국가에게 새로운 과제와 부담을 주게 된다. 따라서 이에 대한 명확한 실태 파악과 조망이 필요하며 이에 근거하여 합리적이고 예방적인 사전 대처 방안이 마련되어야 할 것이다. 또한, 기존의 산발적인 건강가정 관련 기구들이 네트워킹을 통하여 자원을 공유하고 효과적으로 대응하도록 해야 한다. 건강가정 담당 행정기구나 전문요원, 지역사회 내 가족상담 기관 간의 긴밀한 유대관계를 통하여 체계적인 접근이 이루어져야 한다.

특히 가족 단위의 복지사업, 교육과 상담사업 등이 현실적인 어려움으로 말미암아 활성화되지 못하고 있으므로 다양한 지원 정책을 통하여 근본적인 가족 단위 사업의 효율성이 제고될 수 있도록 하여야 한다. 지금까지 독자적인 가족상담기관이 활성화되지 못하고 일반 상담기관에서의 병행적 접근이 이루어졌다. 앞으로는 별도의 전문적인 상담 시스템에서 가족상담이 다루어져야 한다. 또 현재의 위기상담에 그치지 않고, 다른 사회적 지원서비스와 연결이 쉽도록 체제가 갖추어져야 한다.

⑤ 행정체계 개선과 네트워킹 강화

가정의 건강성 구현이라는 기본 목적을 잘 구현하기 위해서는 이를 전담할 기관을 정하고, 기관 간의 역할분담과 협력방안을 체계화시킨 전달체계를 확립하는 일이 중요하다. 지금의 가족복지의 업무는 기초적인 생활지원, 아동지원, 의료지원, 직업훈련지원, 노인지원, 가족 유형별 지원 등으로 폭넓게 분산되어 있다. 또한, 행정기관마다 전담체계가 달라, 지역성을 고려하는 장점을 알겠으나 통합적 지원체계를 구축하는 데는 어려움이 있다. 따라서 이의 통합 혹은 협력관계 수립이 필수적이다.

한편, 가족업무를 담당하는 행정기관과 민간기관의 협력관계와 네트워킹이 필수적이다. 이러한 민간의 관계는 이제까지는 관의 지배체제가 일반적인 형상이어서 민간마저 관에 의해 보호받고 지원받는 것에 익숙해진 상태이다. 따라서 민관의 수평적 관계 속에서 행정가가 더 대응적이기 위해서는 시민성 회복과 지원에 대한 의식전환이 선행되어야 한다. 특히 오늘날 행정업무의 다양성과 복잡성은 관료의 전문성을 요구하고 있어, 민간의 전문성이 관에 전달될 수 있는 상호적 시스템이 무엇보다 중요하다.

사실 시민성과 행정수준이 대립적이지 않고 둘 다 높은 사례를 흔히 발견할 수 있다. 이를 위해서는 행정권력은 시민의 것이고 공유권력이라는 인식이 뚜렷하여야 하며, 정책의 설정이나 행정 집행과정에 있어 시민의 참여를 필수화하여야 한다. 아직도 관(官)은 시민에 대한 지배, 피지배의 역학에 익숙해 있는 상태이며, 민간단체의 능력과 기능을 충분히 활용하는 상호 네트워킹이 부족하다. 특히 지역에서의 과학적 상호관계는 매우 부족한 상태이며, 민간기구의 역량과 특성을 활용하고 이들을 체계적으로 관리하는 기능 역시 부족하다. 더욱이 최근 들어 민간단체에 대한 지원이 경쟁적인 시스템으로 도입됨에 따라 민간단체의 관에 대한 태도가 더욱 예속적으로 될 가능성이 크다. 민간단체에 대한 정부나 지방자치단체의 역할은 직접적인 재정지원보다 공조체제나 일상적인 협의체계가 더욱 필요하다.

⑥ 지속적 지원제도 구축

가족정책은 가족의 발달 특성상 연속적 과정으로 다루어야 한다. 신혼기 혹은 그 이전에 시작된 지원서비스 등이 노년기까지의 사회적 적응에 연계되도록 유도해야 한다. 따라서 지속적인 지원시스템이 수립되어 개인단위의 정책과의 통합적 효과가 나타날 수 있도록 해야 한다. 우리 사회의 정책 시스템은 단기적이며 발생 시점 중심으로 이루어지는 경우가 일반적이다. 이로 말미암아 장기적으로 그 효과를 검증하고 지원하는 체계는 매우 빈약하다. 그러나 가족의 특성상 일시적인 지원은 가족의 새로운 위기에 대한 대응력을 오히려 약화시킬 수 있다. 그러므로 지속적이고 전(全) 생애적인 관점과 지원이 필요하다(조희금 외, 2010).

자료 13-3

부모 부양하려면 얼마 벌어야 한다고 보십니까?

충북 청주시 금천동 조 모(64) 씨는 뇌출혈로 후유증을 겪고 있는 4급 장애인이다. 2003년 이혼 후 10만 원짜리 단칸방에서 혼자 살았다. 정부에서 매달 나오는 생계비(43만 6000원)와 장애수당(3만 원)으로 생활했다. 조 씨는 지난달 초 '수급자 탈락 예정' 통보를 받았다. 수원에 사는 아들(40)의 재산이 기준보다 많다는 이유에서였다. 지난달 23일 동사무소를 방문해 "오래전부터 아들과 연락을 끊고 살았다."라고 설명했다. 하지만, 그는 당국이 구제절차를 밟던 지난 12일 연탄불을 피워 놓고 세상을 떴다. 13일에는 경남 남해군의 윤 모(74) 씨가 수급자 탈락 소식을 듣고 목숨을 끊었다. 딸 3명의 부양능력이 있는 것으로 판정되자 무료였던 요양시설 비용(월 80만 원)을 딸들이 부담하게 된 상황이 짐스러웠던 것이다.
이들이 극단적인 선택을 한 이유는 뭘까? 청주시 조 씨의 경우 아들의 소득(월 260

만 원)과 재산(1억 4000만 원, 주공아파트 60㎡)이 원인이다. 현행 국민기초생활보장법은 자식(4인 가구 기준)의 소득이 월 256만 원을 넘거나 재산이 1억 2836만원(중소도시 기준) 이상이면 부모를 국가가 보호하지 않는다. 이 선을 경계로 공적 부조가 자식 책임(사적 부양)으로 바뀐다. 조 씨는 소득기준 초과는 적용 유예됐지만 재산에 걸려 탈락 대상이 된 것이다.

보건복지부는 6월부터 사회복지통합관리망을 활용해 부양의무자(자녀 등) 240만 가구의 소득·재산·복지혜택 이력 등 218가지를 확인해 10만 3000명을 수급자 탈락 예정자로 통보했다. 지자체 확인이 끝나면 약 4만 명이 탈락할 것으로 추정된다. 또 수만 명은 지금보다 생계비가 깎일 전망이다. 보건복지부는 이번에 자식의 부양의무 기준을 256만 원에서 364만 원으로 올리기로 했다. 364만 원은 전국 가계 중위소득(일렬로 세울 때 정중앙)이다. 최소한 중산층은 돼야 부모 부양의무를 질 여력이 있다고 본 것이다. 이럴 경우 자식 때문에 보호를 못 받던 6만 1000명이 수급자가 된다. 여기에는 2150억 원(지방비는 550억 원)이 든다.

현행 국민기초생활보장법은 출가한 딸은 부양의무 면제 기준소득 초과분의 15%(아들은 30%)를 친정 부모한테 부양하도록 강제한다. 이런 규정 때문에 자칫하다간 자식들도 부모처럼 빈곤해질 수 있다. 남해군 윤 씨의 딸 3명은 매달 70만 원 정도 아버지에게 생활비를 보조할 여력이 있다고 나왔다. 큰딸(51)은 "다들 벌어먹기 빠듯하다. 아버지는 자식들이 못사는 걸 늘 걱정하셨다. 자식들에게 폐 끼치기 싫어 극단적인 선택을 한 것"이라고 말했다.

출처: 중앙일보(2011. 7. 21).

03 건강가정을 위한 제언

현재 우리나라 가족의 다양한 모습을 건강하게 육성할 수 있는 전략은 무엇인가? 오늘의 가족 모습이 내일 어떻게 변할 것인가? 가족은 지금까지와 같이 앞으로도 끊임없이 변화할 것이다. 이는 급격한 사회변화의 속도만큼이나 예측불허인 상태이다. 이러한 안개 속에서 내일의 건강가정을 위하여 어떻게 하면 좋을까? 다음과 같이 간략히 제언한다.

첫째, 가족정책으로서의 다양한 가족에 대한 가정의 건강성을 육성하여야 할 것이다. 둘째, 건강한 결혼생활을 준비하는 것은 취업준비만큼 중요하다는 것을 인식해야 할 것이다. 셋째, 친밀하고 만족스러운 부부관계는 행복한 가정생활의 증표라는 것을 명심해야 할 것이다. 넷째, 가족의 변화속도와 사회의 변화속도 간에 나타나는 지체현상을 인식해야 할 것이다. 다섯째, 가정의 건강성을 위한 프로그램 방향은 신체적, 정신적, 지적, 영적인 건강이 분리될 수 없는 매우 밀접하게 연결되어 있는 총체적 건강이라는 인식으로 진행되어야 할 것이다.

학/습/과/제

① 우리나라 가족의 현주소를 요약하여 옆 사람과 토론해 보시오.

② 건강가정을 위한 가족의 과제를 요약해 보시오.

③ 건강가정을 위한 사회의 과제를 요약해 보시오.

④ 건강가정을 위한 국가의 과제를 요약해 보시오.

⑤ 한국 가족, 과연 행복한가? (자료 13-1)를 읽고 느낌을 말해 보시오.

⑥ 우리나라 청소년의 자살률이 교통사고 사망률보다 높은 이유가 무엇이라고 생각하는가?

⑦ 건강가정 육성을 위한 전략을 제시해 보시오.

부록

01 건강가정기본법

02 건강가정기본법 시행령

03 건강가정기본법 시행규칙

04 다문화가족지원법

05 저출산·고령사회기본법

01 건강가정기본법

[시행 2015. 1. 1.] [법률 제12519호, 2014. 3. 24, 일부개정]

제1장 총칙

제1조(목적) 이 법은 건강한 가정생활의 영위와 가족의 유지 및 발전을 위한 국민의 권리·의무와 국가 및 지방자치단체 등의 책임을 명백히 하고, 가정문제의 적절한 해결방안을 강구하며 가족구성원의 복지증진에 이바지할 수 있는 지원정책을 강화함으로써 건강가정 구현에 기여하는 것을 목적으로 한다.

제2조(기본이념) 가정은 개인의 기본적인 욕구를 충족시키고 사회통합을 위하여 기능할 수 있도록 유지·발전되어야 한다.

제3조(정의) 이 법에서 사용하는 용어의 정의는 다음과 같다.

1. "가족"이라 함은 혼인·혈연·입양으로 이루어진 사회의 기본단위를 말한다.
2. "가정"이라 함은 가족구성원이 생계 또는 주거를 함께 하는 생활공동체로서 구성원의 일상적인 부양·양육·보호·교육 등이 이루어지는 생활단위를 말한다.
3. "건강가정"이라 함은 가족구성원의 욕구가 충족되고 인간다운 삶이 보장되는 가정을 말한다.
4. "건강가정사업"이라 함은 건강가정을 저해하는 문제(이하 "가정문제"라 한다)의 발생을 예방하고 해결하기 위한 여러 가지 조치와 가족의 부양·양육·보호·교육 등의 가정기능을 강화하기 위한 사업을 말한다.

제4조(국민의 권리와 의무) ① 모든 국민은 가정의 구성원으로서 안정되고 인간다운 삶을 유지할 수 있는 가정생활을 영위할 권리를 가진다. ② 모든 국민은 가정의 중요성을 인식하고 그 복지의 향상을 위하여 노력하여야 한다.

제5조(국가 및 지방자치단체의 책임) ① 국가 및 지방자치단체는 건강가정을 위하여 필요한 제도와 여건을 조성하고 이를 위한 시책을 강구하여 추진하여야 한다. ② 국가 및 지방자치단체는 제1항의 시책을 강구함에 있어 가족구성원의

특성과 가정유형을 고려하여야 한다. ③ 국가 및 지방자치단체는 민주적인 가정형성, 가정친화적 환경조성, 양성평등한 가족가치 실현 및 가사노동의 정당한 가치평가를 위하여 노력하여야 한다.

제6조(다른 법률과의 관계) 국가는 건강가정사업과 관련되는 다른 법률을 제정 또는 개정하는 경우에는 이 법에 부합되도록 하여야 한다.

제7조(가족가치) 가족구성원은 부양·자녀양육·가사노동 등 가정생활의 운영에 함께 참여하여야 하고 서로 존중하며 신뢰하여야 한다.

제8조(혼인과 출산) ① 모든 국민은 혼인과 출산의 사회적 중요성을 인식하여야 한다. ② 국가 및 지방자치단체는 출산과 육아에 대한 사회적 책임을 인식하고 모성보호와 태아의 건강보장 등 적절한 출산환경을 조성하기 위하여 적극적으로 지원하여야 한다.

제9조(가족해체 예방) ① 가족구성원 모두는 가족해체를 예방하기 위하여 노력하여야 한다. ② 국가 및 지방자치단체는 가족해체를 예방하기 위하여 필요한 제도와 시책을 강구하여야 한다.

제10조(지역사회자원의 개발·활용) 국가 및 지방자치단체는 건강한 가정구현에 기여할 수 있도록 지역사회자원을 최대한 개발하고 활용하여야 한다.

제11조(정보제공) 국가 및 지방자치단체는 가족구성원에게 건강한 가정생활을 영위하는데 도움이 되는 정보를 최대한 제공하고 가정생활에 관한 정보관리체계를 확립하여야 한다.

제12조(가정의 날) 가정의 중요성을 고취하고 건강가정을 위한 개인·가정·사회의 적극적인 참여분위기를 조성하기 위하여 매년 5월을 가정의 달로 하고, 5월 15일을 가정의 날로 한다.

제2장 건강가정정책

제13조 삭제 〈2011. 9. 15.〉

제14조 삭제 〈2011. 9. 15.〉

제15조(건강가정기본계획의 수립) ① 여성가족부장관은 관계 중앙행정기관의 장

과 협의하여 건강가정기본계획(이하 "기본계획"이라 한다)을 5년마다 수립하여야 한다. 〈개정 2005. 3. 24., 2008. 2. 29., 2010. 1. 18., 2011. 9. 15.〉 ② 기본계획에는 다음 각 호의 사항이 포함되어야 한다.

1. 가족기능의 강화 및 가정의 잠재력개발을 통한 가정의 자립 증진 대책
2. 사회통합과 문화계승을 위한 가족공동체문화의 조성
3. 다양한 가족의 욕구충족을 통한 건강가정 구현
4. 민주적인 가족관계와 양성평등적인 역할분담
5. 가정친화적인 사회환경의 조성
6. 가족의 양육·부양 등의 부담완화와 가족해체예방을 통한 사회비용 절감
7. 위기가족에 대한 긴급 지원책
8. 가족의 건강증진을 통한 건강사회 구현
9. 가족지원정책의 추진과 관련한 재정조달 방안

③ 기본계획은 국무회의의 심의를 거쳐 확정한다. ④ 여성가족부장관은 확정된 기본계획을 지체 없이 관계중앙행정기관의 장 및 지방자치단체의 장에게 통보하여야 한다. 〈개정 2005. 3. 24., 2008. 2. 29., 2010. 1. 18., 2011. 9. 15.〉

제16조(연도별 시행계획의 수립·시행 등) ① 여성가족부장관, 관계중앙행정기관의 장 및 지방자치단체의 장은 매년 기본계획에 따라 건강가정시행계획(이하 "시행계획"이라 한다)을 수립·시행 및 평가하여야 한다. 이 경우 관계중앙행정기관의 장 및 지방자치단체의 장은 그 시행계획 및 추진실적을 매년 여성가족부장관에게 제출하여야 한다. 〈개정 2005. 3. 24., 2008. 2. 29., 2010. 1. 18., 2011. 9. 15.〉 ② 시행계획의 수립·추진 및 평가에 관하여 필요한 사항은 대통령령으로 정한다.

제17조(시·도별 시행계획의 조정 등) ① 여성가족부장관은 기본계획에 기초하여 지방자치단체별 시행계획을 조정하고 그 이행상황을 점검하여야 한다. 〈개정 2005. 3. 24., 2008. 2. 29., 2010. 1. 18., 2011. 9. 15.〉 ② 여성가족부장관은 지방자치단체별 시행계획이 기본계획 및 중앙행정기관의 시행계획에 위배되는 경우에는 당해 지방자치단체의 장에게 이를 변경하도록 요구할 수 있다. 〈개정 2005. 3. 24., 2008. 2. 29., 2010. 1. 18., 2011. 9. 15.〉

제18조(계획수립의 협조) ① 여성가족부장관, 관계중앙행정기관의 장 및 지방자

치단체의 장은 기본계획 또는 시행계획의 수립·시행을 위하여 필요한 때에는 관계공공기관·사회단체 그 밖의 민간기업체의 장에게 협조를 요청할 수 있다. 〈개정 2005. 3. 24., 2008. 2. 29., 2010. 1. 18., 2011. 9. 15.〉 ② 제1항의 규정에 의하여 협조요청을 받은 자는 특별한 사유가 없는 한 이에 응하여야 한다.

제19조(교육·연구의 진흥) ① 국가 및 지방자치단체는 건강가정과 관련된 연구를 진흥하고 전문가를 양성하여야 한다. ② 국가 및 지방자치단체는 건강가정을 위한 교육프로그램을 지속적으로 개발·제공하여야 한다.

제20조(가족실태조사) ① 국가 및 지방자치단체는 개인과 가족의 생활실태를 파악하고, 건강가정 구현 및 가정문제 예방 등을 위한 서비스의 욕구와 수요를 파악하기 위하여 5년마다 가족실태조사를 실시하고 그 결과를 발표하여야 한다. ② 제1항의 규정에 의한 가족실태조사를 위하여 필요한 사항은 여성가족부령으로 정한다. 〈개정 2005. 3. 24., 2008. 2. 29., 2010. 1. 18.〉

제3장 건강가정사업

제21조(가정에 대한 지원) ① 국가 및 지방자치단체는 가정이 원활한 기능을 수행하도록 지원하여야 한다. ② 제1항의 규정에 의하여 지원하여야 할 사항은 다음 각 호와 같다.

1. 가족구성원의 정신적·신체적 건강지원
2. 소득보장 등 경제생활의 안정
3. 안정된 주거생활
4. 태아검진 및 출산·양육의 지원
5. 직장과 가정의 양립
6. 음란물·유흥가·폭력 등 위해환경으로부터의 보호
7. 가정폭력으로부터의 보호
8. 가정친화적 사회분위기의 조성
9. 그 밖에 건강한 가정의 기능을 강화·지원할 수 있는 관련 사항

③ 국가 및 지방자치단체는 취업여성의 임신·출산·수유와 관련된 모성보호 및 부성보호를 위한 유급휴가시책이 확산되도록 노력하여야 한다. ④ 국가 및

지방자치단체는 한부모가족, 노인단독가정, 장애인가정, 미혼모가정, 공동생활가정, 자활공동체 등 사회적 보호를 필요로 하는 가정에 대하여 적극적으로 지원하여야 한다. 〈개정 2007. 10. 17.〉 ⑤ 제2항 및 제4항의 규정에 의한 국가 및 지방자치단체의 지원에 관한 세부적 사항은 관계 법률이 정하는 바에 의한다.

第22조(자녀양육지원의 강화) ① 국가 및 지방자치단체는 자녀를 양육하는 가정에 대하여 자녀양육으로 인한 부담을 완화하고 아동의 행복추구권을 보장하기 위하여 보육, 방과후 서비스, 양성이 평등한 육아휴직제 등의 정책을 적극적으로 확대 시행하여야 한다. 〈개정 2011. 9. 15.〉 ② 국가 및 지방자치단체는 다양한 가족형태를 고려하여 아동양육지원사업 시책(아이돌보미 서비스를 포함한다. 이하 같다)을 수립·시행하여야 한다. 〈신설 2011. 9. 15.〉 ③ 국가 및 지방자치단체는 아동양육지원사업을 예산의 범위에서 지원할 수 있다. 〈신설 2011. 9. 15.〉 ④ 국가 및 지방자치단체는 가사노동의 가치에 대한 사회적 인식을 제고하고 이를 관련 법·제도 및 가족정책에 반영하도록 노력하여야 한다. 〈개정 2011. 9. 15.〉

第23조(가족단위 복지증진) ① 국가 및 지방자치단체는 사회보험·공공부조 등 사회보장제도의 운용과 관련하여 보험료의 산정·부과, 급여 등을 운용함에 있어서 가족을 지지하는 시책을 개발·추진하여야 한다. ② 국가 및 지방자치단체는 경제·사회, 교육·문화, 체육, 지역사회개발 등 각 분야의 제도·정책 및 사업을 수립·추진함에 있어 가족을 우대하는 방안을 강구하여야 한다.

第24조(가족의 건강증진) 국가 및 지방자치단체는 영·유아, 아동, 청소년, 중·장년, 노인 등 생애주기에 따르는 가족구성원의 종합적인 건강증진대책을 마련하여야 한다. 〈개정 2011. 9. 15.〉

第25조(가족부양의 지원) ① 국가 및 지방자치단체는 영·유아 혹은 노인 등 부양지원을 요하는 가족구성원이 있는 가정에 대하여 부양부담을 완화하기 위한 시책을 적극적으로 강구하여야 한다. ② 국가 및 지방자치단체는 질환이나 장애로 가족 내 수발을 요하는 가족구성원이 있는 가정을 적극 지원하며, 보호시설을 이용할 수 있도록 전문보호시설을 확대하여야 한다. ③ 국가 및 지방자치단체는 가족구성원 중 장기요양을 필요로 하는 질병이나 사고로 간병을 요할 경우 가족간호를 위한 휴가 등의 시책을 마련하여야 한다.

제26조(민주적이고 양성평등한 가족관계의 증진) ① 국가 및 지방자치단체는 부부 및 세대 간에 가족갈등이 있는 경우 이를 예방·상담하고, 민주적이고 양성평등한 가족관계를 증진시킬 수 있도록 가족지원서비스를 확대하고, 다양한 가족생활교육·부모교육·가족상담·평등가족홍보 등을 추진하여야 한다. ② 국가 및 지방자치단체는 가정폭력이 있는 가정의 경우 가정폭력피해자와 피해자 가족에 대한 개입에 있어 전문가의 체계적인 개입과 서비스가 이루어지도록 노력하여야 한다.

제27조(가족단위의 시민적 역할증진) ① 국가 및 지방자치단체는 가족의 결속력과 가족구성원의 발전을 위하여 가족이 시민으로서의 역할을 증진할 수 있는 기회와 서비스를 제공하여야 한다. ② 국가 및 지방자치단체는 가족단위의 자원봉사참여가 확대되도록 노력하여야 한다.

제28조(가정생활문화의 발전) ① 국가 및 지방자치단체는 건강가정의 생활문화를 고취하고 그에 대한 지원정책을 수립하여야 한다. ② 국가 및 지방자치단체가 지원하여야 하는 건강가정의 생활문화는 다음 각 호의 사항을 포함한다.

1. 가족여가문화
2. 양성평등한 가족문화
3. 가족단위 자원봉사활동
4. 건강한 의식주 생활문화
5. 합리적인 소비문화
6. 지역사회 공동체문화
7. 그 밖에 건강가정의 생활문화와 관련된 사항

제29조(가정의례) ① 개인과 가정은 건전한 가정의례를 확립하도록 노력하여야 한다. ② 국가 및 지방자치단체는 건전한 가정의례를 확립하기 위한 지원정책을 수립하여야 한다.

제30조(가정봉사원) ① 국가 및 지방자치단체는 건강한 가정을 유지하기 위하여 필요한 경우에는 가정을 방문하여 가사·육아·산후조리·간병 등을 돕는 가정

봉사원(이하 "가정봉사원"이라 한다)을 지원할 수 있다. ② 가정봉사원은 여성가족부령이 정하는 바에 따라 교육을 받아야 한다. 〈개정 2005. 3. 24., 2008. 2. 29., 2010. 1. 18.〉 ③ 국가 및 지방자치단체는 가정봉사원에게 예산의 범위안에서 일정금액을 지급할 수 있다. ④ 가정봉사원의 지원에 관하여 필요한 사항은 여성가족부령으로 정한다. 〈개정 2005. 3. 24., 2008. 2. 29., 2010. 1. 18.〉

제31조(이혼예방 및 이혼가정지원) ① 국가 및 지방자치단체는 이혼하고자 하는 부부가 이혼 전 상담을 받을 수 있게 하는 등 이혼조정을 내실화 할 수 있도록 필요한 조치를 강구하여야 한다. ② 국가 및 지방자치단체는 이혼의 의사가 정해진 가족에 대하여 이들 가족이 자녀양육·재산 · 정서 등의 제반문제를 준비할 수 있도록 도움을 주는 지원서비스를 제공하도록 하여야 한다. ③ 국가 및 지방자치단체는 이혼한 가족에 대하여 양육비에 대한 집행력의 실효성을 강화하고 그 적용대상을 확대하도록 하여야 한다.

제32조(건강가정교육) ① 국가 및 지방자치단체는 건강가정교육을 실시하여야 한다. ② 제1항의 규정에 의한 교육내용에는 다음 각 호의 사항이 포함되어야 한다.

1. 결혼준비교육
2. 부모교육
3. 가족윤리교육
4. 가족가치실현 및 가정생활관련 교육 등

③ 제1항의 규정에 의한 건강가정교육에 관하여 필요한 사항은 여성가족부령으로 정한다. 〈개정 2005. 3. 24., 2008. 2. 29., 2010. 1. 18.〉

제33조(자원봉사활동의 지원) 국가 및 지방자치단체는 건강가정과 관련되는 자원봉사활동사업을 육성하고 장려하여야 한다.

제4장 건강가정전담조직 등

제34조(건강가정사업의 전담수행) 여성가족부 및 지방자치단체는 건강가정사업에 관한 업무를 전담하여 수행할 수 있도록 하여야 한다. 〈개정 2005. 3. 24., 2008. 2. 29., 2010. 1. 18., 2011. 9. 15.〉

제34조의2(한국건강가정진흥원의 설립 등) ① 다양한 가족의 삶의 질 제고 및 가족역량 강화를 위한 가족정책을 효율적이고 체계적으로 지원하기 위하여 한국건강가정진흥원(이하 "진흥원"이라 한다)을 설립한다. ② 진흥원은 법인으로 한다. ③ 진흥원은 그 주된 사무소의 소재지에서 설립등기를 함으로써 성립한다. ④ 진흥원에는 정관으로 정하는 바에 따라 임원과 필요한 직원을 둔다. ⑤ 진흥원은 다음 각 호의 사업을 한다.

1. 가족상담 및 가족교육 사업
2. 가족친화 사회환경 조성사업
3. 아이돌봄 및 자녀양육지원 사업
4. 「양육비 이행확보 및 지원에 관한 법률」에 따른 양육비 이행 전담기관 운영
5. 다문화가족, 한부모가족, 조손가족 등 취약 가족의 역량강화 지원 사업
6. 다문화가족의 사회통합지원 사업
7. 제35조의 건강가정지원센터, 「다문화가족지원법」 제12조의 다문화가족지원센터 및 「가족친화 사회환경의 조성 촉진에 관한 법률」 제19조의 가족친화지원센터의 사업 관리 및 종사자 교육훈련
8. 가족사업 관련 대내외 교류 및 협력 사업
9. 가족정책 및 사업개발을 위한 조사, 연구
10. 제1호부터 제9호까지의 사업에 부수되는 사업 또는 이와 관련하여 국가기관 등으로부터 위탁받은 사업
11. 그 밖에 진흥원의 목적달성을 위하여 정관으로 정하는 사항

⑥ 정부는 예산의 범위에서 진흥원의 사업과 운영에 필요한 경비를 출연할 수 있다. ⑦ 진흥원에 관하여는 이 법에서 규정한 것을 제외하고는 「민법」 중 재단법인에 관한 규정을 준용한다.

[본조신설 2014. 3. 24.]

제35조(건강가정지원센터의 설치) ① 국가 및 지방자치단체는 가정문제의 예방·상담 및 치료, 건강가정의 유지를 위한 프로그램의 개발, 가족문화운동의 전개, 가정 관련 정보 및 자료제공 등을 위하여 건강가정지원센터(이하 "센터"라 한다)를 설치·운영하여야 한다. 〈개정 2011. 9. 15.〉 ② 센터에는 건강가정사업

을 수행하기 위하여 관련분야에 대한 학식과 경험을 가진 전문가(이하 "건강가정사"라 한다)를 두어야 한다. ③ 건강가정사는 대학 또는 이와 동등 이상의 학교에서 사회복지학·가정학·여성학 등 여성가족부령이 정하는 관련교과목을 이수하고 졸업한 자이어야 한다. 〈개정 2005. 3. 24., 2008. 2. 29., 2010. 1. 18.〉 ④ 센터의 조직·운영 및 건강가정사의 자격·직무에 관하여 필요한 사항은 대통령령으로 정한다. ⑤ 센터의 운영은 여성가족부령이 정하는 바에 의하여 민간에 위탁할 수 있다. 〈개정 2005. 3. 24., 2008. 2. 29., 2010. 1. 18.〉

제35조의2(유사명칭의 사용금지) 이 법에 따른 센터가 아닌 자는 건강가정지원센터 또는 이와 유사한 명칭을 사용하지 못한다.

[본조신설 2011. 9. 15.]

제5장 보칙

제36조(민간단체 등의 지원) 국가 및 지방자치단체는 건강가정사업을 수행하는 단체 또는 개인에 대하여 필요한 비용의 전부 또는 일부를 보조하거나 그 업무수행에 필요한 지원을 할 수 있다.

제37조(과태료) ① 제35조의2를 위반한 자에게는 300만 원 이하의 과태료를 부과한다. ② 제1항에 따른 과태료는 대통령령으로 정하는 바에 따라 여성가족부장관 또는 지방자치단체의 장이 부과·징수한다.

[본조신설 2011. 9. 15.]

부칙 <법률 제7166호, 2004. 2. 9.>

이 법은 2005년 1월 1일부터 시행한다.

부칙 <법률 제7413호, 2005. 3. 24.> (정부조직법)

제1조(시행일) 이 법은 공포한 날부터 시행한다. 다만, 다음 각 호의 사항은 각호의 구분에 의한 날부터 시행한다.

1. 제26조…부칙 제2조 내지 제4조의 규정은 이 법 공포 후 3월 이내에 제42조의 개정규정에 의한 여성가족부의 조직에 관한 대통령령이 시행되는 날
2. 생략

제2조 생략

제3조(다른 법률의 개정) ① 생략

② 건강가정기본법 일부를 다음과 같이 개정한다.

- 제15조 제1항·제4항, 제16조 제1항 전단·후단, 제17조 제1항·제2항 및 제18조 제1항 중 "보건복지부장관"을 각각 "여성가족부장관"으로 한다.
- 제20조 제2항, 제30조 제2항·제4항, 제32조 제3항, 제35조 제3항 및 동조 제5항 중 "보건복지부령"을 각각 "여성가족부령"로 한다.
- 제34조 중 "보건복지부"를 "여성가족부"으로 한다.

③ 내지 ⑭ 생략

제4조 생략

부칙 <법률 제8655호, 2007. 10. 17.> (한부모가족지원법)

제1조(시행일) 이 법은 공포 후 3개월이 경과한 날부터 시행한다. 〈단서 생략〉

제2조부터 제5조까지 생략

제6조(다른 법률의 개정) ① 건강가정기본법 일부를 다음과 같이 개정한다.

제21조제4항 중 "모·부자가정"을 "한부모가족"으로 한다.

②부터 ⑬까지 생략

제7조 생략

부칙 <법률 제8852호, 2008. 2. 29.> (정부조직법)

제1조(시행일) 이 법은 공포한 날부터 시행한다. 다만, …〈생략〉… 부칙 제6조에 따라 개정되는 법률 중 이 법의 시행 전에 공포되었으나 시행일이 도래하지 아니한 법률을 개정한 부분은 각각 해당 법률의 시행일부터 시행한다.

제2조부터 제5조까지 생략

제6조(다른 법률의 개정) ①부터 〈538〉까지 생략

〈539〉 건강가정기본법 일부를 다음과 같이 개정한다.

- 제15조 제1항·제4항, 제16조 제1항 전단 및 후단, 제17조 제1항·제2항, 제18조 제1항 중 "여성가족부장관"을 각각 "보건복지가족부장관"으로 한다.
- 제20조 제2항, 제30조 제2항·제4항, 제32조 제3항, 제35조 제3항·제5항 중 "여성가족부령"을 각각 "보건복지가족부령"으로 한다.
- 제34조 중 "여성가족부"를 "보건복지가족부"로 한다.

〈540〉부터 〈760〉까지 생략

제7조 생략

부칙 <법률 제9932호, 2010. 1. 18.> (정부조직법)

제1조(시행일) 이 법은 공포 후 2개월이 경과한 날부터 시행한다. 〈단서 생략〉

제2조 및 제3조 생략

제4조(다른 법률의 개정) ①부터 ⑤까지 생략

⑥ 건강가정기본법 일부를 다음과 같이 개정한다.

- 제15조 제1항·제4항, 제16조 제1항 전단 및 후단, 제17조 제1항·제2항 및 제18조 제1항 중 "보건복지가족부장관"을 각각 "여성가족부장관"으로 한다.
- 제20조 제2항, 제30조 제2항·제4항, 제32조 제3항 및 제35조 제3항·제5항 중 "보건복지가족부령"을 각각 "여성가족부령"으로 한다.
- 제34조 중 "보건복지가족부"를 "여성가족부"로 한다.

⑦부터 〈137〉까지 생략

제5조 생략

부칙 <법률 제11045호, 2011. 9. 15.>

이 법은 공포 후 6개월이 경과한 날부터 시행한다.

부칙 <법률 제12529호, 2014. 3. 24.>

제1조(시행일) 이 법은 2015년 1월 1일부터 시행한다.

제2조(재단법인 한국건강가정진흥원에 대한 경과조치) ① 이 법 시행 당시 「민법」 제32조에 따라 여성가족부장관의 허가를 받아 설립된 재단법인 한국건강가정진흥원은 이사회의 의결에 의하여 그 모든 권리와 의무를 제34조의2의 개정 규정에 따라 설립되는 진흥원이 승계할 수 있도록 여성가족부장관에게 승인을 신청할 수 있다. ② 제1항의 신청에 따라 여성가족부장관의 승인을 받은 재단법인 한국건강가정진흥원은 이 법에 따른 진흥원의 설립과 동시에 「민법」 중 법인의 해산 및 청산에 관한 규정에도 불구하고 해산된 것으로 보며, 재단법인 한국건강가정진흥원에 속하였던 모든 재산·권리와 의무는 이 법에 따른 진흥원이 승계한다. 이 경우 재산·권리와 의무에 대한 등기부, 그 밖에 공부상의 재단법인 한국건강가정진흥원의 명의는 이 법에 따른 진흥원의 명의로 본다. ③ 이 법 시행 당시 재단법인 한국건강가정진흥원의 임원 및 직원은 이 법에 따른 진흥원의 임원 및 직원으로 본다.

02 건강가정기본법 시행령

[시행 2012. 3. 16] [대통령령 제23655호, 2012. 3. 13, 전부개정]

제1조(목적) 이 영은 「건강가정기본법」에서 위임된 사항과 그 시행에 필요한 사항을 규정함을 목적으로 한다.

제2조(연도별 시행계획의 수립·평가 등) ① 여성가족부장관은 「건강가정기본법」(이하 "법"이라 한다) 제16조 제1항에 따라 관계 중앙행정기관의 장 및 지방자치단체의 장이 건강가정시행계획(이하 이 조에서 "시행계획"이라 한다)을 수립할 수 있도록 필요한 지침을 정하여 매년 11월 30일까지 관계 중앙행정기관의 장 및 지방자치단체의 장에게 통보하여야 한다. ② 시장·군수·구청장(자치구의 구청장을 말한다. 이하 같다)은 매년 12월 31일까지 해당 연도의 시행계획 추진실적과 제1항의 지침에 따라 수립한 다음 연도의 시행계획을 특별시장·광역시장·도지사에게 제출하여야 한다. ③ 관계 중앙행정기관의 장, 특별시장·광역시장·도지사 및 특별자치도지사는 매년 1월 31일까지 전년도의 시행계획 추진실적과 제1항의 지침에 따라 수립한 해당 연도의 시행계획을 여성가족부장관에게 제출하여야 한다. 이 경우 특별시장·광역시장·도지사는 제2항에 따라 시장·군수·구청장이 제출한 시행계획 및 추진실적을 포함하여 제출하여야 한다. ④ 여성가족부장관은 제3항에 따라 제출받은 관계 중앙행정기관 및 지방자치단체의 시행계획 추진실적과 여성가족부의 시행계획 추진실적을 종합하여 성과를 평가하여야 한다. 이 경우 여성가족부장관은 평가에 필요한 조사·분석 등을 전문기관에 의뢰할 수 있다. ⑤ 여성가족부장관은 제3항에 따라 제출받은 지방자치단체의 시행계획을 법 제17조에 따라 조정하거나 그 변경을 요구하기 위하여 필요한 경우 관련 분야 전문가의 의견을 들을 수 있다.

제3조(건강가정지원센터의 조직 등) ① 법 제35조 제1항에 따라 국가 및 지방자치단체가 설치·운영하는 건강가정지원센터에는 센터장과 건강가정사업의 수행에 필요한 팀을 둔다. ② 제1항에 따라 국가가 설치·운영하는 건강가정지원센터의 센터장은 연도별로 사업계획을 수립하고, 해당 건강가정지원센터의 조직·인사·복무·보수·회계·물품·문서의 처리에 관한 규정을 정한 후 이에

따라 사무를 처리하여야 한다. ③ 제1항에 따라 지방자치단체가 설치·운영하는 건강가정지원센터의 조직과 운영에 필요한 사항은 해당 지방자치단체의 조례로 정한다.

제4조(건강가정사의 직무) 법 제35조 제2항에 따른 건강가정사의 직무는 다음 각 호와 같다.

1. 가정문제의 예방·상담 및 개선
2. 건강가정의 유지를 위한 프로그램의 개발
3. 건강가정 실현을 위한 교육[민주적이고 양성(兩性) 평등적인 가족관계 교육을 포함한다]
4. 가정생활문화운동의 전개
5. 가정 관련 정보 및 자료 제공
6. 가정에 대한 방문 및 실태 파악
7. 아동보호전문기관 등 지역사회자원과의 연계
8. 그 밖에 건강가정사업과 관련하여 여성가족부장관이 정하는 활동

제5조(과태료의 부과·징수) 법 제37조 제2항에 따른 과태료는 별표의 부과기준에 따라 여성가족부장관이 부과·징수한다.

부칙 <대통령령 제23655호, 2012. 3. 13>

이 영은 2012년 3월 16일부터 시행한다.

[별표] 과태료의 부과기준(제5조 관련)

1. 일반기준

가. 위반행위의 횟수에 따른 과태료의 부과기준은 최근 1년간 같은 유형의 위반행위로 과태료를 부과받은 경우에 적용한다. 이 경우 위반행위에 대하여 과태료 부과처분을 한 날과 다시 같은 유형의 위반행위를 적발한 날을 각각 기준으로 하여 위반횟수를 계산한다.

나. 여성가족부장관은 다음의 어느 하나에 해당하는 경우에는 제2호에 따른 과태료 금액의 2분의 1의 범위에서 그 금액을 감경할 수 있다. 다만, 과태료를 체납하고 있는 위반행위자의 경우에는 그러하지 아니하다.

1) 위반행위자가 「질서위반행위규제법 시행령」 제2조의2 제1항 각 호의 어느 하나에 해당하는 경우
2) 위반행위가 사소한 부주의나 오류로 인한 것으로 인정되는 경우
3) 위반의 내용·정도가 경미하여 피해가 적다고 인정되는 경우
4) 법 위반상태를 시정하거나 해소하기 위한 노력이 인정되는 경우
5) 그 밖에 위반행위의 정도, 위반행위의 동기와 그 결과 등을 고려하여 감경할 필요가 있다고 인정되는 경우

2. 개별기준

위반행위	근거 법조문	과태료 금액		
		1차 위반	2차 위반	3차 이상 위반
법 제35조의 2를 위반하여 건강가정지원센터 또는 이와 유사한 명칭을 사용한 경우	법 제37조 제1항	100만 원	200만 원	300만 원

03 건강가정기본법 시행규칙

[시행 2010. 3. 19] [여성가족부령 제1호, 2010. 3. 19, 타법개정]

제1조(목적) 이 규칙은 건강가정기본법 및 동법시행령에서 위임된 사항과 그 시행에 관하여 필요한 사항을 규정함을 목적으로 한다.

제2조(가족실태조사의 실시 등) ① 건강가정기본법(이하 "법"이라 한다) 제20조의 규정에 의하여 여성가족부장관은 2005년을 기준연도로 하여 전국을 대상으로 하는 가족실태조사를 실시하고, 특별시장·광역시장·도지사(이하 "시·도지사"라 한다) 또는 시장·군수·구청장(자치구의 구청장에 한한다. 이하 같다)은 관할지역을 대상으로 필요한 경우에 가족실태조사를 실시한다. 〈개정 2005. 6. 23, 2008. 3. 3, 2010. 3. 19〉 ② 제1항의 규정에 의한 가족실태조사에는 다음 각 호의 사항이 포함되어야 한다. 〈개정 2005. 6. 23, 2008. 3. 3, 2010. 3. 19〉

1. 성별·연령·학력·혼인상태·취업상태·건강상태 등 가족구성원의 일반특성에 관한 사항
2. 소득·지출·자산 등 가족의 경제상태에 관한 사항
3. 가정의 형성·유지와 관련한 가족의 가치관에 관한 사항
4. 혼인·출산·자녀양육·가족부양·가족역할 등 가족행태에 관한 사항
5. 부부관계·부모자녀관계 등 가족관계에 관한 사항
6. 의식주·소비·여가·정보이용 등 생활양식에 관한 사항
7. 가족갈등·가족해체 등 가족문제에 관한 사항
8. 건강가정 관련 교육·상담·가정봉사원의 이용 등 서비스 욕구에 관한 사항
9. 그 밖에 건강가정에 관한 사항으로서 여성가족부장관이 필요하다고 인정하는 사항

③ 여성가족부장관은 사회환경의 급격한 변동 등으로 추가적인 조사가 필요한 때에는 제1항의 규정에 의한 가족실태조사 외에 임시조사를 실시하여 이를 보완할 수 있다. 〈개정 2005. 6. 23, 2008. 3. 3, 2010. 3. 19〉

제3조(가정봉사원의 교육 등) ① 법 제30조 제2항의 규정에 의하여 가정봉사원은 법 제35조 제1항의 규정에 의한 건강가정지원센터에서 가사·육아·산후조리·간

병 등에 관한 이론교육과 실습교육을 매년 16시간 이상 받아야 한다. 이 경우 이론교육은 건강가정지원센터에 출석하여 받는 교육과 동일한 내용의 시청각교육으로 갈음할 수 있다. ② 여성가족부장관 및 지방자치단체의 장은 제1항의 규정에 의한 가정봉사원의 교육에 소요되는 비용의 전부 또는 일부를 건강가정지원센터에 보조할 수 있다. 〈개정 2005. 6. 23, 2008. 3. 3, 2010. 3. 19〉

제4조(건강가정교육계획의 수립 등) 여성가족부장관 및 시·도지사는 법 제32조 제1항의 규정에 의하여 매년 건강가정교육에 관한 계획을 수립·시행하고, 건강가정에 관한 교재·교구 등을 개발·보급하여야 한다. 〈개정 2005. 6. 23, 2008. 3. 3, 2010. 3. 19〉

제5조(건강가정사의 이수교과목) 법 제35조 제3항의 규정에 의한 관련 교과목은 별표와 같다.

제6조(건강가정지원센터의 위탁운영) 국가 및 지방자치단체는 법 제35조 제5항의 규정에 의하여 다음 각 호의 어느 하나에 해당하는 민간기관에 건강가정지원센터의 운영을 위탁할 수 있다.

1. 건강가정사업을 수행하기 위하여 설립된 사회복지법인 등 민법 제32조의 규정에 의한 비영리법인
2. 고등교육법 제2조의 규정에 의한 학교

부칙 <보건복지부령 제302호, 2004. 12. 31>

① (시행일) 이 규칙은 2005년 1월 1일부터 시행한다. ② (건강가정사의 교과목 이수에 관한 특례) 이 규칙 시행당시 대학 또는 이와 동등 이상의 학교에서 사회복지학·가정학·여성학을 전공하고 졸업한 자 및 2005년 상반기 졸업예정인 자는 2006년 12월 31일까지 보건복지부장관이 지정하는 교육훈련기관에서 4주 이상 건강가정에 관한 교육훈련을 이수한 경우에는 제5조 및 별표의 규정에 불구하고 건강가정사의 자격을 취득하기 위한 관련 교과목을 이수한 것으로 본다.

부칙 <여성가족부령 제14호, 2007. 9. 10>

제1조(시행일) 이 규칙은 공포한 날부터 시행한다.

제2조(교과목 이수에 관한 경과조치) ① 이 규칙 시행 당시 대학 또는 이와 동등 이상의 학교에서 종전의 규정에 따라 관련 교과목을 이수하였거나 이수 중인 자는 별표의 개정규정에 불구하고 다음 각 호의 구분에 따라 별표의 개정규정에 따른 관련 교과목을 이수하였거나 이수 중인 것으로 본다.

1. 전공과목 중 (여)성과 가족을 이수하였거나 이수 중인 경우에는 별표의 개정규정에 따른 핵심과목 중 가족과 젠더를 이수하거나 이수 중인 것으로 본다.
2. 전공과목 중 한국가정(족)생활문화를 이수하였거나 이수 중인 경우에는 별표의 개정규정에 따른 핵심과목 중 가족(정)과 문화를 이수하거나 이수 중인 것으로 본다.
3. 전공과목 중 가족복지실천기술론을 이수하였거나 이수 중인 경우에는 별표의 개정규정에 따른 핵심과목 하나를 이수하였거나 이수 중인 것으로 본다.
4. 기초이론 중 여성학이론을 이수하였거나 이수 중인 경우에는 별표의 개정규정에 따른 기초이론 중 여성주의이론을 이수하였거나 이수 중인 것으로 본다.
5. 기초이론 중 공공가정경영론을 이수하였거나 이수 중인 경우에는 별표의 개정규정에 따른 기초이론 하나를 이수하였거나 이수 중인 것으로 본다.
6. 상담·교육 등 실제 중 여성학방법론을 이수하였거나 이수 중인 경우에는 별표의 개정규정에 따른 상담·교육 등 실제 하나를 이수하였거나 이수 중인 것으로 본다.

② 이 규칙 시행 당시 종전의 규정에 따라 12과목 이상 36학점(대학원의 경우 8과목 이상 24학점)으로 관련 교과목을 이수한 자는 별표의 개정규정에 따라 관련 교과목을 이수한 것으로 본다.

부칙 <여성가족부령 제1호, 2010. 3. 19> (여성부 직제 시행규칙)

제1조(시행일) 이 규칙은 공포한 날부터 시행한다.

제2조(다른 법령의 개정) ① 및 ② 생략 ③ 건강가정기본법 시행규칙 일부를 다음과 같이 개정한다.

- 제2조 제1항·제2항 제9호 및 같은 조 제3항, 제3조 제2항, 제4조 중 "보건복지가족부장관"을 각각 "여성가족부장관"으로 한다.

④부터 ⑮까지 생략

[별표] 〈개정 2007. 9. 10〉 건강가정사가 되기 위하여 이수하여야 하는 관련 교과목 (제5조 관련)

구분		교과목
핵심과목(5)		건강가정론, (건강)가정(족)정책론, 가족상담(및 치료), 가정(족)생활교육, 가족복지론, 가족과 젠더, 가족(정)과 문화, 건강가정현장실습, 여성과 (현대)사회, 비영리기관 운영관리 중 5과목 이상
관련과목(7)	기초이론(4)	가족학, 가족관계(학), 가족법, 아동학, 보육학, 아동(청소년)복지론, 노년학, 노인복지론, 인간발달, 인간행동과 사회환경, 가족(정)(자원)관리, 가계경제, 가사노동론, 여가관리론, 주거학, 생애주기 영양학, 여성복지(론), 여성주의이론, 정신건강(정신보건사회복지)론, 장애인복지론, 가정생활복지론, 상담이론, 자원봉사론, 성과 사랑, 법여성학, 여성과 문화, 일과 가족(정), 사회복지(개)론 중 4과목 이상
	상담·교육 등 실제(3)	생활설계상담, 아동상담, 영양상담 및 교육, 소비자 상담, 주거상담, 부모교육, 부부교육, 소비자교육, 가정생활과 정보, 가계재무관리, 주택관리, 의생활관리, 지역사회 영양학, 프로그램 개발과 평가, 사회복지실천기술론, 지역사회복지론, 연구(조사)방법론, 부부상담, 집단상담, 가족(정)과 지역사회, 여성과 교육, 여성과 리더십, 여성주의 상담, 사회복지실천론, 위기개입론, 사례관리론 중 3과목 이상

〈비고〉

1. 대학원에서 관련 교과목을 이수하는 경우에는 같은 표의 교과목 중 핵심과목 4과목 이상, 관련과목 4과목(기초이론 2과목, 상담·교육 등 실제 2과목) 이상을 각각 이수하여야 한다. 다만, 핵심과목 및 관련과목 각각의 2분의 1의 범위에서 대학 또는 이와 동등 이상의 학교에서 이수한 교과목도 이를 대학원에서 이수한 것으로 본다.
2. 교과목의 명칭이 동일하지 아니하더라도 교과의 내용이 동일한 것으로 여성가족부장관이 인정하는 경우에는 동일 교과목으로 본다.
3. 관련 교과목 이수는 12과목 36학점(대학원에서 이수하는 경우 8과목 24학점) 또는 12과목 이상 36학점(대학원에서 이수하는 경우 8과목 이상 24학점)으로 한다.

04 다문화가족지원법

[시행 2010. 3.19] [법률 제9932호, 2010. 1.18, 타법개정]

제1조(목적) 이 법은 다문화가족 구성원이 안정적인 가족생활을 영위할 수 있도록 함으로써 이들의 삶의 질 향상과 사회통합에 이바지함을 목적으로 한다.

제2조(정의) 이 법에서 사용하는 용어의 뜻은 다음과 같다.

1. "다문화가족"이란 다음 각 목의 어느 하나에 해당하는 가족을 말한다.
   가. 「재한외국인 처우 기본법」 제2조 제3호의 결혼이민자와 「국적법」 제2조에 따라 출생 시부터 대한민국 국적을 취득한 자로 이루어진 가족
   나. 「국적법」 제4조에 따라 귀화허가를 받은 자와 같은 법 제2조에 따라 출생 시부터 대한민국 국적을 취득한 자로 이루어진 가족
2. "결혼이민자 등"이란 다문화가족의 구성원으로서 다음 각 목의 어느 하나에 해당하는 자를 말한다.
   가. 「재한외국인 처우 기본법」 제2조 제3호의 결혼이민자
   나. 「국적법」 제4조에 따라 귀화허가를 받은 자

제2조(정의) 이 법에서 사용하는 용어의 뜻은 다음과 같다. 〈개정 2011. 4. 4〉

1. "다문화가족"이란 다음 각 목의 어느 하나에 해당하는 가족을 말한다.
   가. 「재한외국인 처우 기본법」 제2조 제3호의 결혼이민자와 「국적법」 제2조부터 제4조까지의 규정에 따라 대한민국 국적을 취득한 자로 이루어진 가족
   나. 「국적법」 제3조 및 제4조에 따라 대한민국 국적을 취득한 자와 같은 법 제2조부터 제4조까지의 규정에 따라 대한민국 국적을 취득한 자로 이루어진 가족
2. "결혼이민자 등"이란 다문화가족의 구성원으로서 다음 각 목의 어느 하나에 해당하는 자를 말한다.
   가. 「재한외국인 처우 기본법」 제2조 제3호의 결혼이민자
   나. 「국적법」 제4조에 따라 귀화허가를 받은 자

[시행일 : 2011. 10. 5] 제2조

제3조(국가와 지방자치단체의 책무) ① 국가와 지방자치단체는 다문화가족 구성원이 안정적인 가족생활을 영위할 수 있도록 필요한 제도와 여건을 조성하고 이를 위한 시책을 수립·시행하여야 한다. ② 국가와 지방자치단체는 이 법에 따른 시책 중 외국인정책 관련 사항에 대하여는 「재한외국인 처우 기본법」 제5조부터 제9조까지의 규정에 따른다.

제3조의2(다문화가족 지원을 위한 기본계획의 수립) ① 여성가족부장관은 다문화가족 지원을 위하여 5년마다 다문화가족정책에 관한 기본계획(이하 "기본계획"이라 한다)을 수립하여야 한다. ② 기본계획에는 다음 각 호의 사항을 포함하여야 한다.

1. 다문화가족 지원 정책의 기본 방향
2. 다문화가족 지원을 위한 분야별 발전시책과 평가에 관한 사항
3. 다문화가족 지원을 위한 제도 개선에 관한 사항
4. 다문화가족 지원을 위한 재원 확보 및 배분에 관한 사항
5. 그 밖에 다문화가족 지원을 위하여 필요한 사항

③ 여성가족부장관은 기본계획을 수립할 때에는 미리 관계 중앙행정기관의 장과 협의하여야 한다. ④ 기본계획은 제3조의4에 따른 다문화가족정책위원회의 심의를 거쳐 확정한다. 이 경우 여성가족부장관은 확정된 기본계획을 관계 중앙행정기관의 장과 특별시장·광역시장·도지사·특별자치도지사(이하 "시·도지사"라 한다)에게 알려야 한다. ⑤ 여성가족부장관은 기본계획을 수립하기 위하여 필요하다고 인정하는 경우 관계 기관의 장에게 기본계획의 수립에 필요한 자료의 제출을 요구할 수 있다. ⑥ 제5항에 따라 자료의 제출을 요구받은 관계 기관의 장은 정당한 사유가 없으면 이에 따라야 한다.

[본조신설 2011. 4. 4] [시행일: 2011. 10. 5] 제3조의2

제3조의3(연도별 시행계획의 수립·시행) ① 여성가족부장관, 관계 중앙행정기관의 장과 시·도지사는 매년 기본계획에 따라 다문화가족정책에 관한 시행계획(이하 "시행계획"이라 한다)을 수립·시행하여야 한다. ② 관계 중앙행정기관의 장과 시·도지사는 전년도의 시행계획에 따른 추진실적 및 다음 연도의 시행계획을 대통령령으로 정하는 바에 따라 매년 여성가족부장관에게 제출하여야 한다. ③ 시행계획의 수립·시행 및 추진실적의 평가 등에 필요한 사항은 대

통령령으로 정한다.

[본조신설 2011. 4. 4] [시행일: 2011. 10. 5] 제3조의3

제3조의4(다문화가족정책위원회의 설치) ① 다문화가족의 삶의 질 향상과 사회통합에 관한 중요 사항을 심의·조정하기 위하여 국무총리 소속으로 다문화가족정책위원회(이하 "정책위원회"라 한다)를 둔다. ② 정책위원회는 다음 각 호의 사항을 심의·조정한다.

1. 제3조의2에 따른 다문화가족정책에 관한 기본계획의 수립 및 추진에 관한 사항
2. 제3조의3에 따른 다문화가족정책의 시행계획의 수립, 추진실적 점검 및 평가에 관한 사항
3. 다문화가족과 관련된 각종 조사, 연구 및 정책의 분석·평가에 관한 사항
4. 각종 다문화가족 지원 관련 사업의 조정 및 협력에 관한 사항
5. 다문화가족정책과 관련된 국가 간 협력에 관한 사항
6. 그 밖에 다문화가족의 사회통합에 관한 중요 사항으로 위원장이 필요하다고 인정하는 사항

③ 정책위원회는 위원장 1명을 포함한 20명 이내의 위원으로 구성하고, 위원장은 국무총리가 되며, 위원은 다음 각 호의 사람이 된다.

1. 대통령령으로 정하는 중앙행정기관의 장
2. 다문화가족정책에 관하여 학식과 경험이 풍부한 사람 중에서 위원장이 위촉하는 사람

④ 정책위원회에서 심의·조정할 사항을 미리 검토하고 대통령령에 따라 위임된 사항을 다루기 위하여 정책위원회에 실무위원회를 둔다.

⑤ 그 밖에 정책위원회 및 실무위원회의 구성 및 운영 등에 필요한 사항은 대통령령으로 정한다.

[본조신설 2011. 4. 4] [시행일: 2011. 10. 5] 제3조의4

제4조(실태조사 등) ① 여성가족부장관은 다문화가족의 현황 및 실태를 파악하고 다문화가족 지원을 위한 정책수립에 활용하기 위하여 3년마다 다문화가족에 대한 실태조사를 실시하고 그 결과를 공표하여야 한다. 〈개정 2010.1.18〉 ② 여성가족부장관은 제1항에 따른 실태조사를 위하여 관계 공공기관 또는 관련

법인·단체에 대하여 필요한 자료의 제출 등 협조를 요청할 수 있다. 이 경우 자료의 제출 등 협조를 요청받은 관계 공공기관 또는 관련 법인·단체 등은 특별한 사유가 없는 한 이에 협조하여야 한다. 〈개정 2010. 1. 18〉 ③ 여성가족부장관은 제1항에 따른 실태조사를 실시함에 있어서 외국인정책 관련 사항에 대하여는 법무부장관과의 협의를 거쳐 실시한다. 〈개정 2010. 1. 18〉 ④ 제1항에 따른 실태조사의 대상 및 방법 등에 필요한 사항은 여성가족부령으로 정한다. 〈개정 2010. 1. 18〉

제4조(실태조사 등) ① 여성가족부장관은 다문화가족의 현황 및 실태를 파악하고 다문화가족 지원을 위한 정책수립에 활용하기 위하여 3년마다 다문화가족에 대한 실태조사를 실시하고 그 결과를 공표하여야 한다. 〈개정 2010. 1. 18〉 ② 여성가족부장관은 제1항에 따른 실태조사를 위하여 관계 공공기관 또는 관련 법인·단체에 대하여 필요한 자료의 제출 등 협조를 요청할 수 있다. 이 경우 자료의 제출 등 협조를 요청받은 관계 공공기관 또는 관련 법인·단체 등은 특별한 사유가 없는 한 이에 협조하여야 한다. 〈개정 2010. 1. 18〉 ③ 여성가족부장관은 제1항에 따른 실태조사를 실시함에 있어서 외국인정책 관련 사항에 대하여는 법무부장관과, 다문화가족 구성원인 아동의 교육에 관한 사항에 대하여는 교육과학기술부장관과 협의를 거쳐 실시한다. 〈개정 2010. 1. 18, 2011. 4. 4〉 ④ 제1항에 따른 실태조사의 대상 및 방법 등에 필요한 사항은 여성가족부령으로 정한다. 〈개정 2010. 1. 18〉

[시행일 : 2011. 10. 5] 제4조

제5조(다문화가족에 대한 이해증진) 국가와 지방자치단체는 다문화가족에 대한 사회적 차별 및 편견을 예방하고 사회구성원이 문화적 다양성을 인정하고 존중할 수 있도록 다문화 이해교육과 홍보 등 필요한 조치를 하여야 한다.

제5조(다문화가족에 대한 이해증진) ① 국가와 지방자치단체는 다문화가족에 대한 사회적 차별 및 편견을 예방하고 사회구성원이 문화적 다양성을 인정하고 존중할 수 있도록 다문화 이해교육과 홍보 등 필요한 조치를 하여야 한다. 〈개정 2011. 4. 4〉 ② 교육과학기술부장관과 특별시·광역시·도·특별자치도의 교육감은 「유아교육법」 제2조, 「초·중등교육법」 제2조 또는 「고등교육법」 제2조에 따른 학교에서 다문화가족에 대한 이해를 돕는 교육을 실시하기 위한 시

책을 수립·시행하여야 한다. 〈신설 2011. 4 .4〉

[시행일 : 2011. 10. 5] 제5조

제6조(생활정보 제공 및 교육 지원) ① 국가와 지방자치단체는 결혼이민자 등이 대한민국에서 생활하는 데 필요한 기본적 정보를 제공하고, 사회적응교육과 직업교육·훈련 등을 받을 수 있도록 필요한 지원을 할 수 있다. ② 제1항에 따른 정보제공 및 교육에 필요한 사항은 대통령령으로 정한다.

제6조(생활정보 제공 및 교육 지원) ① 국가와 지방자치단체는 결혼이민자 등이 대한민국에서 생활하는 데 필요한 기본적 정보를 제공하고, 사회적응교육과 직업교육·훈련 및 언어소통 능력 향상을 위한 한국어교육 등을 받을 수 있도록 필요한 지원을 할 수 있다. 〈개정 2011. 4. 4〉 ② 국가와 지방자치단체는 제1항에 따른 교육을 실시함에 있어 거주지 및 가정환경 등으로 인하여 서비스에서 소외되는 결혼이민자 등이 없도록 방문교육이나 원격교육 등 다양한 방법으로 교육을 지원하고, 교재와 강사 등의 전문성을 강화하기 위한 시책을 수립·시행하여야 한다. 〈신설 2011. 4. 4〉 ③ 그 밖에 제1항에 따른 정보제공 및 교육에 필요한 사항은 대통령령으로 정한다. 〈개정 2011. 4. 4〉

[시행일: 2011. 10. 5] 제6조

제7조(평등한 가족관계의 유지를 위한 조치) 국가와 지방자치단체는 다문화가족이 민주적이고 양성평등한 가족관계를 누릴 수 있도록 가족상담, 부부교육, 부모교육, 가족생활교육 등을 추진하여야 한다. 이 경우 문화의 차이 등을 고려한 전문적인 서비스가 제공될 수 있도록 노력하여야 한다.

제8조(가정폭력 피해자에 대한 보호·지원) ① 국가와 지방자치단체는 다문화가족 내 가정폭력을 방지하기 위하여 노력하여야 한다. ② 국가와 지방자치단체는 가정폭력의 피해를 입은 결혼이민자 등에 대한 보호 및 지원을 위하여 외국어 통역 서비스를 갖춘 가정폭력 상담소 및 보호시설의 설치를 확대하도록 노력하여야 한다. ③ 국가와 지방자치단체는 결혼이민자 등이 가정폭력으로 혼인관계를 종료하는 경우 의사소통의 어려움과 법률체계 등에 관한 정보의 부족 등으로 불리한 입장에 놓이지 아니하도록 의견진술 및 사실확인 등에 있어서 언어통역, 법률상담 및 행정지원 등 필요한 서비스를 제공할 수 있다.

제8조(가정폭력 피해자에 대한 보호·지원) ① 국가와 지방자치단체는 「가정폭력

방지 및 피해자보호 등에 관한 법률」에 따라 다문화가족 내 가정폭력을 예방하기 위하여 노력하여야 한다. 〈개정 2011. 4. 4〉 ② 국가와 지방자치단체는 가정폭력으로 피해를 입은 결혼이민자 등을 보호·지원할 수 있다. 〈신설 2011. 4. 4〉 ③ 국가와 지방자치단체는 가정폭력의 피해를 입은 결혼이민자 등에 대한 보호 및 지원을 위하여 외국어 통역 서비스를 갖춘 가정폭력 상담소 및 보호시설의 설치를 확대하도록 노력하여야 한다. 〈개정 2011. 4. 4〉 ④ 국가와 지방자치단체는 결혼이민자 등이 가정폭력으로 혼인관계를 종료하는 경우 의사소통의 어려움과 법률체계 등에 관한 정보의 부족 등으로 불리한 입장에 놓이지 아니하도록 의견진술 및 사실확인 등에 있어서 언어통역, 법률상담 및 행정지원 등 필요한 서비스를 제공할 수 있다. 〈개정 2011. 4. 4〉

[시행일: 2011. 10. 5] 제8조

제9조(산전·산후 건강관리 지원) 국가와 지방자치단체는 결혼이민자 등이 건강하고 안전하게 임신·출산할 수 있도록 영양·건강에 대한 교육, 산전·산후 도우미 파견, 건강 검진과 그 검진 시 통역 등 필요한 서비스를 지원할 수 있다.

제9조(의료 및 건강관리를 위한 지원) ① 국가와 지방자치단체는 결혼이민자등이 건강하게 생활할 수 있도록 영양·건강에 대한 교육, 산전·산후 도우미 파견, 건강검진 등의 의료서비스를 지원할 수 있다. 〈개정 2011. 4. 4〉 ② 국가와 지방자치단체는 결혼이민자 등이 제1항에 따른 의료서비스를 제공받을 경우 외국어 통역 서비스를 제공할 수 있다. 〈신설 2011. 4. 4〉

[제목개정 2011. 4. 4] [시행일: 2011. 10. 5] 제9조

제10조(아동 보육·교육) ① 국가와 지방자치단체는 아동 보육·교육을 실시함에 있어서 다문화가족 구성원인 아동을 차별하여서는 아니 된다. ② 국가와 지방자치단체는 다문화가족 구성원인 아동이 학교생활에 신속히 적응할 수 있도록 교육지원대책을 마련하여야 하고, 특별시·광역시·도·특별자치도의 교육감은 다문화가족 구성원인 아동에 대하여 학과 외 또는 방과 후 교육 프로그램 등을 지원할 수 있다. ③ 국가와 지방자치단체는 다문화가족 구성원인 아동의 초등학교 취학 전 보육 및 교육 지원을 위하여 노력하고, 그 아동의 언어발달을 위하여 한국어교육을 위한 교재지원 및 학습지원 등 언어능력 제고를 위하여 필요한 지원을 할 수 있다.

제11조(다국어에 의한 서비스 제공) 국가와 지방자치단체는 제5조부터 제10조까지의 규정에 따른 지원정책을 추진함에 있어서 결혼이민자 등의 의사소통의 어려움을 해소하고 서비스 접근성을 제고하기 위하여 다국어에 의한 서비스 제공이 이루어지도록 노력하여야 한다.

제12조(다문화가족지원센터의 지정 등) ① 여성가족부장관은 다문화가족 지원 정책의 시행을 위하여 필요한 경우에는 다문화가족 지원에 필요한 전문인력과 시설을 갖춘 법인이나 단체를 다문화가족지원센터(이하 "지원센터"라 한다)로 지정할 수 있다. 〈개정 2010. 1. 18〉 ② 지원센터는 다음 각 호의 업무를 수행한다.

1. 다문화가족을 위한 교육·상담 등 지원사업의 실시
2. 다문화가족 지원서비스 정보제공 및 홍보
3. 다문화가족 지원 관련 기관·단체와의 서비스 연계
4. 그 밖에 다문화가족 지원을 위하여 필요한 사업

③ 지원센터에는 다문화가족에 대한 교육·상담 등의 업무를 수행하기 위하여 관련 분야에 대한 학식과 경험을 가진 전문인력을 두어야 한다. ④ 국가와 지방자치단체는 제1항에 따라 지정한 지원센터에 대하여 예산의 범위에서 제2항 각 호의 업무를 수행하는 데에 필요한 비용의 전부 또는 일부를 보조할 수 있다. ⑤ 지원센터의 지정기준, 지정기간, 지정절차 등에 필요한 사항은 대통령령으로, 제3항에 따른 전문인력의 기준 등에 필요한 사항은 여성가족부령으로 각각 정한다. 〈개정 2010. 1. 18〉

제12조(다문화가족지원센터의 지정 등) ① 여성가족부장관은 다문화가족 지원 정책의 시행을 위하여 필요한 경우에는 다문화가족 지원에 필요한 전문인력과 시설을 갖춘 법인이나 단체를 다문화가족지원센터(이하 "지원센터"라 한다)로 지정할 수 있다. 〈개정 2010. 1. 18〉 ② 지원센터는 다음 각 호의 업무를 수행한다. 〈개정 2011. 4. 4〉

1. 다문화가족을 위한 교육·상담 등 지원사업의 실시

1의2. 결혼이민자 등에 대한 한국어교육

2. 다문화가족 지원서비스 정보제공 및 홍보
3. 다문화가족 지원 관련 기관·단체와의 서비스 연계
4. 일자리에 관한 정보제공 및 일자리의 알선

5. 다문화가족을 위한 통역·번역 지원사업

6. 그 밖에 다문화가족 지원을 위하여 필요한 사업

③ 지원센터에는 다문화가족에 대한 교육·상담 등의 업무를 수행하기 위하여 관련 분야에 대한 학식과 경험을 가진 전문인력을 두어야 한다. ④ 국가와 지방자치단체는 제1항에 따라 지정한 지원센터에 대하여 예산의 범위에서 제2항 각 호의 업무를 수행하는 데에 필요한 비용의 전부 또는 일부를 보조할 수 있다. ⑤ 지원센터의 지정기준, 지정기간, 지정절차 등에 필요한 사항은 대통령령으로, 제3항에 따른 전문인력의 기준 등에 필요한 사항은 여성가족부령으로 각각 정한다. 〈개정 2010. 1. 18〉

[시행일: 2011. 10. 5] 제12조

제13조(다문화가족 지원업무 관련 공무원의 교육) 국가와 지방자치단체는 다문화가족 지원 관련 업무에 종사하는 공무원의 다문화가족에 대한 이해증진과 전문성 향상을 위하여 교육을 실시할 수 있다.

제14조(사실혼 배우자 및 자녀의 처우) 제5조부터 제12조까지의 규정은 대한민국 국민과 사실혼 관계에서 출생한 자녀를 양육하고 있는 다문화가족 구성원에 대하여 준용한다.

제15조(권한의 위임과 위탁) ① 여성가족부장관은 이 법에 따른 권한의 일부를 대통령령으로 정하는 바에 따라 특별시장, 광역시장, 도지사, 특별자치도지사(이하 "시·도지사"라 한다) 또는 시장·군수·구청장(자치구의 구청장을 말한다)에게 위임할 수 있다. 〈개정 2010. 1. 18〉 ② 국가와 지방자치단체는 이 법에 따른 업무의 일부를 대통령령으로 정하는 바에 따라 비영리법인이나 단체에 위탁할 수 있다.

제15조(권한의 위임과 위탁) ① 여성가족부장관은 이 법에 따른 권한의 일부를 대통령령으로 정하는 바에 따라 시·도지사 또는 시장·군수·구청장(자치구의 구청장을 말한다)에게 위임할 수 있다. 〈개정 2010. 1. 18, 2011. 4. 4〉 ② 국가와 지방자치단체는 이 법에 따른 업무의 일부를 대통령령으로 정하는 바에 따라 비영리법인이나 단체에 위탁할 수 있다.

[시행일 : 2011. 10. 5] 제15조

제16조(민간단체 등의 지원) ① 국가와 지방자치단체는 다문화가족 지원 사업을 수행하는 단체나 개인에 대하여 필요한 비용의 전부 또는 일부를 보조하거나 그 업무수행에 필요한 행정적 지원을 할 수 있다. ② 국가와 지방자치단체는 결혼이민자 등이 상부상조하기 위한 단체의 구성·운영 등을 지원할 수 있다.

부칙 <법률 제8937호, 2008. 3. 21>

① (시행일) 이 법은 공포 후 6개월이 경과한 날부터 시행한다. ② (결혼이민자가족지원센터에 관한 경과조치) 이 법 시행 당시 보건복지가족부장관, 시·도지사 또는 시장·군수·구청장이 지정·운영 중인 결혼이민자가족지원센터는 이 법에 따라 지정된 다문화가족지원센터로 본다.

부칙 <법률 제9932호, 2010. 1. 18> (정부조직법)

제1조(시행일) 이 법은 공포 후 2개월이 경과한 날부터 시행한다. 〈단서 생략〉

제2조 및 제3조 생략

제4조(다른 법률의 개정) ①부터 〈43〉까지 생략 〈44〉 다문화가족지원법 일부를 다음과 같이 개정한다.

- 제4조 제1항·제2항 전단·제3항, 제12조 제1항 및 제15조 제1항 중 "보건복지가족부장관"을 각각 "여성가족부장관"으로 한다.
- 제4조 제4항 및 제12조 제5항 중 "보건복지가족부령"을 각각 "여성가족부령"으로 한다.

〈45〉부터 〈137〉까지 생략

제5조 생략

05 저출산·고령사회기본법

[시행 2010. 3. 19] [법률 제9932호, 2010. 1. 18, 타법개정]

제1장 총칙

제1조(목적) 이 법은 저출산 및 인구의 고령화에 따른 변화에 대응하는 저출산·고령사회정책의 기본방향과 그 수립 및 추진체계에 관한 사항을 규정함으로써 국가의 경쟁력을 높이고 국민의 삶의 질 향상과 국가의 지속적인 발전에 이바지함을 목적으로 한다.

제2조(기본이념) 이 법은 국가의 지속적인 발전을 위한 인구 구성의 균형과 질적 향상을 실현하고, 국민이 건강하고 안정된 노후생활을 할 수 있도록 하는 것을 기본이념으로 한다.

제3조(정의) 이 법에서 사용하는 용어의 정의는 다음과 같다.

1. "인구의 고령화"라 함은 전체인구에서 노인의 인구비율이 증가하는 현상을 말한다.
2. "저출산·고령사회정책"이라 함은 저출산 및 인구의 고령화에 따른 변화에 대응하기 위하여 수립·시행하는 정책을 말한다.

제4조(국가 및 지방자치단체의 책무) ① 국가는 종합적인 저출산·고령사회정책을 수립·시행하고, 지방자치단체는 국가의 저출산·고령사회정책에 맞추어 지역의 사회·경제적 실정에 부합하는 저출산·고령사회정책을 수립·시행하여야 한다. ② 국가 및 지방자치단체는 다른 법률의 규정에 의하여 중·장기계획 및 연도별 시행계획 등 주요정책을 수립하는 경우 제20조의 규정에 의한 저출산·고령사회기본계획을 고려하여야 한다.

제5조(국민의 책무) ① 국민은 출산 및 육아의 사회적 중요성과 인구의 고령화에 따른 변화를 인식하고 국가 및 지방자치단체가 시행하는 저출산·고령사회정책에 적극 참여하고 협력하여야 한다. ② 국민은 가정 및 지역사회의 일원으로 상호연대를 강화하고 각자의 노후생활을 건강하고 충실하게 영위할 수 있도록 노력하여야 한다.

제6조(다른 법률과의 관계) 국가는 저출산·고령사회정책과 관계되는 다른 법률

을 제정 또는 개정하는 경우 이 법의 목적과 기본이념에 맞도록 하여야 한다.

제2장 저출산·고령사회정책의 기본방향

제1절 저출산 대책

제7조(인구정책) 국가 및 지방자치단체는 적정인구의 구조와 규모를 분석하고 인구변동을 예측하여 국가 및 지방자치단체의 지속적인 성장과 발전을 위한 인구정책을 수립·시행하여야 한다.

제8조(자녀의 출산과 보육 등) ① 국가 및 지방자치단체는 모든 자녀가 차별받지 아니하고 안전하고 행복한 생활을 영위하며 교육과 인성함양에 도움을 주는 사회환경을 조성하기 위한 시책을 강구하여야 한다. ② 국가 및 지방자치단체는 자녀를 임신·출산·양육 및 교육하고자 하는 자가 직장생활과 가정생활을 병행할 수 있도록 사회환경을 조성·지원하여야 한다. ③ 국가 및 지방자치단체는 자녀를 양육하려는 자에게 양질의 보육서비스를 제공하기 위한 시책을 강구하여야 한다.

제9조(모자보건의 증진 등) ① 국가 및 지방자치단체는 임산부·태아 및 영유아에 대한 건강진단 등 모자보건의 증진과 태아의 생명존중을 위하여 필요한 시책을 수립·시행하여야 한다. ② 국가 및 지방자치단체는 임신·출산·양육의 사회적 의미와 생명의 존엄성 및 가족구성원의 협력의 중요성 등에 관한 교육을 실시하여야 한다. ③ 국가 및 지방자치단체는 임신·출산 및 양육에 관한 정보의 제공, 교육 및 홍보를 실시하기 위하여 필요한 기관을 설치하거나 그 업무를 관련 기관에 위탁할 수 있다.

제10조(경제적 부담의 경감) 국가 및 지방자치단체는 자녀의 임신·출산·양육 및 교육에 소요되는 경제적 부담을 경감하기 위하여 필요한 시책을 강구하여야 한다.

제2절 고령사회정책

제11조(고용과 소득보장) ① 국가 및 지방자치단체는 일할 의욕과 능력이 있는 고령자가 최대한 일할 수 있는 환경을 조성하여야 한다. ② 국가 및 지방자치단체는 연금제도 등 노후소득보장체계를 구축하고 노인에게 적합한 일자리를 창출하는 등 국민이 경제적으로 안정된 노후생활을 할 수 있도록 필요한 조

치를 강구하여야 한다.

제12조(건강증진과 의료제공) ① 국가 및 지방자치단체는 연령단계별 건강상의 특성과 주요 건강위험요인을 고려하여 국민의 건강증진을 위한 시책을 강구하여야 한다. ② 국가 및 지방자치단체는 노인을 위한 의료·요양 제도 등을 확립·발전시키고 필요한 시설과 인력을 확충하기 위하여 노력하여야 한다.

제13조(생활환경과 안전보장) 국가 및 지방자치단체는 노후생활에 필요한 기능과 설비를 갖춘 주거와 이용시설을 마련하고 노인이 안전하고 편리하게 이동할 수 있는 환경을 조성하는 등 쾌적한 노후생활환경을 조성하고 재해와 범죄 등 각종 위험으로부터 노인을 보호하기 위하여 필요한 시책을 강구하여야 한다.

제14조(여가·문화 및 사회활동의 장려) ① 국가 및 지방자치단체는 노후의 여가와 문화활동을 장려하고 이를 위한 기반을 조성하여야 한다. ② 국가 및 지방자치단체는 자원봉사 등 노인의 사회활동 참여를 촉진하는 사회적 기반을 조성하여야 한다.

제15조(평생교육과 정보화) ① 국가 및 지방자치단체는 모든 세대가 평생에 걸쳐 학습하고 능력과 적성에 따라 교육을 받을 수 있도록 교육의 기회를 제공하고, 이를 위한 교육시설의 설치·인력의 양성 및 프로그램의 개발 등 필요한 시책을 강구하여야 한다. ② 국가 및 지방자치단체는 세대 간 정보의 격차를 해소하기 위하여 정보화 교육, 프로그램 개발 및 장비 보급 등 필요한 시책을 강구하여야 한다.

제16조(취약계층노인 등) 국가 및 지방자치단체는 저출산·고령사회정책을 수립·시행함에 있어서 여성노인·장애노인 등 취약계층의 노인에 대하여 특별한 배려를 하고 도시·농어촌지역 간 격차 등 지역의 특수한 상황을 반영하여야 한다.

제17조(가족관계와 세대 간 이해증진) 국가 및 지방자치단체는 효행을 장려함으로써 노인이 가정과 사회에서 공경 받을 수 있도록 하고 세대 간 교류의 활성화와 세대 간 이해를 증진함으로써 민주적이고 평등한 가족관계가 형성되도록 필요한 사회환경을 조성하여야 한다.

제18조(경제와 산업 등) 국가 및 지방자치단체는 인구의 고령화에 따른 경제·산업구조 및 노동환경의 변화에 부응하는 시책을 수립·시행하여야 한다.

제19조(고령친화적 산업의 육성) ① 국가 및 지방자치단체는 인구의 고령화에 따른 상품 및 서비스 수요의 변화에 대비한 새로운 산업을 육성하기 위한 기반을 구축하여야 한다. ② 국가 및 지방자치단체는 노인에게 필요한 용구와 용품 등의 연구개발·생산 및 보급의 활성화를 위하여 필요한 시책을 강구하여야 한다.

제3장 저출산·고령사회정책의 수립 및 추진체계

제20조(저출산·고령사회기본계획) ① 정부는 저출산·고령사회 중·장기 정책목표 및 방향을 설정하고, 이에 따른 저출산·고령사회기본계획(이하 "기본계획"이라 한다)을 수립·추진하여야 한다. ② 보건복지부장관은 관계 중앙행정기관의 장과 협의하여 5년마다 기본계획안을 작성하고, 제23조의 규정에 의한 저출산·고령사회위원회 및 국무회의의 심의를 거친 후 대통령의 승인을 얻어 이를 확정한다. 수립된 기본계획을 변경할 때에도 또한 같다. 〈개정 2008. 2. 29, 2010. 1. 18〉 ③ 기본계획에는 다음 각 호의 사항이 포함되어야 한다.

1. 저출산·고령사회정책의 기본목표와 추진방향
2. 기간별 주요 추진과제와 그 추진방법
3. 필요한 재원의 규모와 조달방안
4. 그 밖에 저출산·고령사회정책으로 필요하다고 인정되는 사항

④ 삭제 〈2008. 2. 29〉

⑤ 기본계획의 수립절차 등에 관하여 필요한 사항은 대통령령으로 정한다.

제21조(연도별 시행계획) ① 중앙행정기관의 장은 기본계획에 따라 소관별로 연도별 시행계획(이하 "시행계획"이라 한다)을 수립·시행하고, 지방자치단체의 장은 기본계획 및 중앙행정기관의 시행계획에 따라 당해 지방자치단체의 시행계획을 수립·시행하여야 한다. ② 중앙행정기관의 장은 지방자치단체의 시행계획이 기본계획 및 중앙행정기관의 시행계획에 위반되는 경우에는 당해 지방자치단체의 장에게 이를 변경하도록 요구하고, 지방자치단체의 시행계획의 이행상황을 기본계획에 따라 점검할 수 있다. ③ 관계 중앙행정기관의 장 및 지방자치단체의 장은 제1항의 규정에 의한 다음 해의 시행계획 및 지난 해의 추진실적을 대통령령이 정하는 바에 따라 보건복지부장관에게 제출하고, 보건복지부장관은 이를 종합하여 제23조의 규정에 의한 저출산·고령사회

위원회의 심의를 받아야 한다. 〈개정 2008.2.29, 2010.1.18〉 ④ 국가 및 지방자치단체는 매년 시행계획에 따른 추진실적을 평가하고 그 결과를 저출산·고령사회정책에 반영하여야 한다. ⑤ 시행계획의 수립·시행 및 평가 그 밖의 필요한 사항은 대통령령으로 정한다.

제22조(업무의 협조) ① 국가 및 지방자치단체는 기본계획 및 시행계획의 수립·시행을 위하여 관계 공무원 또는 관계 전문가의 의견을 듣거나 관계 기관 및 단체 등에 필요한 자료제출 등 협조를 요청할 수 있다. ② 보건복지부장관은 기본계획안의 작성을 위하여 관계 중앙행정기관 및 지방자치단체의 장에게 저출산·고령사회 관련 계획 및 정책, 관련 자료 또는 의견의 제출 등 필요한 협조를 요청할 수 있다. 〈개정 2008. 2. 29, 2010. 1. 18〉 ③ 제1항 및 제2항의 규정에 의한 협조요청을 받은 자는 특별한 사유가 없는 한 이에 응하여야 한다.

제23조(저출산·고령사회위원회) ① 저출산·고령사회정책에 관한 중요사항을 심의하기 위하여 보건복지부장관 소속하에 저출산·고령사회위원회(이하 "위원회"라 한다)를 둔다. 〈개정 2010. 1. 18〉 ② 위원회는 다음 각 호의 사항을 심의한다.

1. 저출산 및 인구의 고령화에 대비한 중·장기 인구구조의 분석과 사회경제적 변화전망에 관한 사항
2. 저출산·고령사회정책의 중·장기 정책목표와 추진방향에 관한 사항
3. 기본계획에 관한 사항
4. 시행계획에 관한 사항
5. 저출산·고령사회정책의 조정 및 평가에 관한 사항
6. 그 밖에 저출산·고령사회정책에 관한 중요사항으로서 위원장이 부의하는 사항

③ 위원회는 위원장 1인을 포함한 25인 이내의 위원으로 구성한다. ④ 위원장은 보건복지부장관이 되고, 위원은 다음 각 호의 자가 된다. 〈개정 2010. 1.18〉

1. 대통령령으로 정하는 관계 중앙행정기관의 차관
2. 고령화 및 저출산에 관하여 학식과 경험이 풍부한 자 중에서 위원장이 위촉하는 자

⑤ 위원회의 구성 및 운영 등에 관하여 필요한 사항은 대통령령으로 정한다.

[전문개정 2008. 2. 29]

제24조 삭제 〈2008. 2. 29〉

제25조 삭제 〈2008. 2. 29〉

제26조(관계행정기관의 협조) 위원회는 저출산·고령사회정책을 심의하기 위하여 필요한 경우 관계 행정기관에 자료를 요청할 수 있다. 이 경우 관계 행정기관의 장은 특별한 사정이 없는 한 이에 따라야 한다.

제27조(국회보고) 정부는 기본계획·시행계획 및 이에 대한 평가 등을 확정한 후 지체 없이 국회에 보고하여야 한다.

제4장 보칙

제28조(전문인력의 양성) ① 국가 및 지방자치단체는 저출산 및 인구의 고령화에 따른 변화에 대응하기 위하여 필요한 분야의 전문인력을 양성하여야 한다. ② 국가 및 지방자치단체는 제1항의 규정에 의한 전문인력을 양성하기 위하여 연구소·대학 그 밖에 필요하다고 인정하는 기관을 전문인력 양성기관으로 지정하고, 해당 전문인력 양성기관에 대하여 필요한 지원을 할 수 있다.

제29조(조사 및 연구) ① 국가 및 지방자치단체는 저출산 및 인구의 고령화에 따른 변화에 대응하기 위하여 필요한 조사 및 연구를 실시하여야 한다. ② 국가 및 지방자치단체는 제1항의 규정에 의한 조사 및 연구를 수행하기 위하여 조사연구기관을 설치하거나 연구소·대학 그 밖에 필요하다고 인정하는 기관에 조사 및 연구를 위탁할 수 있다.

제30조(민간의 참여) 국가 및 지방자치단체는 저출산·고령사회정책에 관하여 민간부문이 참여할 수 있는 환경을 조성하여야 한다.

제31조(국제교류의 활성화) 국가 및 지방자치단체는 저출산 및 인구의 고령화와 관련한 국제기구 및 국제회의에 참여하고, 정보교환 및 공동조사연구 등 국제협력사업의 추진을 통하여 국제교류를 활성화하여야 한다.

제32조(지원) 국가 및 지방자치단체는 이 법에 따른 저출산·고령사회정책의 시행을 위하여 관계 법률이 정하는 바에 따라 조세의 감면 등 필요한 지원을 하여야 한다.

부칙 <법률 제7496호, 2005. 5. 18>

제1조(시행일) 이 법은 2005년 9월 1일부터 시행한다.

제2조(기본계획 등에 관한 적용례) 기본계획 및 시행계획은 2006년계획부터 적용한다.

제3조(이 법 시행을 위한 준비행위) ① 보건복지부장관은 이 법 시행 전에 제23조의 규정에 따른 위원회의 설치, 기본계획의 수립 등 저출산·고령사회정책을 수립·추진하기 위하여 필요한 준비를 할 수 있다. 이 경우 관계 중앙행정기관의 장, 지방자치단체의 장 그 밖에 공공단체 및 관계전문가에게 필요한 협조를 요청할 수 있다. ② 중앙행정기관의 장 및 지방자치단체의 장은 이 법 시행 전에 시행계획의 수립·시행을 위하여 필요한 준비를 할 수 있다. 이 경우 관계 공무원·관계전문가 그 밖에 관계 기관 및 단체에 필요한 협조를 요청할 수 있다.

부칙 <법률 제8868호, 2008. 2. 29>

제1조(시행일) 이 법은 공포한 날부터 시행한다.

제2조(저출산·고령사회위원회의 업무에 대한 경과조치) 이 법 시행 당시 종전의 저출산·고령사회위원회의 업무는 제23조의 개정규정에 따른 저출산·고령사회위원회가 승계한다.

부칙 <법률 제9932호, 2010. 1. 18> (정부조직법)

제1조(시행일) 이 법은 공포 후 2개월이 경과한 날부터 시행한다. 〈단서 생략〉

제2조 및 제3조 생략

제4조(다른 법률의 개정) ①부터 〈104〉까지 생략 〈105〉 저출산·고령사회기본법 일부를 다음과 같이 개정한다.

제20조 제2항 전단, 제21조 제3항, 제22조 제2항, 제23조 제1항·제4항 각 호 외의 부분 중 "보건복지가족부장관"을 각각 "보건복지부장관"으로 한다.

〈106〉부터 〈137〉까지 생략

제5조 생략

참고 문헌

21세기 가족문화연구소 역(2003). 건강한 부부관계 만들기. 경기: 양서원.

가정을 건강하게 하는 시민의 모임(2008). 행복한 지역사회를 위한 학부모 자조모임 활성화 프로그램.

강기정·김연화·박미금·송말희·이미선(2009). 건강가정론. 경기: 양서원.

강기정·이무영·김영화(2002). 한부모가족 복지 지원체계로서의 가상공동체 활용에 관한 기초연구. 대한가정학회지, 40(10), 141-159.

강창현(2006). 가족지원서비스 공급을 위한 건강가정지원센터 사업구조 연구. 가족과 문화, 18(2), 165-189.

고미영(2003). 가족복지실천의 패러다임 검토. 2003년 한국가족사회복지학회 추계 공동학술대회 자료집, 53-73.

곽현권·유현숙(2005). 지역사회 주민조직 참여의 영향요인과 집합적 효능감. 한국사회와 행정연구, 16(1), 347-376.

김경신·박옥임·임형택·이민창·김오남(2007). 청소년복지론. 서울: 청목출판사.

김익균(2008). 가족관계론. 서울: 교육과학사.

김인숙(2005). 여성가족부 신설과 가족복지의 관점 및 방향. 한국가족사회복지학회 2005년 춘계학술대회 자료집, 1-22.

김정옥·도미향·문혜숙·박옥임·박충선·손홍숙·오정옥·홍달아기(2009). 건강가정론. 서울: 창지사.

김준기(2007). 남편과 아내 사이. 서울: 메가트랜드.

김진화(2001). 평생교육프로그램개발론. 경기: 나남출판.

김현주·손승영·이진숙(2006). 2020 미래사회와 청소년 연구(가족분야): 청소년 가족환경의 변화와 청소년 가족정책과제. 서울: 국가청소년위원회.

도미향·이기숙·홍계옥·주정·최순옥·문순연·양한영(2009). 건강가정론. 서울: 신정.

문숙재·송혜림·김선희·이기영·김난도·김순미·박미석·조희금(1999). 공공가정경영 이론과 실제. 서울: 신정.

문화관광부(2007). 청소년백서.

박경숙(1996). 사회복지전문요원과 복지관, 보건소의 서비스 연계에 영향을 미치는 요인들 - 중소도시, 농촌의 사회복지전문요원을 중심으로-. 한국사복지학, 30, 48 -76.

박주현(2010). 인간행동과 사회환경. 서울: 파란마음.

박주현·임상록(2009). 건강가정정책론. 서울: 파란마음.

변화순·김혜영·윤홍식·한지숙(2006). 이혼 후 여성의 사회경제적 지위 변화. 한국여성개발원 연구보고서.

보건복지가족부(2008). 다문화가족 생애주기별 맞춤형 지원강화대책.

보건복지가족부(2009. 2. 26). 보도자료.

보건복지가족부·중앙건강가정지원센터(2008). 2008 다문화가족지원센터 사업평가회 자료집.

서선희(2003). 한국 사회에서 '가족중심주의'의 의미와 그 변화. 한국가정관리학회지, 21(4), 93-101.

송근원·김태성(1995). 사회복지정책. 서울: 나남출판.

송다영(2004). 부양의식을 통해 본 노인부양지원정책 방향성. 사회복지정책, 19, 207-233.

송혜림(2005). 건강가정지원센터의 주부교육 프로그램을 위한 모형 개발. 한국가족자원경영학회지, 9(1), 17-39.

송혜림(2006). 건강가정론(실제). 제3기 건강가정사 양성교육 자료집, 3-58.

송혜림·김소영(2006). 건강가정지원센터 활성화를 위한 지역사회 자원개발의 가능성. 한국가족자원경영학회지, 10(2), 1-18.

송혜림·라휘문(2009). 광역건강가정지원센터의 기능 및 건강가정지원센터 평가기능에 대한 연구. 한국가족자원경영학회지, 13(3), 1-16.

송혜림·장진경(2004). 건강가정지원센터의 조직과 운영방안. 한국가정관리학회지, 22(5), 303-308.

어은주·유영주(1995). 가족의 건강도 측정을 위한 척도개발에 관한 연구. 한국가정관리학회지, 13(1), 145-155.

여성가족부(2006). 결혼이민자가족 실태조사 및 중장기 지원정책방안 연구.

여성가족부(2006). 제1차 건강가정기본계획(2006-2010): 함께 가는 가족 2010.

여성가족부(2011). 2011년 다문화가족지원센터 운영가이드북.

여성가족부(2012). 2012년도 건강가정지원센터 사업안내.

옥선화(2004). 한국가족의 건강가족 지표-탐색적 접근. UN세계가정의 해 10주년 기념 심포지엄 자료집, 79-92.

유계숙·최연실·성미애 편역(1999). 가족학 이론. 서울: 문음사.

유영주(1995). 건강한 가정·건강한 사회. 공보처.

유영주(1999). 건전가정과 건강가족의 개념 설정에 대한 논의. 한국가정관리학회지, 17(3), 93-102.

유영주(2001). 건강가족연구. 서울: 교문사.

유영주(2002). 건강가족연구에 대한 문헌고찰. 경희대학교 생활과학논집, 6(1), 1-24.

유영주(2004a). 새로운 가족학. 서울: 신정.

유영주(2004b). 한국 건강가정의 의미와 방향 모색-건강한 가족·가족관계를 중심으로-. UN 세계가정의 해 10주년 기념 심포지엄 자료집, 13-33.

유영주·김순옥·김경신(2008). 가족관계학. 경기: 교문사.

유인종(1985). 한국사회에서의 세대차 문제. 청년연구, 8. 서울: 유네스코 한국위원회.

윤경자·김정옥·현우민·전영자·유계숙·김은경(2009). 건강가정론. 경기: 공동체.

윤영민(1999). 인터넷시대 민족공동체: 이론적 접근. 강원: 한림대학교 민족통합연구소.

이만수·김익균(2008). 건강가정론. 서울: 동문사.

이삼식·신인철·조남훈·김희경·정윤선·최은영·황나미·서문희·박세경·전광희·김정석·박수미·윤홍식·이성용·이인재(2005). 저출산 원인 및 종합대책 연구. 저출산고령사회위원회·보건복지부·한국보건사회연구원 연구보고서.

이선형·임춘희(2009). 건강가정론. 서울: 학지사.

이선형·임춘희(2012). 건강가정론(2판). 서울: 학지사.

이여봉·이미정(2003). 한국 가족의 변화와 가족정책: 전문가 의견조사를 중심으로. 가족과 문화, 15(1), 131-158.

이인수(2003). 한국가족문제의 유형과 특성: 1940~1980년대 신문기사를 중심으로, 한국가정관리학회지, 21(3), 171-180.

이정우·김명자·계선자(2001). 현대 결혼과 가족문화. 서울: 숙명여자대학교 출판부.

이진숙·신지연·윤나리(2010). 가족정책론. 서울: 학지사.

이진숙·안은숙(2006). 가족복지정책의 발전과정 속에 나타난 쟁점들과 대응. 사회복지연구, 30, 5-40.

이효선·Detlef Garz(2006). 사회복지실천을 위한 인간행동과 사회환경의 이해. 경기: 공동체.

장경섭(2000). 열린가족·공공가족. 동아시아 문화와 사상, 5, 12-34.

장지연(2005). 출산 및 양육과 관련된 휴가제도의 국제비교. 국제노동브리프, 3(3), 32-42.

장혜경·김혜경·이진숙·김현주·장화경(2002). 외국의 가족정책과 한국의 가족정책 및 전담 부서의 체계화 방안 연구. 서울: 한국여성개발원.

정경희·오영희·석재은·도세록·김찬우·이윤경·김희경(2005). 2004년도 전국 노인생활실태 및 복지욕구조사. 서울: 한국보건사회연구원.

정무성·정진모(2001). 사회복지 프로그램개발과 평가. 경기: 양서원.

정민자(2006). 지역사회네트워크와 건강가정사업. 중앙건강가정지원센터 제7기 건강가정사 양성교육 자료집, 391-412.

정옥분(2004). 부모교육(부모역할의 이해). 경기: 양서원.

정옥분·정순화(2008). 부모교육. 서울: 학지사.

정현숙·유계숙(2001). 가족관계. 서울: 신정.

정현숙·유계숙(2005). 가족관계. 서울: 신정.

조희금·김경신·정민자·송혜림·이승미·성미애·이현아(2005). 건강가정론. 서울: 신정.

조희금·김경신·정민자·송혜림·이승미·성미애·이현아(2010). 건강가정론(2판). 서울: 신정.

조희금·송혜림·공인숙·이승미·이완정·박혜인·조재순·김선미·최연실(2002). 가정생활복지론. 서울: 신정.

조희금·송혜림·성미애(2007). 건강가정 현장실습. 서울: 신정.

중앙건강가정지원센터(2007). 2007 결혼이민자지원센터 사업운영결과보고서.

중앙건강가정지원센터(2008). 2008 건강가정지원센터 운영가이드북.

지영숙·이영호(1996). 가정교육에 대한 태도와 가정건전도. 한국가정관리학회지, 14(3), 77-90.

지영숙·이영호(1998). 한국가정의 건전도 측정을 위한 척도개발. 한국가정관리학회지, 16(4), 233-250.

최경석·김양희·김성천·김진희·박정윤·윤정향(2003). 한국 가족복지의 이해(2판). 서울: 인간과복지.

최덕경·강기정·박경애·박주현·배은숙·이명순·이혜자(2010). 가족복지론. 서울: 파란마음.

통계청(1980, 1985, 1990, 1995, 2000, 2005). 인구주택총조사.

통계청(2008). 2008년 사회조사결과로 본 가족생활의 현주소.

한국보건사회연구원(2007). 2007년 한국복지패널 기초분석보고서.

한재랑(2000). 지역사회조직화의 실천사례에 관한 연구 - 관악사회복지의 네트와 소집단 활동을 중심으로-. 서강대학교 석사학위논문.

함인희(1993). 산업화에 따른 가족문제의 실태 및 유형에 관한 연구 - 가족복지정책 수립의 기초자료 제공을 위하여. 한국사회복지학회 1993년 전기사회학대회 자료집, 73-81.

함인희(2005). 가족·여성정책의 비전과 과제. 여성정책의 새 패러다임으로서의 가족·여성정책의 비전과 과제, 25-40.

황은숙(2006). 한부모가정 복지정책의 현황과 개선방안. 서울: 한부모가정연구소.

Bradshaw, J. (1996). 가족 (임옥희 역). 서울: 중앙미디어. (원저 출판 1988)

Bradshaw, J. (2006). 가족 (오제은 역). 서울: 학지사. (원저 출판 1996)

Hawley, D. R. & Dehaan, L. (1996). Toward a definition of family resilience: Integrating of three life-span and family perspectives. *Family Processes, 35*, 283-298.

Larson, A. S. & Olson, D. H. (2004). Spiritual beliefs and marriage: A national survey based on ENRICH. *The Family Psychologist, 20*(2), 4-8.

Luthar, S. S., Cichetti, D., & Becker (2000). The construct of resilience: A critical evaluation and guidelines for future work. *Child Development, 71*, 543-562.

McGowan, J. (1991). *Postmodernism and its critics*. Ithaca, NY: Cornell University Press.

Olson, D. H. & DeFrain, J. (1999). *Marriage and the family: Diversity and strengths*(3rd ed.). Mountain View, CA: Mayfield Publishing Co.

Olson, D. H. & DeFrain, J. (2003). *Marriage and Families-Intimacy, Diversity, and Strengths*. McGrawhill Company.

Olson, D. H. & DeFrain, J. (2006). *Marriage and Family-Intimacy, Diversity and Strengths*. McGrow-hill Company.

Olson, D. H. (2004). Marital and family strengths: an international perspective. KIFS, Korean International Strengths Conference, 23-30.

Stacey, J. (1990). *Brave new families: Stories of domestic upheaval in late twentieth century America*. NY: Basic.

Stinnett, N., DeFrain, J., & Defrain, N. (1999). *Creating a strong family*. West Monroe, LA: Howard.

Thomas, J., Schvaneveldt, J. D., & Young, M. H. (1993). Program in family life education: Development, implementation, and evaluation. In M.Arcus, J. Schvaneveldt, & J. Moss (eds.), *Handbook of family life education* (pp. 106-130). Thousand Oaks, CA: Sage Publications.

Walsh, F. (2002). Family resilience framework: Innovative practice applications. *Family Relations, 51*(2), 130-137.

경남우리신문(2011. 7. 13). 경상남도이동다문화가족지원센터, 전국최초 도서지역 찾아가는 서비스 실시.

국민일보(2006. 8. 30). 대한민국 5대 건강가족을 찾습니다.

김천신문(2011. 7. 1). 김천, 부모교육 통해 성장하는 공동교육과정 1친구.

노컷뉴스(2011. 5. 12). 가정의 달, 가족의 행복.

뉴스와이어(2011. 4. 25). 월간 '이혼이야기' 5월호 발간 … 한부모 가정 특집호.

다음뉴스(2015. 12. 27.). 서울시, 1인 가구·다문화가족 맞춤형 가족정책 추진.

불교신문(2011. 6. 29). 미혼남녀 대상 결혼준비교육.

서울경제(2008. 11. 13). 한국 합계출산율 1.2명 '최하위권'.

서울신문(2008. 6. 5). 국가별 근로관 분석해 보니, 미국 "자아실현" 한국 "생계유지".

서울신문(2011. 6. 24.). 외국인 자녀 15만 명 3년 새 2.6배 늘었다.

선진한국(2011. 7. 19). 가족과 식사하는 아이들이 건강하다.

세계일보(2007. 11. 24). 주부들 슈퍼우먼 콤플렉스 오랫동안 방치 땐 더 큰 禍 불러.

연합뉴스 보도자료(2015. 12. 29). 제3차 건강가정기본계획(안) 공청회 개최.

연합뉴스(2011. 7. 14). EBS, 다문화가족 위한 한글교육사이트 개설.

오마이뉴스(2011. 7. 15). 육아휴직 썼더니 아예 책상 치워버렸어요.

이데일리(2006. 7. 26). 핵가족도 핵분열하는 시대.

조선일보(2008. 5. 19). 한국 직장인, 여가시간 절대량 부족.

중앙일보(2011. 2. 12). 한국 가족, 과연 행복한가?

중앙일보(2011. 6. 7.). 한국에 사는 외국인 절반은 중국인.

중앙일보(2011. 7. 21). 부모 부양하려면 얼마 벌어야 한다고 보십니까?

한국경제(2011. 8. 1). 부부가 서로 만져야 가정이 행복.

건강가정지원센터 홈페이지(www.familynet.or.kr).

보건복지부 홈페이지(www.mw.go.kr).

서울특별시 한부모가족지원센터 홈페이지(www.seoulhanbumo.or.kr).

여성가족부 홈페이지(www.mogef.go.kr).

여성가족부 홈페이지(www.mogef.go.kr).

여성가족부 홈페이지(www.mogef.go.kr).

여성가족부 홈페이지(www.mogef.go.kr).

전국다문화가족사업지원단 홈페이지(www.liveinkorea.mogef.go.kr/mfsc.center).

통계청 홈페이지(www.nso.go.kr).

한국건강가정진흥원 홈페이지(www.kihf.or.kr).

한국한부모가정지원센터 홈페이지(www.hanbumocenter.org).

찾아보기

저자 소개

박 주 현 (E-mail: jhp57@bu.ac.kr)

백석문화대학교 사회복지학부 교수
동아대학교 졸업, 백석대학교 사회복지학 석사와 박사
백석대학교 신학대학원 성경학 석사
한국가족복지학회 감사, 한국부모교육학회 부회장, 한국코칭학회 상임이사
천안시 직장맘지원센터 운영위원
서울남부지방법원 전문상담위원(2006. 10. ~2014. 12.)
국립한경대학교·백석대학교 대학원, 백석예술대학교 겸임교수 역임

[저서와 논문]

『가족정책론』(공저, 2012), 『탈북자, 그들도 대한민국 국민?』(2016)
"입양을 결정한 10대 미혼모 경험에 관한 사례연구"(공저, 한국가족복지학, 2008)
"북한이탈청소년들의 한국생활 적응에 관한 현상학적 연구"(공저, 청소년복지연구, 2011)
"다문화사회와 한국 교회의 역할"(백석대학교 진리논단, 2014)
"이용 동기와 자기 통제력 및 사회적 위축이 스마트폰 중독에 미치는 영향"(공저, 디지털융복합연구, 2014)
"병영생활 중 이성과의 이별경험 연구"(공저, 한국군사회복지학, 2014)
"가족 건강성, 이성교제 만족도 및 생활 스트레스가 대학생의 심리적 복지감에 미치는 영향"(공저, 한국가족복지학, 2015)
"언론에 나타난 보육교사 이미지에 관한 연구"(공저, 한국가족복지학, 2016)
"부모 간 갈등과 아버지 양육행동 및 폭력허용도가 학교폭력 가해행동에 미치는 영향"(공저, 한국가족복지학, 2016)
"베이비붐세대의 부양의식에 미치는 영향: 노인 이미지와 친밀감 중심으로"(공저, 한국가족복지학, 2017) 외 다수

배 은 숙 (E-mail: bes0627@daum.net)

두원공과대학교 아동복지과 교수
백석대학교 사회복지학 석사, 사회복지학 박사
한국부모교육학회 상임이사
안성시 청소년상담복지센터 소장
국립한경대학교 아동가족복지학과 겸임교수 역임

[저서와 논문]
『사회복지실천기술론』(공저, 2013), 『인간행동과 사회환경』(공저, 2013)
"시설청소년의 가족 인식 및 건강가정 형성을 위한 집단 프로그램 요구"(공저, 한국가족자원경영학회, 2006)
"시설청소년을 위한 예비부모교육 프로그램개발 및 효과 검증"(한국가족자원경영학회, 2008) 외 다수

임 상 록 (E-mail: spandau@bscu.ac.kr)

백석문화대학교 사회복지학부 교수
독일 국립베를린자유대학교 대학원 사회교육학 및 사회복지학 석사
독일 국립베를린자유대학교 대학원 철학 박사(Dr. Phil.)
독일 국립베를린자유대학교 다문화교육연구소 연구원 역임

[저서와 논문]
『건강가정정책론』(공저, 2009), 『가족상담 및 치료』(공저, 2012)
"청소년 교정 복지 증진을 위한 사회교육 방안"(공저, 청소년학연구, 2007)
"다문화 사회의 사회통합에 대한 고찰"(백석대학교 진리논단, 2009) 외 다수

제4판

건강가정론

초 판 1쇄 발행 2011년 8월 25일
제2판 1쇄 발행 2013년 1월 30일
제3판 1쇄 발행 2016년 2월 25일
제4판 1쇄 발행 2017년 8월 17일

지 은 이 | 박주현 · 배은숙 · 임상록
펴 낸 이 | 김기섭
편 집 인 | 김민수
펴 낸 곳 | 창지사 www.changjisa.com
08589 서울시 금천구 가산디지털 1로 83 파트너스타워 1차 9층
전화 (02) 719-2211~3
팩스 (02) 701-938
등 록 | 1977년 4월 28일 · 제1-421호

ISBN 978-89-426-2365-5 (93330)

값 18,000원

「이 도서의 국립중앙도서관 출판예정도서목록(CIP)은 서지정보유통지원시스템 홈페이지(http://seoji.nl.go.kr)와 국가자료공동목록시스템(http://www.nl.go.kr/kolisnet)에서 이용하실 수 있습니다.(CIP제어번호: CIP2017020082)」